新疆天气年鉴
（2023 年）

万　瑜　张林梅　赵凤环
苏亚乔　马　超　杜　宁　◎主编

气象出版社
China Meteorological Press

内容简介

本书是新疆维吾尔自治区气象台适应气象业务新发展的创新业务产品之一。全书共分四章:第1章概述了2023年新疆天气气候特点,并绘制了2023年年降水、气温、大风、沙尘、冰雹等灾害天气统计分布图;第2章按天气过程出现时间先后顺序,给出了2023年85场天气过程索引表,包括时间、类型、强度及灾情等信息;第3章对2023年46场中度及以上强度天气过程包括寒潮、暴雪、暴雨、强对流、大风、沙尘暴、高温等天气实况以及灾害天气分别详细描述,给出过程累计降水量、最大日降水量、最大小时雨强、过程最大日降温和极大风速分布等实况图,着重分析了高、低空环流形势,主要影响系统,T-ln$p$图等主要特征;第4章对2023年23场中弱和16场弱天气过程进行实况描述,并给出了环流形势分析。

本书较为全面地梳理了2023年新疆天气过程特点及其影响,可供从事气象、水利、自然资源、生态、环境、人文、经济、社会及其他行业的业务、科研、培训和管理决策人员参考。

图书在版编目(CIP)数据

新疆天气年鉴. 2023年 / 万瑜等主编. -- 北京 : 气象出版社, 2024. 7. -- ISBN 978-7-5029-8242-3

Ⅰ. P44-54

中国国家版本馆CIP数据核字第20243CZ859号

新疆天气年鉴(2023年)

Xinjiang Tianqi Nianjian(2023 Nian)

出版发行:气象出版社

地　　址:北京市海淀区中关村南大街46号　　邮政编码:100081

电　　话:010-68407112(总编室)　010-68408042(发行部)

网　　址:http://www.qxcbs.com　　E-mail:qxcbs@cma.gov.cn

责任编辑:杨泽彬　　终　　审:张　斌

责任校对:张硕杰　　责任技编:赵相宁

封面设计:楠竹文化

印　　刷:北京建宏印刷有限公司

开　　本:889 mm×1194 mm　1/16　　印　　张:9

字　　数:285千字

版　　次:2024年7月第1版　　印　　次:2024年7月第1次印刷

定　　价:150.00元

新疆天气年鉴(2023 年)
编审委员会

主　任: 何　清

副主任: 江远安　万　瑜

委　员(按姓氏拼音排序):

陈春艳　江远安　李海花　李　娜　牟　欢
秦　贺　肉孜·阿基　汤　浩　吐莉尼沙
王　江　杨　霞　杨志华　张云惠

主　编: 万　瑜　张林梅　赵凤环　苏亚乔　马　超
杜　宁

编写人员:

秦　贺　陈春艳　张云惠　李如琦　吕新生
杨　霞　唐　冶　汤　浩　于碧馨　李　娜
王　江　牟　欢　窦　刚　李桉孛　李　伟
李海花　栾亚睿　芒苏尔·艾热提　美丽巴奴·艾则孜
闵　月　牟　欢　肉孜·阿基　施俊杰
孙鸣婧　蒋　军　吐莉尼沙　周亚蔓　魏娟娟
王可馨　伊尔潘江·牙生　张　萌　张　俊
郑育琳　刘成武　许婷婷　洪　月　马　诺
张　萌　潘　宁　李　璐　杨志华　杨贝贝
安大维　姜　红　何耀龙　肖俊安　李朋伦
王明昊

序

新疆维吾尔自治区位于亚欧大陆腹地、祖国西北边陲，地处我国天气系统的上游，总面积166万 km^2；北部是阿尔泰山脉，中部是天山山脉，南部是昆仑山脉，横贯东西的天山山脉将新疆分割成南疆、北疆，北疆是由阿尔泰山、天山和西部沿国境线的阿拉套山、巴尔鲁克山等围成的准噶尔盆地组成，其间是古尔班通古特沙漠；南疆北有天山，西部西天山余脉与昆仑山西段接壤，南有海拔超过5000 m的喀喇昆仑山，东南部是阿尔金山，高山环绕下的南疆塔里木盆地中有世界第二大沙漠——塔克拉玛干沙漠。新疆境内山脉、戈壁、绿洲、盆地相间，地势高低悬殊；雪山、草原、河流错落，自然环境迥异；湖泊、绿洲星罗棋布，生态环境多样。“三山夹两盆”的自然地貌对形成新疆独特的天气气候起到重要作用。一方面，新疆属于典型的大陆性温带干旱气候区，具有丰富的光热、风能等气候资源；另一方面，气象灾害频发、降水稀少，气候干旱，人类赖以生存的自然环境恶劣、生态环境脆弱。因此，新疆气象工作在当地经济社会发展中具有十分重要的地位。

天气过程图自20世纪50年代以来一直是新疆气象档案馆馆藏的重要资料之一，成为气象工作者查阅、评估、考证历史天气过程的重要参考资料。其包含新疆天气过程综合图、过程强度、天气过程实况描述、环流特征和影响系统及其演变分析等。随着现代气象事业的发展不断充实完善，目前已经是新疆天气预报业务及服务的重要支撑材料之一。原有的新疆天气过程图主要是以新疆境内105个国家级气象站资料为主，2012年开始新疆区域自动气象站网建设发展迅速，至2023年已经建成自动气象站2400多个，基于2400多个自动气象站数据集和105个国家级气象站的降水、气温、风等气象要素的实况分布差异十分明显，尤其是降水、大风和气温，增加了中、高山区观测后，山区和沿山一带暴雨、短时强降水、大风、极端气温等极端气象记录经常刷新气象工作者对新疆天气的认知。目前开展新疆天气过程分析，需在以前天气分析工作经验基础上和加密观测条件下，不断地发展、充实与完善，此书就是这方面工作的有益尝试的总结，希望此书能成为新疆天气预报业务及气象服务的重要支撑材料之一。

《新疆天气年鉴(2023年)》是新疆维吾尔自治区气象台适应气象业务高质量发展的新业务产品之一，在编制过程中借鉴了《新疆天气年鉴(2017年)》中新疆寒潮、暴雨、暴雪、高温、大风、沙尘暴等强天气过程的新疆天气过程业务标准，并增加了强对流天气过程的遴选标准。本书较为详细地梳理了2023年新疆天气过程基础信息、天气特点及其影响，是气象业务科技创新发展趋势下传统天气预报业务发展模式的有益探索。

《新疆天气年鉴(2023年)》的出版也是新疆天气过程信息标准化存储的开始，它不仅是年轻预报员培养预报思路的重要参考资料，也是新疆天气预报业务标准化的基础产品之一。可供从事气象、水利、自然资源、生态、环境、人文、经济、社会及其他行业的业务、科研、教学和管理决策人员参考。

中国工程院院士 李泽椿

2023 年 12 月 29 日

前　言

20 世纪 60 年代以来，新疆天气过程分析及重大灾害天气过程总结一直是新疆维吾尔自治区气象台（以下简称新疆气象台）的一项重要业务工作，早期由于分析制图多为手绘纸质保存，查阅起来十分不便。随着气象信息化和天气预报业务平台的不断发展，2011 年以来实现了天气过程图制作人机交互，天气过程实况、环流演变特征等文字描述计算机录入，后台出图，大幅度提高了工作效率。

2012 年以来，新疆自动气象站网建设发展迅猛，局地暴雨、短时强降水、大风、极端气温等记录经常刷新历史纪录。鉴于此，时任新疆气象台台长何清研究员倡议从 2017 年起每年出版一册《新疆天气年鉴》，尽可能完整地保存天气过程信息，为后期预报业务及科研提供便利。同时，新疆气象台技术委员会审议了新疆天气过程强度补充标准。

本书主要包括年鉴编写说明和正文两大部分。编写说明在以往天气过程强度划分标准的基础上，补充了寒潮、暴雨、暴雪、大风、高温等强天气过程标准。正文共分四章：第 1 章为 2023 年新疆天气气候概况，主要包括 2023 年气候背景、十大气候事件、天气过程概况等，并给出年降水、气温、大风、沙尘、冰雹等灾害天气统计分布图；第 2 章为 2023 年天气过程索引表，给出了 2023 年 85 场天气过程的过程编号、起止时间、天气类型、过程强度、有无灾情等信息；第 3 章为 2023 年中度及以上强度天气过程分析，包括 38 场冷空气天气过程和 8 场高温过程；第 4 章为 2023 年中弱和弱天气过程，给出了 23 场中弱、16 场弱过程天气过程起止时间、天气类型、过程强度、有无灾情等信息，并给出天气实况及环流图。

本书收录的每一场天气过程都是新疆气象台值班预报员辛勤劳动的成果。在新疆维吾尔自治区气象局领导的大力支持下，新疆气象台领导高度重视、积极推进本书的编制和出版。由于天气年鉴编写涉及面广、编写组水平有限，不一定能完全体现年鉴编制的所有初衷，希望读者不吝赐教，以便今后改进。另外，在第 1 章编写过程中，新疆维吾尔自治区气候中心给予了大力支持和帮助；封面图片塔城地区上空超级单体对流云由塔城地区气象台扎璐提供，在此一并深表感谢。

本书编委会

2023 年 12 月

编写说明

一、天气过程标准

为了适应新疆预报服务业务的需要，本年鉴天气过程强度在延续新疆气象台以往业务标准(附录 A)的基础上，做了部分修订和增补。原强天气过程根据灾害天气发生的范围和强度分别增加备注，包括寒潮、暴雨、暴雪、大风、沙尘暴、强对流天气过程；增加了高温过程和强对流天气过程，高温天气过程标准执行新疆气象台 2020 年依据高温行业标准、结合新疆高温天气实况制定的业务标准；原中等偏强(以下简称"中强")天气过程保留，但备注了以降温、降水、风沙等何种灾害天气为主，或者是综合性中强天气过程；原中等强度(以下简称"中度")、中等偏弱强度(以下简称"中弱")、弱天气过程继续保留。

寒潮天气过程：在同一次天气过程中，北疆或南疆范围内有 70%的国家级气象站达到寒潮标准，定义为一次寒潮天气过程。

暴雨天气过程：在同一次天气过程中，新疆区域内同一天或连续 2 d 有两个地(州、市)5 站(国家级气象站)或以上出现暴雨(24 h 累计降雨量≥24.1 mm)，定义为一次暴雨天气过程。

暴雪天气过程：在同一次天气过程中，新疆区域内同一天或连续 2 d 有两个地(州、市)5 站(国家级气象站)或以上出现暴雪(24 h 降雪量≥12.1 mm)，定义为一次暴雪天气过程。

大风天气过程：在同一次天气过程中，新疆区域内 50%的国家级气象站观测到平均风速≥10.8 m/s(6 级)或瞬时极大风速≥17.2 m/s(8 级)的天气，定义为一次大风天气过程。

沙尘暴天气过程：在同一次天气过程中，新疆区域内 10 站(国家级气象站)或以上观测到沙尘暴天气，定义为一次沙尘暴天气过程。

强对流天气过程：新疆区域内一个地区大部分区域(70%及以上)或两个以上地区 50%或以上区域监测到短时强降水(小时雨量≥10 mm)、冰雹(冰雹直径≥5 mm)、雷暴大风(瞬时极大风速≥17.2 m/s)，定义为一次强对流天气过程。高温天气过程标准详见附录 B。

二、资料与统计方法

天气过程实况资料来自新疆气象信息中心提供的 2023 年全疆国家站、区域站逐时、逐日地面观测资料，高、低空环流形势均来自 NCEP(美国国家环境预报中心)2.5°×2.5°再分析资料，云图来自 FY-4A 红外云图数据。日观测数据的界定为：前一日 20 时—当日 20 时(北京时，下同)，例如：2 日降水量为 1 日 20 时—2 日 20 时降水量的累计值。

第 1 章天气气候概况中，2023 年气温、年降水量和大风、沙尘暴、扬沙、大雾、冰雹、高温、低温灾害天气日数等气候统计数据均来自新疆维吾尔自治区气候中心。

三、灾情

新疆气象台依据中国气象局灾情直报系统、新疆各地(州、市)气象台上报灾情，结合本年鉴的天气过程，系统整理了 2023 年新疆寒潮、暴雨、暴雪、大风、沙尘暴、冰雹等气象灾情，形成了 2023 年年鉴的灾情情况。

五、天气图及新疆地图边界说明

本年鉴中有关新疆地图通过了新疆维吾尔自治区测绘地理信息局审核，审图号：新 S(2024)175 号。

目　录

第 1 章　2023 年天气气候概况

1.1　气候背景

1.1.1　综述

2023 年新疆总体气温偏高、降水偏少。全疆平均气温 9.7 ℃，较常年(1991—2020 年平均值，下同)高 1.0 ℃，与 2022 年并列为历史第一；北疆、天山山区、南疆分别高 1.2 ℃、1.1 ℃、0.9 ℃，北疆和天山山区偏高幅度均居历史第一位，南疆居第二位。年内冬季平均气温偏低，夏季和秋季偏高均居历史第一，春季与常年持平。全疆平均降水量 154.0 mm，较常年少 11%；北疆、天山山区、南疆分别偏少 2%、11%、43%。年内仅秋季降水量略偏多，其他季节均偏少。全疆大部分地区开春期较常年偏早，初霜期、终霜期、入冬期均偏晚。2022/2023 年冬季全疆大部分地区最大积雪深度较常年偏厚。南疆平均沙尘日数较常年偏多。

年内气候波动大：冬、春季寒潮强度大，灾害影响重；夏季平均气温创新高，高温日数居历史第一高位，高温影响范围广，北疆、东疆出现中等强度以上气象干旱；秋季气温居历史同期第一高位，降水偏多，但空间分布不均。全年累计经历极端降水过程 11 次、极端大风过程 8 次、寒潮过程 6 次、夏季高温过程 5 次、干旱过程 1 次、区域极端升温过程 1 次。

年内出现的主要气象灾害为低温冻害、冰雹、大风、沙尘暴、干旱、暴雨山洪等，其中低温冻害损失最重，占全年总灾损的 37%。上述气象灾害对新疆地区交通运输、农牧业生产、城市运营、人民生命及财产安全等造成不同程度的影响。

2023 年度新疆农牧业气象年景为平偏歉，气象条件对小麦、夏玉米生产有利，对大部分地区的棉花、春玉米、林果和牧草生长不利。农牧业气象灾害总体重于 2022 年。

1.1.2　气候特点

(1)气温

2023 年(1—12 月)全疆平均气温 9.7 ℃，较常年偏高 1.0 ℃，与 2022 年并列为历史第一高。北疆平均气温 8.5 ℃、天山山区 5.5 ℃、南疆 12.3 ℃，分别较常年偏高 1.2 ℃、1.1 ℃、0.9 ℃，其中北疆和天山山区偏高幅度均居历史同期第一位，南疆居第二位。空间分布来看，全疆大部分地区年平均气温较常年偏高或略偏高，其中北疆大部分地区、东疆及阿克苏地区南部、喀什地区、和田地区中东部偏高 1.0～2.0 ℃(鄯善、洛浦)(图 1.1a)。察布查尔、霍城、巴里坤等 38 站平均气温居 1961 年以来第一高位，鄯善、洛浦、富蕴等 19 站居第二高位，和静、福海、布尔津等 6 站居第三高位。

(2)降水

2023 年(1—12 月)全疆年平均降水量 154.0 mm，较常年少 11%，比 2022 年多 4%。北疆 211.4 mm、天山山区 325.6 mm、南疆 39.4 mm，分别偏少 2%、11%、43%(图 1.1b)。从空间分布来看，全疆大部分地区降水较常年偏少，尤其喀什地区北部、克孜勒苏柯尔克孜自治州(简称克州)东部、阿克苏地区西部、巴音郭楞蒙古自治州(简称巴州)南部、吐鲁番市、哈密市南部偏少 5～9 成，仅塔城地区北部、阿勒泰地区、阿克苏地区沙雅县、克州乌恰县吐尔尕特、和田地区皮山县、巴州和静县巴音布鲁克偏多 1～7 成，其中阿勒泰地区布尔津县偏多 71%，居历史第一高位，阿勒泰地区哈巴河县、阿勒泰市分别偏多 45%、44%，居历史第二高位，富蕴偏多 47%，居历史第三高位。

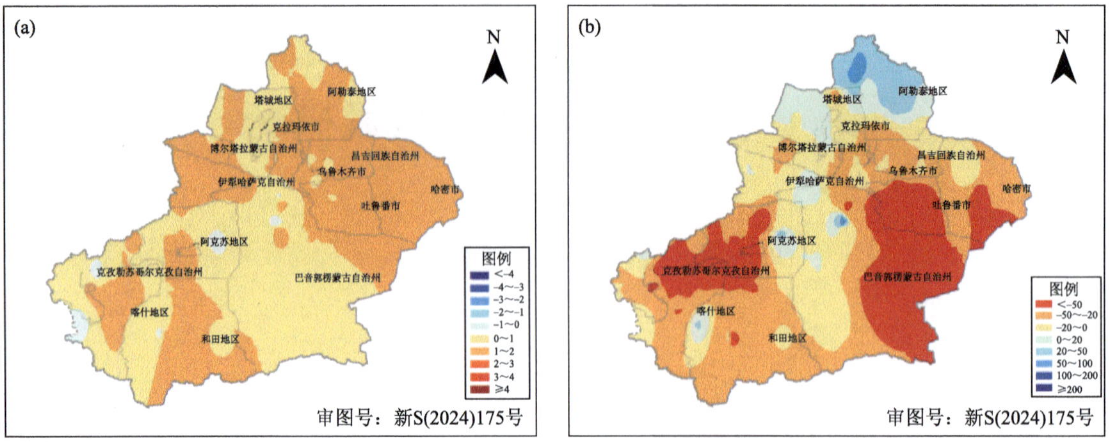

图 1.1 2023 年新疆年平均气温距平(a,单位:℃)和年降水量距平百分率(b,%)分布

(3)积雪

2022/2023 年冬季北疆大部分地区及天山山区等地冬季最大积雪深度均在 15 cm 以上,其中北疆西部和北部、阿勒泰地区北部、乌鲁木齐市等地最大积雪深度为 30～48 cm,阿勒泰市最大积雪深度达 57 cm。东疆大部分地区冬季基本无积雪。与常年相比,全疆大部分地区最大积雪深度偏厚,其中塔城地区北部、阿勒泰地区北部、石河子市、昌吉回族自治州(简称昌吉州)东部、巴州南部等地最大积雪深度偏厚 10～25 cm。奇台、玛纳斯、木垒、且末、库尔勒、皮山等 9 站冬季最大积雪深度偏厚,居历史第一高位,哈巴河、昌吉、石河子、库车等 4 站居第二高位,天池、米泉、叶城、墨玉、温宿、新和等 6 站居第三高位。伊犁河谷东部、博尔塔拉蒙古自治州(简称博州)、阿克苏地区、巴州和东疆等地冬季最大积雪深度较常年偏薄 1～4 cm,巩留、新源和炮台分别偏薄 5 cm、13 cm 和 6 cm(图 1.2a)。

2023 年 12 月北疆各地、天山山区、巴州北部、哈密市北部、吐鲁番市高昌区等地最大积雪深度在 1～44 cm(小渠子);其中北疆大部分地区和巴州北部山区等 37 站最大积雪深度大于 10 cm,其中伊犁河谷西部、北疆东部、乌鲁木齐市等 11 站最大积雪深度大于 20 cm。12 月下旬卫星遥感积雪监测结果表明:雪深大于 20 cm 的积雪面积与历年同期相比,北疆伊犁河谷、博州、塔城地区、阿勒泰地区偏多 2～5 成,昌吉州偏少近 7 成,乌鲁木齐市偏少近 9 成;东疆吐鲁番市和哈密市接近常年;南疆阿克苏地区偏多近 1.3 倍,克州偏少近 9 成,和田地区、喀什地区偏少 1～3 成,巴州偏少近 8 成(图 1.2b)。

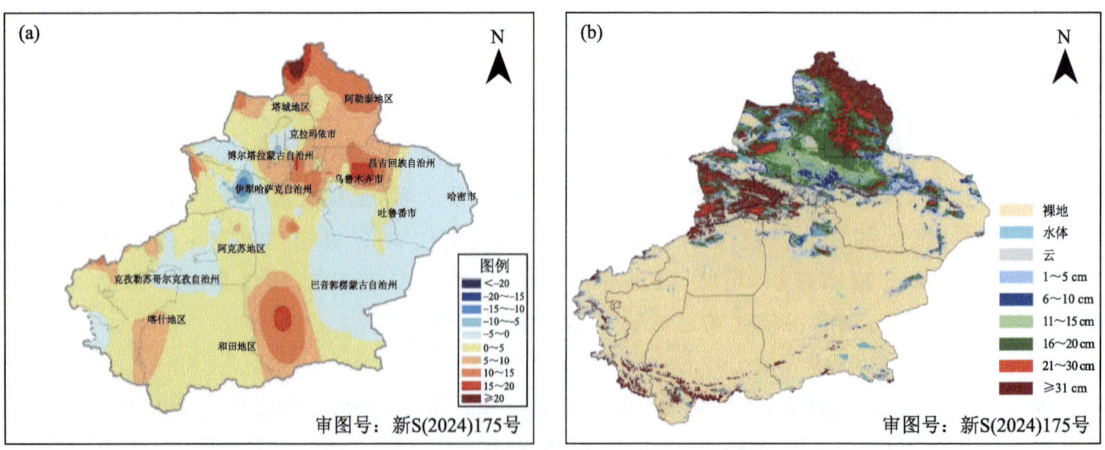

图 1.2 2022/2023 年冬季最大积雪深度距平(a,单位:cm)和 2023 年 12 月下旬新疆 EOS/MODIS 卫星积雪监测图(b,单位:cm)

(4)年极端气候值

2023 年新疆国家级气象站年极端气候值详见表 1.1。

表 1.1　2023 年新疆气象台站极端气候值

站　名	气象要素	数　值	出现时间
吐鲁番	日最高气温	48.7 ℃	7 月 16 日
青河	日最低气温	−40.2 ℃	1 月 23 日
小渠子	年最大降水量	539.2 mm	—
天池	日最大降水量	44.6 mm	7 月 10 日
昭苏	最多降水日数	133 d	—
昭苏/哈巴河	最长连续降水日数	12 d	9 月 12—23 日
托克逊	最长连续无降水日数	160 d	7 月 25 日—12 月 31 日
吐鲁番	最早开春日	偏早 8 d	2 月 4 日
吐鲁番	最早终霜日	偏早 13 d	2 月 21 日
温泉	最晚终霜日	偏晚 11 d	5 月 7 日
和田	最晚初霜日	偏晚 5 d	11 月 17 日
吉木乃/阿勒泰/富蕴/和布克赛尔/青河	最早入冬日	偏早 2 d/6 d/5 d/1 d/偏晚 5 d	11 月 3 日
阿勒泰	最大积雪深度	57 cm	2 月 16 日
吐鲁番	最大风速	35.5 m/s	7 月 20 日

注：年极端气候值是指某一气象要素在一年中的最大或最小值。这里挑选的年极端气候值，是全年单站气象要素在全疆 99 个国家级气象站中的最大或最小值；农事关键期山区站未统计在内。

1.2　十大天气气候事件

(1)吐鲁番高温 52.2 ℃创中国最高气温纪录

7 月 13 日至 28 日新疆出现区域性高温过程，天山北坡、南疆和东疆共 1048 站最高气温超过 35.0 ℃(占全疆总站数的 62%)，15 日高温影响范围最广，高温面积达 117.2 万 km^2。此次高温过程中，策勒、库尔勒、察布查尔等 8 个国家级气象观测站和 293 个区域自动气象站出现建站以来最高气温纪录。其中，16 日吐鲁番市高昌区三堡乡区域自动气象站最高气温为 52.2 ℃，刷新中国最高气温纪录，当日吐鲁番市火焰山景区巨型温度计显示实时地表温度达 83.0 ℃。

(2)2023 年新疆平均气温为有记录以来第二高

2023 年新疆平均气温为 9.8 ℃，较常年偏高 0.9 ℃，为有完整气象记录以来第二高年(仅次于 2022 年)。全疆 57 个国家级气象观测站(占总站数的 58%)气温偏高幅度位列历史前三，其中 30 站(占总站数的 30%)气温偏高幅度居历史首位。年内夏、秋季平均气温分别较常年偏高 1.6 ℃、1.7 ℃，均为历史同期第一高。

(3)春季持续低温，农牧业遭受严重冻害

春季冷空气频繁侵扰新疆，3 月 30 日至 4 月 4 日、4 月 14 日至 20 日、5 月 1 日至 7 日 3 场全疆寒潮天气过程中，伊犁河谷、阿克苏地区、巴州等地部分农区先后出现霜冻。乌什、拜城、库车、塔中 4 站出现历史最晚终霜，库尔勒、轮台、和静、和硕及焉耆 5 站出现历史最晚降雪天气。巴州和硕县等 10 县遭遇低温冻害，对春耕春播、作物出苗生长、林果开花授粉、设施农业及畜牧业生产有较大影响。

(4)夏季北疆、东疆遭遇严重气象干旱

2023 年夏季为有气象记录以来降水量最少的夏季，夏季全疆平均降水量为 44.9 mm。夏季新疆平均气温为 24.1 ℃，创历史新高，极端高温日数较常年同期多 10.7 d，为有气象记录以来第一多，9 个国家级气象站日最高气温打破本站历史极值。受极端高温和少雨影响,北疆、东疆出现中等强度以上气象干旱,7月28日气象干旱影响范围达到最大,干旱面积约110万 km^2,阿勒泰地区阿勒泰市、青河县部分天然草场出现旱灾。

(5)"12·14"全疆遭遇特强寒潮,暖冷急转

12月11日至15日全疆大部分地区出现特强寒潮过程,本次过程全疆64%的观测站达到寒潮标准。北疆平原区最低气温为−34～−22 ℃,北疆山区为−45～−33 ℃,南疆、东疆平原为−23～−10 ℃。过程最低气温出现在阿勒泰地区富蕴县,为−45.4 ℃。16日凌晨,乌鲁木齐市最低气温为−25.6 ℃,为近10年来12月最低气温。受特强寒潮影响,12月上旬至中旬全疆平均气温由偏高4.5 ℃骤降为偏低3.8 ℃,对交通运输、农牧业生产、城市运营、公众身体健康产生一定不利影响。

(6)北疆大部分地区入冬异常偏晚

受前期气温明显偏高影响,2023年新疆大部分地区入冬较常年偏晚,乌鲁木齐、托里、石河子等55站(占总站数的52%)偏晚10～25 d,为特晚入冬,其中特克斯、阿合奇、巴音布鲁克等10站为历史最晚入冬。新疆大部分地区初雪日较常年偏晚,北疆西部偏晚20～42 d,北疆北部偏晚1～14 d,其中克拉玛依、伊宁2站破最晚初雪纪录。

(7)5月底阿克苏地区沙雅县连续强风雹致棉花受灾

5月28日和5月29日傍晚至夜间,阿克苏地区沙雅县先后遭遇短时强降雨、大风、冰雹等强对流天气。29日午后观测到冰雹最大直径达3 cm。正值棉花出苗期,风雹天气对棉花苗期生长影响较大,部分棉区棉花大面积重播或补种,造成较大损失,为年内最强冰雹事件。

(8)春、夏季和田地区沙尘暴日数为近30年最多

春、夏季和田地区沙尘暴日数14.7 d,较常年同期偏多4.1 d,为近30年以来最多。和田地区洛浦县春、夏季沙尘暴日数较常年同期偏多9.5 d,为近40年以来第一多。8月29日和田地区墨玉县出现强沙尘暴天气,最小能见度为134 m,极端天气导致5个村的红枣受灾。

(9)1月新疆遭遇历史同期第二特强寒潮

1月10日至14日,新疆出现大范围雨雪、降温及大风天气,为出现在1月历史第二强寒潮过程。本次过程全疆64%的测站达到寒潮标准。北疆大部分地区、天山山区最低气温为−47～−25 ℃,南疆大部分地区为−30～−7 ℃。过程最低气温出现在阿勒泰地区青河县,为−47.2 ℃。此次强寒潮过程伴有局地暴雪和大风,库尔勒、岳普湖、温宿3站打破本站1月历史最大日降水量极值,奇台站打破本站1月最大积雪深度极值,福海、博乐、和静等13站打破本站1月极大风速极值。受强寒潮天气影响,全疆多地林果发生不同程度的越冬冻害。

(10)9月新疆降水破历史同期极值

9月新疆平均降水量为25.6 mm,较常年多8成,平均降雨日数为9.6 d,较常年同期多3.3 d,平均降水量和降水日数均打破9月历史极值。9月3日至6日、12日至14日出现以北疆、东疆为主的降水过程,14日至16日、23日至25日出现全疆范围的降水过程,其中,沙雅、布尔津、炮台等7站日降水量为9月历史第一多,小渠子、吉木乃、裕民等16站降水日数为9月历史第一多。

1.3 天气过程概况

2023年共有85次天气过程,其中,强过程7次、中等偏强10次、中等强度29次、中等偏弱23次、弱过程16次。

1.4 主要气象灾害

2023年年内新疆气候波动大:冬、春季寒潮强度大,灾害影响重;夏季平均气温创新高,高温日数为历史第一多,高温影响范围广,北疆、东疆出现中等强度以上气象干旱;秋季气温为历史同期第一高,降水偏

多，但空间分布不均；较为典型的天气气候事件有：吐鲁番市出现最高气温 52.2 ℃，创中国最高气温纪录；2023 年新疆平均气温追平历史最高纪录；春季持续低温，农牧业遭受严重冻害；夏季北疆东疆遭遇严重气象干旱；“12・14”全疆遭遇特强寒潮，暖冷急转；北疆大部分地区入冬异常偏晚；5 月底阿克苏地区沙雅县连续强风雹致棉花受灾；春、夏季和田地区沙尘暴日数为近 30 年最多；1 月新疆遭遇历史同期第二特强寒潮；9 月新疆降水破历史同期极值等。新疆 2023 年主要气象灾害有冰雹、低温冻害、大风、沙尘暴、干旱、暴雨山洪等，其中冰雹灾害最重。

2023 年气象灾害直接经济总损失与近 20 年相比总体偏轻。低温冻害损失最重，占全年气象灾害总损失的 37%；其次是冰雹和风沙灾害，分别占 23%、18%；干旱占 12%；暴雨洪涝占 10%（图 1.3）。

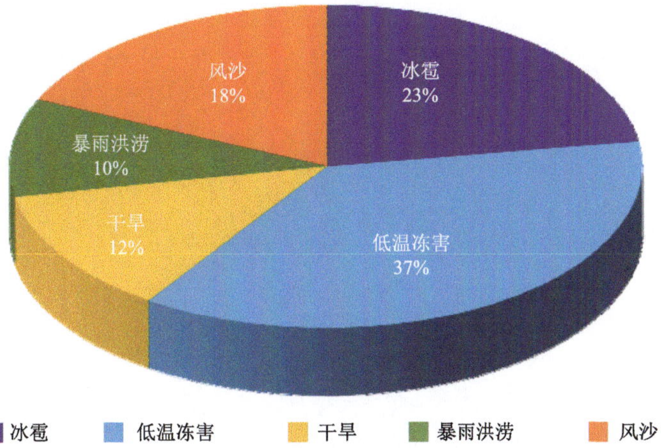

图 1.3　2023 年新疆各类气象灾害直接经济损失占比

（1）低温冻害

2023 年冷空气过程总体偏少，但极端性强、灾害影响重，年内共出现 13 县・次低温冷害、冻害及寒潮天气。春季冷空气频繁侵扰新疆，3 月 30 日至 4 月 4 日、4 月 14 日至 20 日、5 月 1 日至 7 日 3 场全疆寒潮天气过程对春耕春播、作物出苗生长、林果开花授粉、设施农业、畜牧业生产有较大影响；12 月 11 日至 15 日全疆特强寒潮过程中，全疆 64%的测站达到寒潮标准。北疆平原区的最低气温为－34～－22 ℃，北疆山区为－45～－33 ℃，南疆、东疆平原为－23～－10 ℃。全疆平均气温由 12 月上旬偏高 4.5 ℃，中旬骤降至偏低 3.8 ℃，对交通运输、农牧业生产、城市运营、公众身体健康产生不利影响。

（2）冰雹

2023 年新疆冰雹灾害呈中度偏轻。全疆 9 地（州、市）共 26 县・次出现冰雹灾害，直接经济损失近 3.8 亿元。其中阿克苏地区发生次数最多，为 7 县・次，其次是喀什地区，为 3 县・次。5 月 28 日和 5 月 29 日傍晚至夜间，阿克苏地区沙雅县先后遭遇短时强降雨、大风、冰雹等强对流天气，正值棉花出苗期，风雹天气对棉花苗期生长影响较大，部分棉区棉花大面积需重播或补种，造成较大损失。

（3）大风及沙尘暴

2023 年新疆大风、沙尘暴灾害呈中度发生。年内全疆 9 地（州、市）共 32 县・次出现大风、沙尘暴灾害，造成农作物受灾 6.2 万 hm^2，直接经济损失约 3.1 亿元。5 月 2 日至 4 日，阿克苏地区库车县出现大风、雷雨、局地冰雹天气，强对流天气导致库车县 10 个乡镇棉花、小麦、玉米、核桃、果树等不同程度受灾，直接经济损失约 7300 万元，农作物受灾超 1 万 hm^2，受灾近 4300 人。8 月 29 日墨玉县出现强沙尘暴天气，最小能见度降至 134 m，极端天气导致 5 个村的红枣受灾。

（4）干旱

2023 年气象干旱呈中度发生。年内阿勒泰地区共计 3 县・次出现干旱灾害，造成直接经济损失近 2.1 亿元。受持续的高温少雨影响，6 月起南、北疆西部，天山北坡，东疆等地出现气象干旱并不断发展，北疆大部分区域、吐鲁番市、哈密市南部、阿克苏地区西部、克州北部、喀什地区北部出现中等强度以上气象干旱，7 月 28 日全疆气象干旱影响范围达到最大，干旱面积达 112.7 万 km^2，伊犁河谷、塔城地区北部、阿勒泰地区、昌吉州西部、吐鲁番市、哈密市南部、克州北部等发生重度气象干旱，特克斯、霍尔果斯、额敏等 8 个县出现特旱。干旱导致阿勒泰地区阿勒泰市、青河县部分天然草场出现旱灾。

(5)暴雨洪涝

2023 年暴雨洪涝呈偏轻发生。年内全疆 5 地(州、市)共 16 县・次出现暴雨洪涝，造成直接经济损失约 1.6 亿元。5 月 1 日至 7 日，北疆大部分地区、天山山区及北坡、哈密市等出现雨或雨夹雪转雪(高山区为雪)，天山两侧及哈密市的部分区域出现暴雨或暴雪，巴州尉犁县遭遇极端灾害天气，此次天气导致尉犁县 4.6 万 hm^2 棉花受灾，造成直接经济损失 1.1 亿元。7 月 12 日，巴州若羌县出现小到中雨，局部出现大到暴雨，此次降水造成若羌县水利工程、道路交通设施不同程度损毁，经济损失约 1400 万元。

第 2 章　2023 年天气过程索引表

序　号	起止时间 （月日时—月日时）	天气性质	强度	灾情
1	010105—010308	降雪	弱	无
2	010308—010508	降雪、大风、大雾	中弱	无
3	010508—010802	降雪、大风	中弱	无
4	010820—011020	暴雪、寒潮、大风、大雾	中度	无
5	011020—011414	暴雪、寒潮、大风、沙尘暴	强	有
6	012023—012302	降雪、大风	中弱	无
7	021002—021308	降雪、寒潮、大风	中度	无
8	021508—022108	暴雪、大风	中度	无
9	022520—022708	降雪、寒潮、大风	中强	无
10	022708—030120	雨雪、大风	弱	无
11	030520—030720	暴雪、大风	中弱	无
12	030720—031014	暴雪、寒潮、大风、沙尘暴	中度	无
13	031214—031420	暴雪、大风	中度	无
14	031608—032108	暴雪、寒潮、大风、沙尘暴	强	有
15	033020—040420	暴雪、寒潮、大风、沙尘暴	强	有
16	040723—041008	暴雪、大风	中度	无
17	041020—041314	暴雨(雪)、大风、沙尘暴	中度	无
18	041420—041720	暴雪、大风	中度	有
19	041720—042008	暴雨(雪)、寒潮、大风、沙尘暴	中度	有
20	042208—042408	雨雪、大风	弱	无
21	042420—042608	雨雪、大风	弱	无
22	042608—042808	雨雪、大风、沙尘暴	中弱	无
23	043008—050108	雨雪、大风	弱	无
24	050108—050508	暴雨(雪)、寒潮、大风、沙尘暴	中度	有
25	050508—051002	暴雪、寒潮、大风、霜冻、冰雹	中强	有
26	051320—051620	暴雨、大风、冰雹	中度	无
27	051820—052010	暴雨(雪)、大风、沙尘暴	中度	无
28	052010—052320	暴雨、大风、沙尘暴、冰雹	中强	有
29	052408—052820	暴雨、大风、沙尘暴、冰雹	中强	有

续表

序　号	起止时间 (月日时—月日时)	天气性质	强度	灾情
30	052808—053114	暴雨、大风、沙尘暴	中弱	无
31	053120—060505	雨(高山区雪)、大风、沙尘暴	中弱	无
32	060508—061520	高温	强	有
33	061114—061308	降雨、大风、沙尘暴	中弱	无
34	061414—061708	暴雨、大风、沙尘暴	中强	无
35	061714—062120	高温	中度	无
36	062008—062320	暴雨、大风	中弱	有
37	062120—062520	高温	中度	无
38	062320—062714	暴雨、大风、沙尘暴、冰雹	中度	有
39	062808—063014	暴雨、大风、沙尘暴	中弱	有
40	063014—070308	暴雨、大风、沙尘暴	中弱	有
41	070308—070520	暴雨、大风、沙尘暴	中弱	有
42	070520—070920	暴雨、大风、沙尘暴、冰雹	中度	有
43	070920—071308	暴雨、大风、冰雹	中度	有
44	071314—072320	高温	强	无
45	072005—072217	降雨、大风	弱	有
46	072320—072808	暴雨、大风	中弱	有
47	072414—072820	高温	中强	无
48	072808—080108	暴雨、大风、沙尘暴	中度	有
49	080108—080408	大风、沙尘暴	中弱	无
50	080108—080720	高温	中度	无
51	080708—081002	暴雨、大风	中度	有
52	080908—081420	高温	中弱	无
53	081108—081608	暴雨、大风、沙尘暴、冰雹	强	有
54	082214—082508	暴雨、高温、大风	中弱	无
55	082508—082720	暴雨、高温、大风	中弱	无
56	082808—083102	暴雨、大风、沙尘暴	中度	有
57	090108—090320	高温	弱	无
58	090320—090620	暴雨、大风、沙尘暴、冰雹	中强	有
59	090708—091008	雨雪、大风	弱	无
60	091208—091408	暴雨、大风	中度	无
61	091408—091620	暴雨、大风	中度	无
62	091920—092208	暴雨、大风	中度	无
63	092208—092320	暴雨、大风	中度	无

续表

序　号	起止时间 （月日时—月日时）	天气性质	强度	灾情
64	092320—092517	暴雨（雪）、大风	中度	无
65	092517—092720	暴雨（雪）、大风、霜冻	强	有
66	092920—100120	暴雨、大风	弱	无
67	100220—100520	降雨、大风	弱	无
68	100705—100920	雨雪、大风	弱	无
69	100920—101120	雨雪、大风	弱	无
70	101320—101720	暴雨（雪）、寒潮、大风、霜冻	中度	无
71	102308—102420	雨雪、大风	弱	无
72	102620—102908	雨雪、大风	弱	无
73	102908—103120	暴雨（雪）、大风	中强	无
74	103120—110510	暴雨（雪）、寒潮、大风、霜冻	中强	有
75	110920—111212	雨雪、大风	弱	无
76	111220—111508	雨雪、寒潮、大风	中弱	无
77	111908—112120	雨雪、寒潮、大风	中弱	无
78	112320—112520	雨雪、大风	中弱	无
79	120314—120520	暴雪、大风	中度	无
80	120620—120808	暴雪、大风、大雾	中弱	无
81	120820—121108	暴雪、寒潮、大风	中度	无
82	121114—121514	暴雪、寒潮、大风、沙尘暴	中强	有
83	122002—122205	寒潮、大风	中弱	无
84	122720—122908	降雪、大风	弱	无
85	122920—010117	降雪、寒潮、大风	中弱	无

第 3 章　2023 年中度及以上强度天气过程

3.1　1 月 8 日 20 时至 10 日 20 时阿勒泰地区局地大暴雪，北疆北部局地寒潮，北疆西部和北部、南疆局地大风，伊犁河谷西部、天山北坡出现大雾

3.1.1　天气实况综述

<table>
<tr><td>天气类型</td><td colspan="2">降雪、降温、大风、大雾</td><td>过程强度</td><td>中度</td></tr>
<tr><td>天气实况</td><td colspan="4">①降雪：北疆西部、北部和喀什地区南部山区等地的部分区域微到小雪，其中塔城地区北部、阿勒泰地区的部分区域累计降雪量 3.4～43.4 mm，最大降雪中心位于阿勒泰地区布尔津县禾木乡站(图 3.1a)。
②降温：伊犁河谷、塔城地区北部、阿勒泰地区、石河子市、昌吉州东部、和田地区、巴州、哈密市等地的局部区域降温 8～12 ℃，出现寒潮或强寒潮天气。
③风：北疆西部和北部、天山山区、喀什地区南部、克州、和田地区、巴州、吐鲁番市、哈密市出现 5 级左右西北风或偏南风，风口风力 11～12 级，阵风 14 级。</td></tr>
<tr><td rowspan="4">灾害天气</td><td>寒潮</td><td colspan="3">寒潮站数：20 站·次(强寒潮 4 站·次，特强寒潮 2 站·次)，9 日昌吉州木垒县、和田地区民丰县、巴州且末县局地共 8 站(强寒潮 3 站，特强寒潮 1 站)；10 日伊犁河谷、塔城地区北部、阿勒泰地区、石河子市、哈密市等地局地共 12 站(强寒潮 1 站，特强寒潮 1 站)(图 3.1b)。
日最大降温中心：区域站石河子市连霍上行 K3740 应用(交通)站降温 17.1 ℃(10 日)，国家级气象站乌鲁木齐县大西沟站降温 6.9 ℃(10 日)。
过程最低气温：区域气象站巴州和静县巴音布鲁克镇德尔比勒金牧场站最低气温－31.7 ℃(10 日 10 时)，国家级气象站巴州巴音布鲁克站－30.1 ℃(9 日 04 时)(图 3.1c)。</td></tr>
<tr><td>暴雪</td><td colspan="3">暴雪站数：共 6 站，9 日 4 站(阿勒泰地区)，10 日 2 站(阿勒泰地区)。
日最大降雪中心：固态站阿勒泰地区布尔津县禾木乡站(9 日)39.1 mm，国家级气象站阿勒泰地区阿勒泰站(10 日)5 mm。
最大小时雪强：固态站阿勒泰地区布尔津县也格孜托别乡黑流滩中游站 3.8 mm/h(9 日 15—16 时)，国家级气象站阿勒泰站 1.3 mm/h(9 日 18—19 时)。</td></tr>
<tr><td>大风</td><td colspan="3">伊犁河谷、博州、塔城地区北部、阿勒泰地区西部、喀什地区南部、克州山区、和田地区南部、巴州山区等地局地共 61 站出现 8 级以上大风，其中 10 级以上 6 站，12 级以上 2 站。过程极大风速，区域气象站为克州阿克陶县布伦口乡盖孜村依热库如木站 43.3 m/s(10 日 18 时)，国家级气象站为博州阿拉山口站 23.6 m/s(10 日 20 时)(图 3.1d)。</td></tr>
<tr><td>大雾</td><td colspan="3">大雾站数：共 19 站，伊犁哈萨克自治州(简称伊犁州)8 站(霍城、霍尔果斯、察布查尔、伊宁、昭苏、伊宁县、巩留、新源)、石河子市 3 站(石河子、莫索湾、炮台)、塔城地区 7 站(托里、裕民、塔城、和布克赛尔、额敏、沙湾、乌苏)、克拉玛依市 1 站。
最小能见度：石河子站，1 月 10 日 05 时 20 分最小能见度 32 m。</td></tr>
</table>

3.1.2　环流形势

影响系统：100～200 hPa 偏西急流；500 hPa 西西伯利亚低涡低槽、锋区；700～850 hPa 偏西急流；地面冷高压、冷锋。

100～200 hPa：新疆受极涡底部锋区控制，1 月 9 日 08 时 200 hPa 偏西急流核最大风速达 50 m/s(图 3.2a)。

500 hPa：8 日 20 时欧亚范围中、高纬度为“两脊两槽”的经向环流，乌拉尔山地区为低槽活动区，新疆地区主体受高压脊控制，偏西地区有短波活动；欧洲脊东伸，推动乌拉尔山大槽东移南压，槽底锋区上弱短波东移，造成北疆偏西、偏北地区降雪天气(图 3.2b)。

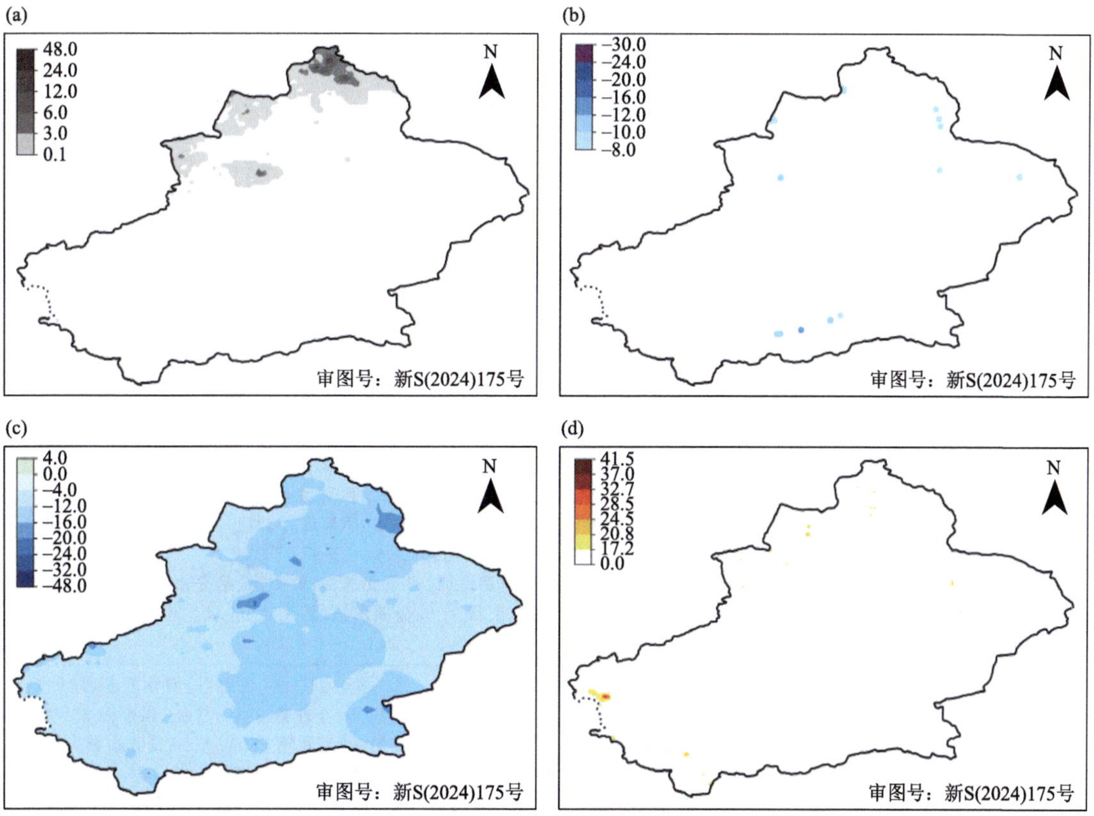

图 3.1　(a) 1 月 8 日 20 时至 10 日 20 时过程累计降水量(单位:mm);(b)过程 24 h 变温(单位:℃);(c)过程最低气温(单位:℃);(d)过程极大风速(单位:m/s)

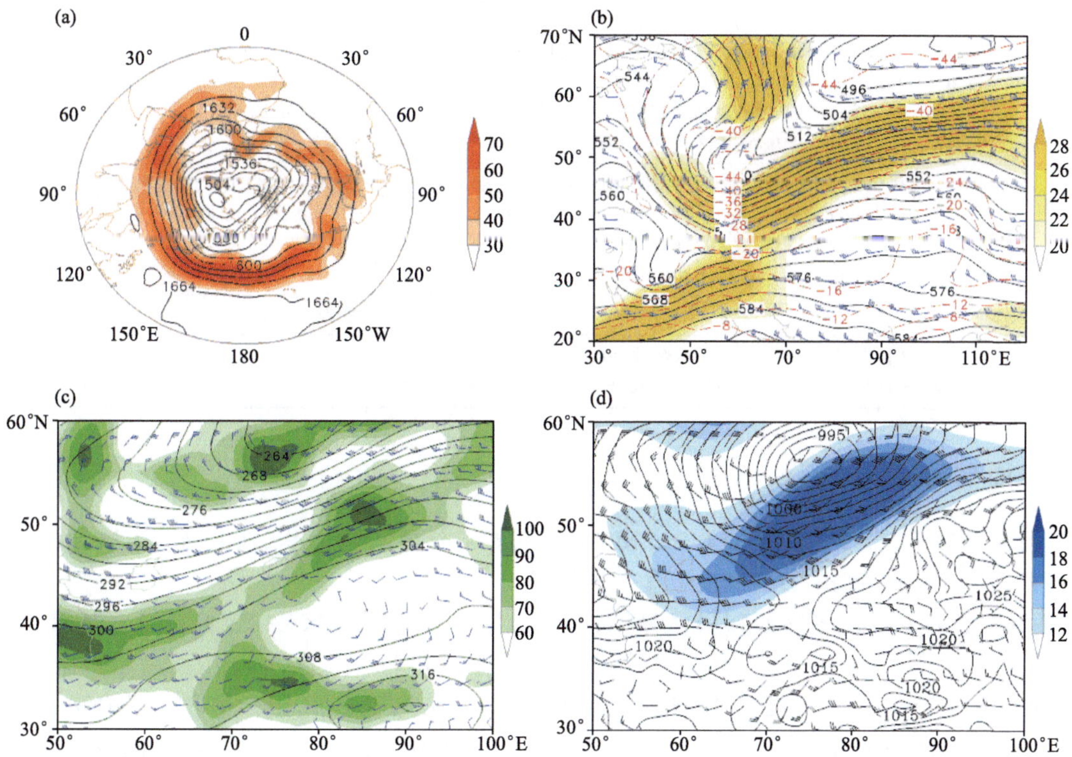

图 3.2　(a)1 月 10 日 20 时 100 hPa 高度场(实线,单位:dagpm),填色区为风速≥30 m/s 的 200 hPa 急流;(b)500 hPa 高度场(黑实线,单位:dagpm)、风场(填色区,单位:m/s)、温度场(红虚线,单位:℃);(c)700 hPa 高度场(黑实线,单位:dagpm)、风场(单位:m/s)和相对湿度(填色区,%);(d)海平面气压(黑实线,单位:hPa)和 850 hPa 风场(填色区,单位:m/s)

700～850 hPa:北疆北部700 hPa(风速16～24 m/s)和850 hPa有低空急流(风速16～26 m/s),强降雪时北疆北部西风加强,有较强冷平流(图3.2c)。

地面:中心强度为1035 hPa的冷高压沿西方路径进入北疆(图3.2d)。

3.2 1月10日20时至14日14时北疆特强寒潮、南疆局地暴雪、东疆大风

3.2.1 天气实况综述

<table>
<tr><td>天气类型</td><td colspan="2">降雪、降温、大风、沙尘暴</td><td>过程强度</td><td>强</td></tr>
<tr><td>天气实况</td><td colspan="4">①降雪:全疆大部分地区出现小雪,其中北疆西部和北部、天山山区及北坡、南疆西部、巴州山区、哈密市北部山区等地的部分区域累计降水量3.2～27.5 mm,最大累计降雪中心位于阿克苏地区拜城县老虎台种羊场三连站(图3.3a)。
②降温:北疆大部分地区和南疆西部、东疆等地的局地气温下降5～8 ℃;伊犁河谷、博州西部、塔城地区北部、阿勒泰地区、天山山区下降8～10 ℃,山区局地下降10 ℃以上,出现寒潮。
③风沙:北疆大部分地区、喀什地区、克州、和田地区、阿克苏地区、巴州北部、吐鲁番市、哈密市出现8级左右西北风,风口风力11～12级、局地阵风13～15级;南疆塔里木盆地出现5～6级偏东风、阵风8～9级。和田地区东部、巴州南部、哈密市的部分地区出现沙尘天气,局地沙尘暴。</td></tr>
<tr><td rowspan="4">灾害天气</td><td>寒潮</td><td colspan="3">寒潮站数:857站·次(强寒潮360站·次,特强寒潮328站·次),11日伊犁河谷、博州西部、塔城地区北部、阿勒泰地区北部、石河子市、乌鲁木齐市、昌吉州、喀什地区、巴州、吐鲁番市共295站(强寒潮87站,特强寒潮92站);12日北疆大部分地区、哈密市共283站(强寒潮150站,特强寒潮133站);13日北疆部分区域、阿克苏地区北部、巴州北部、东疆等地的部分区域共279站(强寒潮123站,特强寒潮103站)(图3.3b)。
日最大降温中心:区域气象站阿勒泰地区福海县夏牧场牧办站降温24.0 ℃(12日),国家级气象站哈巴河站降温15.9 ℃(11日)。
过程最低气温:区域气象站阿勒泰地区青河县喀拉布拉套山站最低气温−47.2 ℃(13日09时),国家级气象站青河站−39.9 ℃(13日10时)(图3.3c)。</td></tr>
<tr><td>暴雪</td><td colspan="3">暴雪站数:共11站,11日7站(伊犁河谷、阿勒泰地区),12日2站(阿克苏地区),13日2站(阿克苏地区)。
日最大降雪中心:固态站伊犁州霍尔果斯市站(11日)21.2 mm,国家级气象站伊犁州霍尔果斯站(11日)16.3 mm。
最大小时雪强:固态站阿克苏地区温宿县塔村旅游度假区站2.9 mm/h(12日10—11时),国家级气象站巴州库尔勒站2.8 mm/h(12日05—06时)。</td></tr>
<tr><td>大风</td><td colspan="3">伊犁河谷、博州、塔城地区北部、克拉玛依市、阿勒泰市、乌鲁木齐市、昌吉州东部、喀什地区、克州、阿克苏地区西部和北部、和田地区、巴州、吐鲁番市、哈密市等地共417站出现8级以上大风,其中10级以上112站,12级以上32站。过程极大风速,区域站为吐鲁番市托克逊县克尔碱镇站47.1 m/s(12日03时),国家级气象站为哈密市十三间房站44.9 m/s(12日02时)(图3.3d)。</td></tr>
<tr><td>沙尘暴</td><td colspan="3">塔中出现沙尘暴,若羌、十三间房2站出现强沙尘暴,最小能见度若羌站173 m。</td></tr>
<tr><td>灾情</td><td colspan="4">11日至12日克州乌恰县大风造成农牧业基础设施受损。
11日至13日吐鲁番市托克逊县大风造成设施农业大棚损坏、农作物受灾。</td></tr>
</table>

3.2.2 环流形势

影响系统:100～200 hPa偏西急流;500 hPa西西伯利亚低槽、中亚低涡;700～850 hPa北疆偏西急流和南疆偏东急流;地面冷高压、冷锋和南疆盆地热低压。

100～200 hPa:新疆受极涡底部极锋锋区控制,1月12日20时200 hPa偏西急流核最大风速达60 m/s(图3.4a)。

500 hPa:欧亚范围中、高纬度为经向环流,乌拉尔山以西为高压脊区,西西伯利亚至中亚为宽广的低槽区,11日至12日受西西伯利亚低槽东移南压影响,北方冷空气与槽前西南暖湿气流交绥,造成伊犁河谷至中天山两侧强降雪;12日至14日受中亚低涡东南下和东移冷空气共同影响,南疆大部分地区出现明显降雪;前期南、北疆温度显著偏高,随着1062.5 hPa地面冷高压沿西北路径快速进入,南、北疆大部分地区升压较强,风口出现大风,冷空气强度强,降温幅度均在10 ℃以上,出现寒潮天气(图3.4b)。

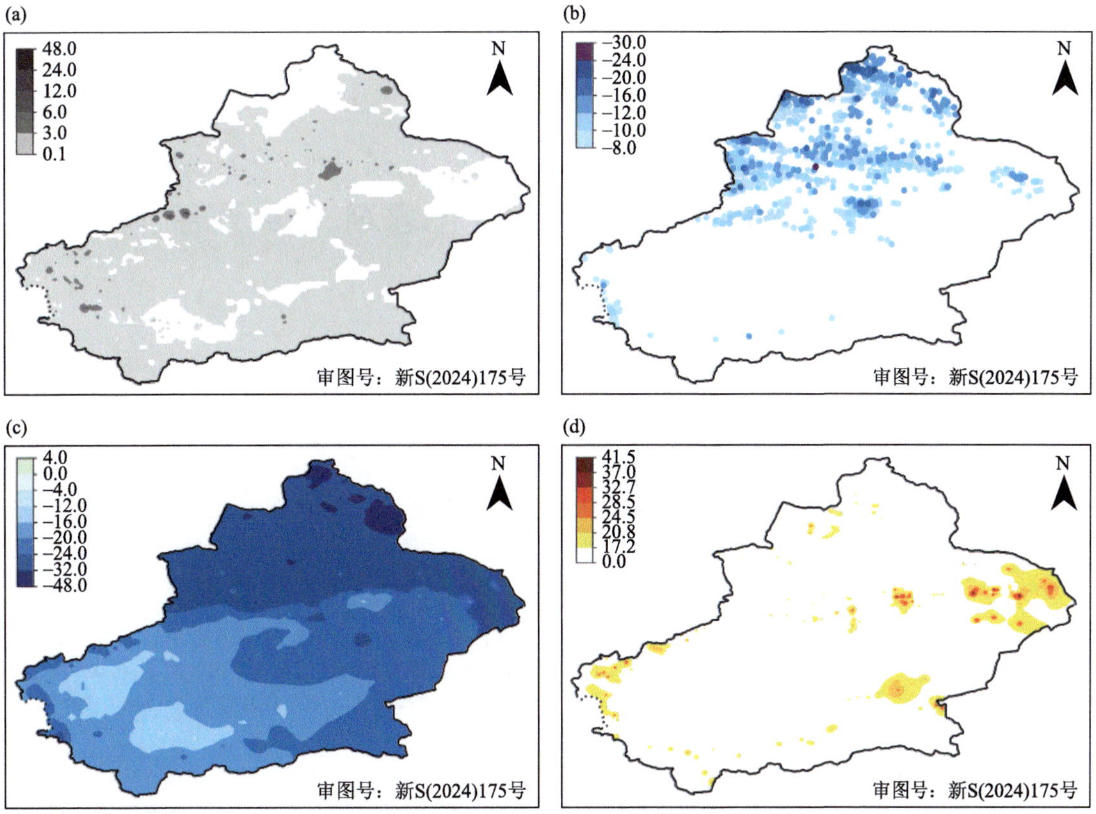

图 3.3　(a)1 月 10 日 20 时至 14 日 14 时过程累计降水量(单位:mm);(b)过程 24 h 变温(单位:℃);(c)过程最低气温(单位:℃);(d)过程极大风速(单位:m/s)

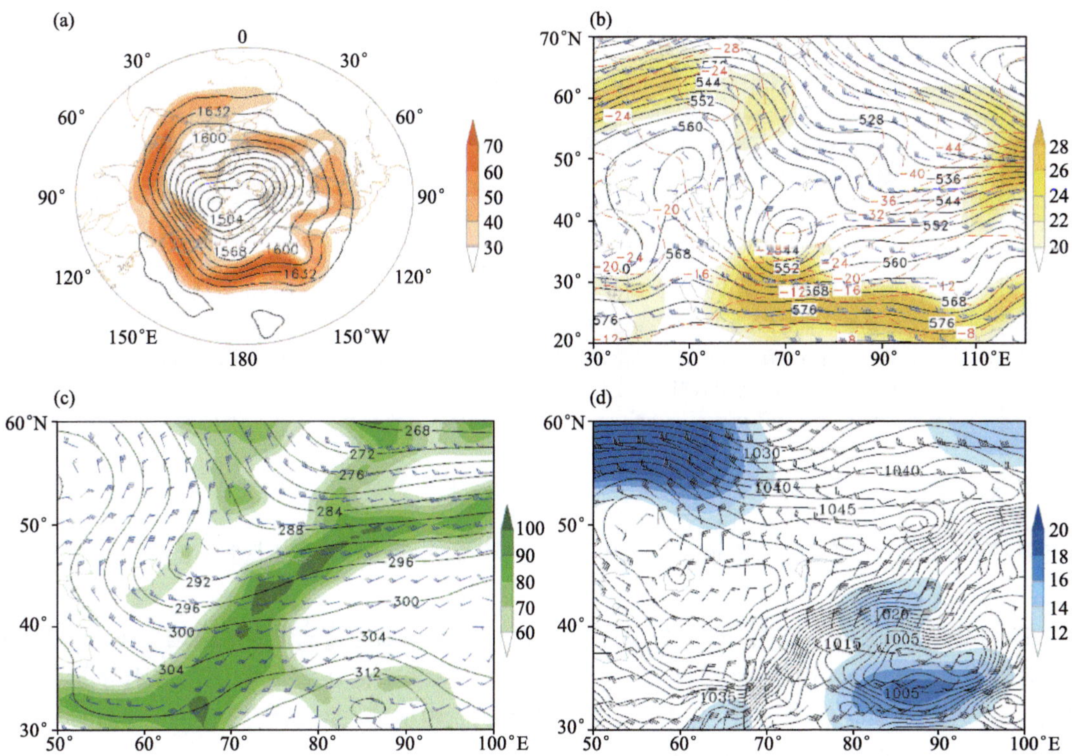

图 3.4　(a)1 月 12 日 20 时 100 hPa 高度场(实线,单位:dagpm),填色区为风速≥30 m/s 的 200 hPa 急流;(b)500 hPa 高度场(黑实线,单位:dagpm)、风场(填色区,单位:m/s)、温度场(红虚线,单位:℃);(c)700 hPa 高度场(黑实线,单位:dagpm)、风场(单位:m/s)和相对湿度(填色区,%);(d)海平面气压(黑实线,单位:hPa)和 850 hPa 风场(填色区,单位:m/s)

700～850 hPa:1 月 11 日 02 时 700 hPa 北疆西风急流最大风速达 20 m/s;1 月 12 日 02 时 850 hPa 南疆偏东急流最大风速达 20 m/s(图 3.4c)。

地面:地面冷高压沿西北路径快速进入,南疆盆地热低压中心强度为 997.5 hPa,气压梯度较大,利于大风、沙尘天气的产生(图 3.4d)。

3.3 2 月 10 日 02 时至 13 日 08 时北疆北部寒潮,伊犁河谷、阿克苏地区、阿勒泰地区局地暴雪,风口大风

3.3.1 天气实况综述

天气类型	降雪、降温、大风		过程强度	中度
天气实况	①降雪:北疆西部和北部、阿克苏地区西部和北部山区、天山山区及北坡、喀什地区、克州山区、巴州北部、昆仑山北坡、哈密市北部等地的部分区域微到小雪,其中伊犁河谷、塔城地区北部、阿勒泰地区、阿克苏地区北部山区等地的部分区域和克州山区、喀什地区南部山区、昆仑山北坡等地局部累计降雪量 3.1～22.3 mm,最大累计降雪中心位于克州阿克陶县恰尔隆镇麻扎窝孜村(图 3.5a)。 ②降温:北疆西部和北部、南疆西部山区、哈密市北部气温下降 5～8 ℃;伊犁河谷、博州西部、北疆北部、天山山区、喀什地区下降 8～10 ℃,伊犁河谷山区、塔城地区北部、阿勒泰地区北部、喀什地区局地下降 10 ℃以上,出现寒潮。 ③风:北疆大部分地区、喀什地区、克州、巴州北部、吐鲁番市、哈密市出现 5 级左右西北风,风口风力 10～11 级,阵风 12～13 级。			
灾害天气	暴雪	暴雪站数:12 日 1 站(阿克苏地区拜城县)。 日最大降雪中心:固态站阿克苏地区拜城县老虎台种羊场三连站(12 日)18.4 mm,国家级气象站阿勒泰地区阿勒泰站(10 日)7.3 mm。 最大小时雪强:固态站伊犁州霍城县芦草沟镇大东沟站 3.2 mm/h(10 日 04—05 时),国家级气象站伊犁州霍城站 3.3 mm/h(10 日 03—04 时)。		
	寒潮	寒潮站数:214 站・次(强寒潮 58 站・次,特强寒潮 47 站・次),11 日伊犁河谷、塔城地区北部、阿勒泰地区、克州共 147 站(强寒潮 44 站,特强寒潮 42 站);12 日伊犁河谷、石河子市、南疆西部、巴州、哈密市等地局地共 67 站(强寒潮 14 站,特强寒潮 5 站)(图 3.5b)。 日最大降温中心:区域气象站阿勒泰市红墩镇塘巴湖水库站降温 17.0 ℃(11 日),国家级气象站阿勒泰地区福海站降温 13.4 ℃(11 日)。 过程最低气温:区域气象站巴州和静县巴音乌鲁乡(三乡)站最低气温 −33.3 ℃(13 日),国家级气象站巴州巴音布鲁克站 −28.9 ℃(12 日)(图 3.5c)。		
	大风	伊犁河谷、博州、塔城地区、阿勒泰地区、克拉玛依市、乌鲁木齐市、喀什地区、克州、和田地区南部、巴州山区、吐鲁番市北部、哈密市共 208 站出现 8 级以上大风,其中 10 级以上 49 站,12 级以上 3 站。过程极大风速,区域气象站为吐鲁番市高昌区小草湖服务区站 38.0 m/s(12 日 00 时),国家级气象站为哈密市十三间房站 35.4 m/s(10 日 22 时)(图 3.5d)。		

3.3.2 环流形势

影响系统:100～200 hPa 偏西急流;500 hPa 西西伯利亚低槽(涡);700～850 hPa 偏西急流;地面冷高压、冷锋。

100～200 hPa:新疆受极涡底部控制,2 月 13 日 08 时 200 hPa 偏西急流核最大风速达 50 m/s(图 3.6a)。

500 hPa:过程前欧亚范围中、高纬度为一脊一槽型,里海北部高压脊区发展东移引导北方冷空气南下,西西伯利亚低槽加深发展为低涡,先是分裂波东移影响北疆偏西、偏北,之后低涡逆时针旋转向东北移动影响新疆地区,造成此次的降雪降温、大风天气(图 3.6b)。

700～850 hPa:新疆受西西伯利亚低涡底部锋区影响,700 hPa 偏西急流最大风速达 16 m/s,850 hPa 有低空急流(风速 12～20 m/s),强降雪时北疆北部偏西风加强,有较强冷平流,配合地形抬升,有利于阿尔泰山区强降雪发生(图 3.6c)。

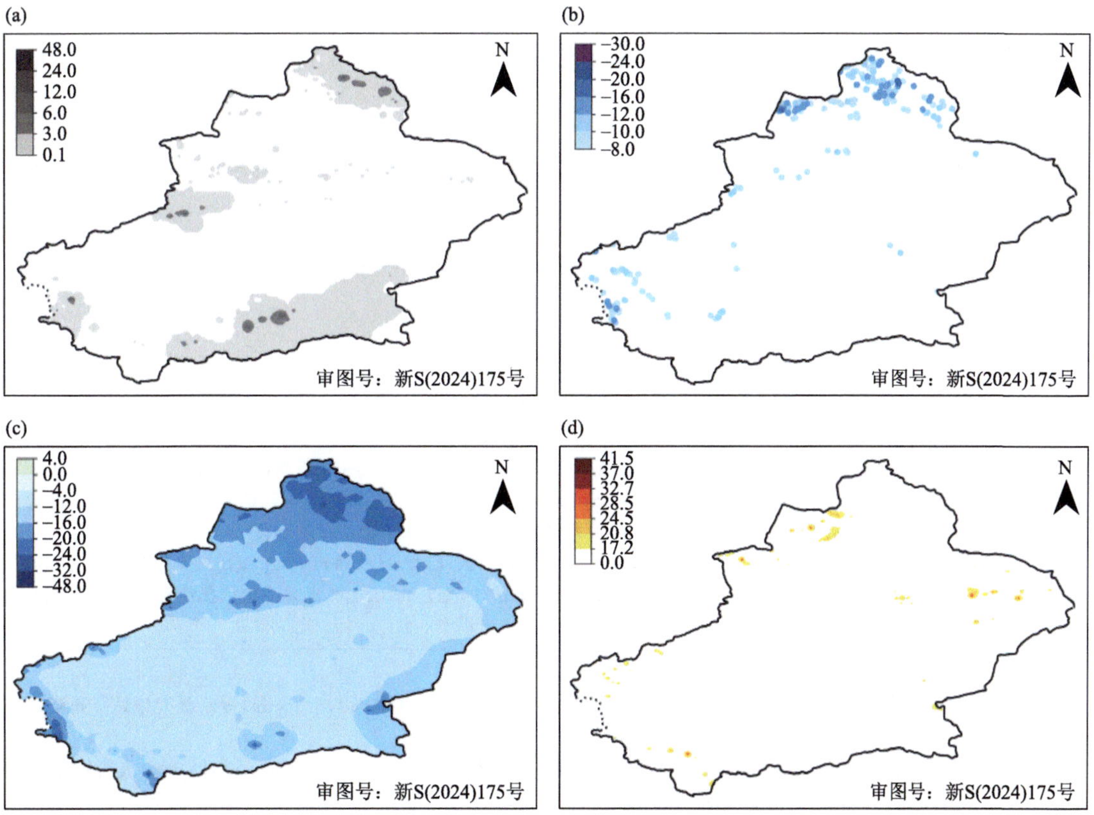

图 3.5　(a)2 月 10 日 02 时至 13 日 08 时过程累计降水量(单位:mm);(b)过程 24 h 变温(单位:℃);(c)过程最低气温(单位:℃);(d)过程极大风速(单位:m/s)

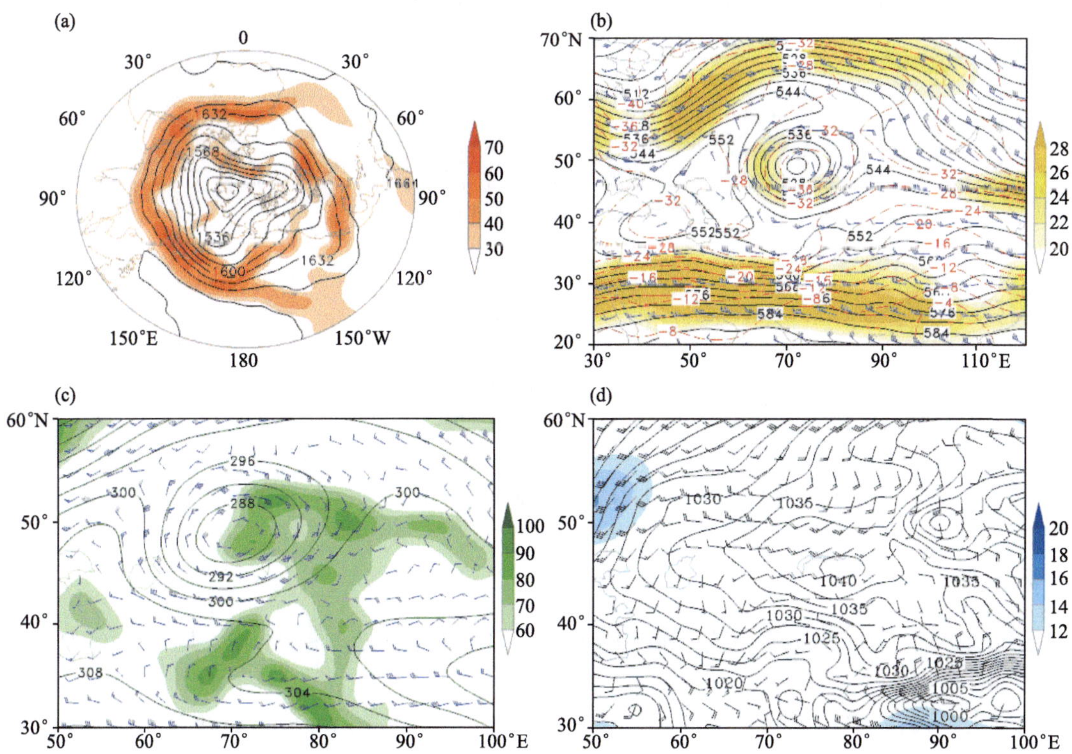

图 3.6　(a)2 月 13 日 08 时 100 hPa 高度场(实线,单位:dagpm),填色区为风速≥30 m/s 的 200 hPa 急流;(b)500 hPa 高度场(黑实线,单位:dagpm)、风场(填色区,单位:m/s)、温度场(红虚线,单位:℃);(c)700 hPa 高度场(黑实线,单位:dagpm)、风场(单位:m/s)和相对湿度(填色区,%);(d)海平面气压(黑实线,单位:hPa)和 850 hPa 风场(填色区,单位:m/s)

地面:里海—黑海北部有 1037.5 hPa 的地面冷高压沿西北路径向东南移至中亚与蒙古高原,1055 hPa 的冷高压控制北疆大部分地区与南疆西部,升压明显使得风口出现大风,冷空气强度强,过程降温幅度大,出现寒潮天气(图 3.6d)。

3.4 2 月 15 日 08 时至 21 日 08 时南疆西部山区局地暴雪,南疆、东疆风口大风

3.4.1 天气实况综述

<table>
<tr><td>天气类型</td><td colspan="2">降雪、大风</td><td>过程强度</td><td>中度</td></tr>
<tr><td>天气实况</td><td colspan="4">①降雪:北疆西部和北部、天山山区及北坡等地的部分区域和南疆西部、阿克苏地区北部和东部、昆仑山北坡、巴州北部、哈密市等地出现小雪,其中伊犁河谷、阿勒泰地区、阿克苏地区山区、克州山区等地的部分区域和塔城地区、喀什地区南部等地局部累计降雪量 3.1~27.0 mm,最大累计降雪中心位于喀什市吐尔尕特站(图 3.7a)。
②风沙:北疆大部、喀什地区、克州、和田地区南部、阿克苏地区、巴州、吐鲁番市、哈密市出现 5 级左右西北风或偏东风,风口风力 10~11 级,阵风 12~13 级。喀什地区、和田地区、阿克苏地区、巴州出现浮尘或扬沙天气,其中巴州焉耆站、且末站、若羌站共 3 站出现扬沙。</td></tr>
<tr><td rowspan="2">灾害天气</td><td>暴雪</td><td colspan="3">暴雪站数:18 日 4 站(克州)。
日最大降雪中心:固态站克州阿合奇县哈拉奇乡布隆村站(18 日)15.1 mm,国家级气象站克州阿合奇站(18 日)15.5 mm。
最大小时雪强:固态站克州阿合奇县哈拉奇乡布隆村 3.1 mm/h(18 日 01—02 时),国家级气象站克州阿合奇站 2.7 mm/h(18 日 03—04 时)。</td></tr>
<tr><td>大风</td><td colspan="3">博州西部、塔城地区北部、阿勒泰地区西部和北部、乌鲁木齐市、喀什地区、克州、和田地区南部、巴州山区、吐鲁番市北部、哈密市共 161 站出现 8 级以上大风,其中 10 级以上 24 站,12 级以上 1 站。过程极大风速,区域气象站为克州阿克陶县布伦口乡恰克尔艾格勒村阿克库如木站 37.4 m/s(16 日 16 时),国家级气象站为哈密市十三间房站 27.3 m/s(17 日 09 时)(图 3.7b)。</td></tr>
</table>

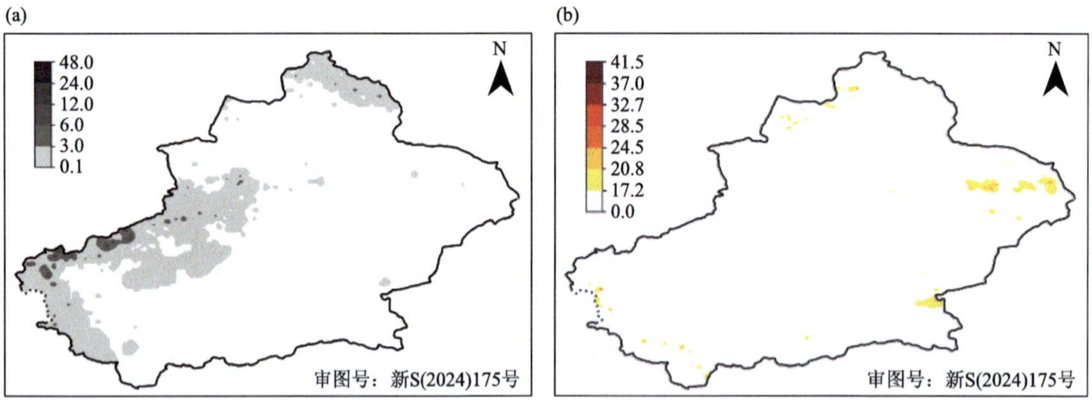

图 3.7 (a)2 月 15 日 08 时至 21 日 08 时过程累计降水量(单位:mm);(b)过程极大风速(单位:m/s)

3.4.2 环流形势

影响系统:100~200 hPa 偏西急流;500 hPa 中亚低槽、短波槽;700~850 hPa 偏西急流、弱切变;地面冷高压。

100~200 hPa:新疆受极涡底部锋区控制,2 月 16 日 14 时 200 hPa 偏西急流核最大风速达 64 m/s(图 3.8a)。

500 hPa:欧亚范围内为经向环流,欧洲中东部为宽广的低槽活动区,新疆及以北地区为高压脊控制,位于中亚的低槽分裂短波东移,造成以南疆西部为主的降水天气(图 3.8b)。

700~850 hPa:700 hPa 南疆西部有低空急流(风速 16~26 m/s),湿区明显,并且有弱切变(图 3.8c)。

地面：1030 hPa 的地面冷高压沿西北路径东南移至中亚，与蒙古高原 1055 hPa 的冷高压控制北疆大部分地区、南疆西部，升压明显，使得风口出现大风，冷空气强度强（图 3.8d）。

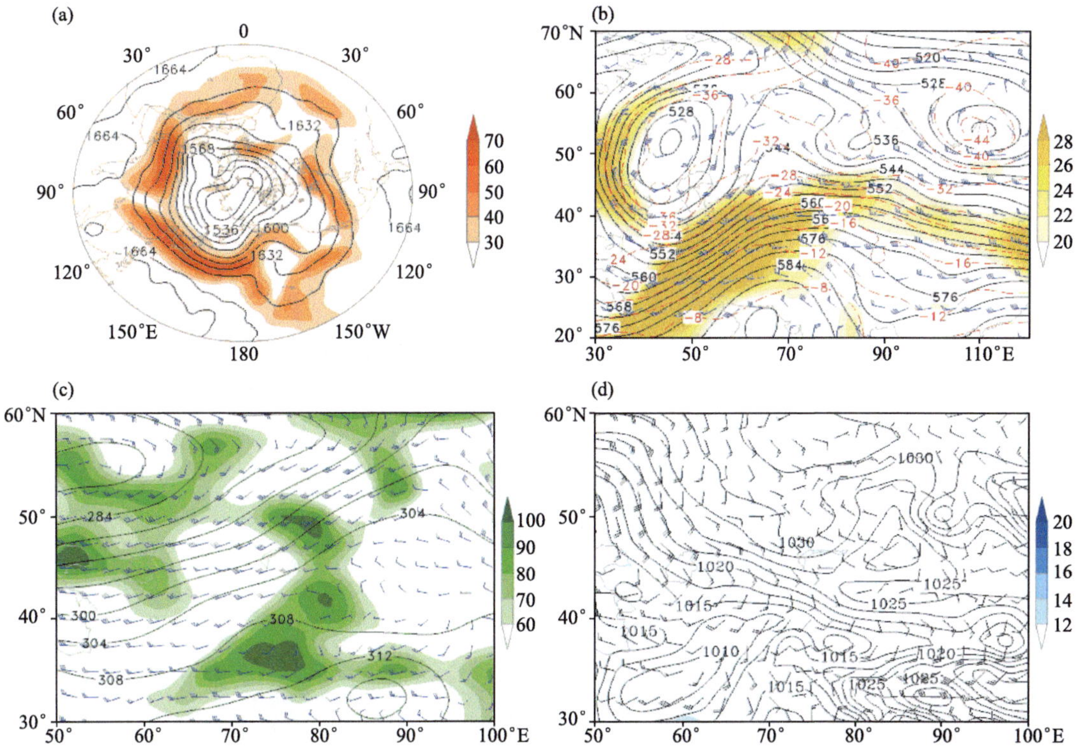

图 3.8　(a)2 月 17 日 02 时 100 hPa 高度场（实线，单位：dagpm），填色区为风速≥30 m/s 的 200 hPa 急流；(b)500 hPa 高度场（黑实线，单位：dagpm）、风场（填色区，单位：m/s）、温度场（红虚线，单位：℃）；(c)700 hPa 高度场（黑实线，单位：dagpm）、风场（单位：m/s）和相对湿度（填色区，%）；(d)海平面气压（黑实线，单位：hPa）和 850 hPa 风场（填色区，单位：m/s）

3.5　2 月 25 日 20 时至 27 日 08 时北疆和东疆寒潮、风口大风

3.5.1　天气实况综述

<table>
<tr><td>天气类型</td><td colspan="2">降雪、降温、大风</td><td>过程强度</td><td>中强</td></tr>
<tr><td>天气实况</td><td colspan="4">①降雪：北疆大部分地区、天山山区和南疆西部山区、哈密市北部的部分区域小雪，其中伊犁河谷、塔城地区北部、阿勒泰地区西部和北部、乌鲁木齐市南部、昌吉州东部等地的局部区域累计降雪量 3.1～8.9 mm，最大累计降雪中心位于伊犁州霍城县芦草沟镇大东沟站（图 3.9a）。
②降温：北疆西部和北部、天山山区、东疆气温下降 8～10 ℃，出现寒潮，上述部分区域下降 10～12 ℃，出现强寒潮，伊犁州、塔城地区北部、阿勒泰地区、乌鲁木齐市南部山区、昌吉州东部山区、哈密市北部的局地气温下降 12 ℃以上，出现特强寒潮。
③风：北疆大部分区域、南疆西部山区、东疆出现 5 级左右西北风，风口风力 9～10 级、阵风 12～13 级。</td></tr>
<tr><td rowspan="2">灾害天气</td><td>寒潮</td><td colspan="3">寒潮站数：439 站・次（强寒潮 220 站・次，特强寒潮 98 站・次）；26 日伊犁河谷、塔城地区北部、阿勒泰地区、天山山区、哈密市北部共 181 站（强寒潮 99 站，特强寒潮 46 站）；27 日北疆西部和北部、天山山区、东疆共 258 站（强寒潮 121 站，特强寒潮 52 站）（图 3.9b）。
日最大降温中心：区域气象站阿勒泰地区布尔津县布尔津镇阿克别吐克站降温 17.5 ℃（26 日），国家级气象站阿勒泰地区福海县阿克达拉站降温 13.2 ℃（27 日）。
过程最低气温：区域气象站阿勒泰地区清河县喀拉布拉套山站－32.6 ℃（27 日 07 时），国家级气象站阿勒泰地区青河县站－23.6 ℃（27 日 08 时）（图 3.9c）。</td></tr>
<tr><td>大风</td><td colspan="3">北疆大部分地区、南疆西部山区、东疆共 388 站出现 8 级以上大风，其中 10 级以上 80 站，12 级以上 13 站。过程极大风速，区域气象站为塔城地区托里县库甫乡库甫村站 38.5 m/s（26 日 03 时），国家级气象站为哈密市伊州区十三间房 33.4 m/s（27 日 03 时）（图 3.9d）。</td></tr>
</table>

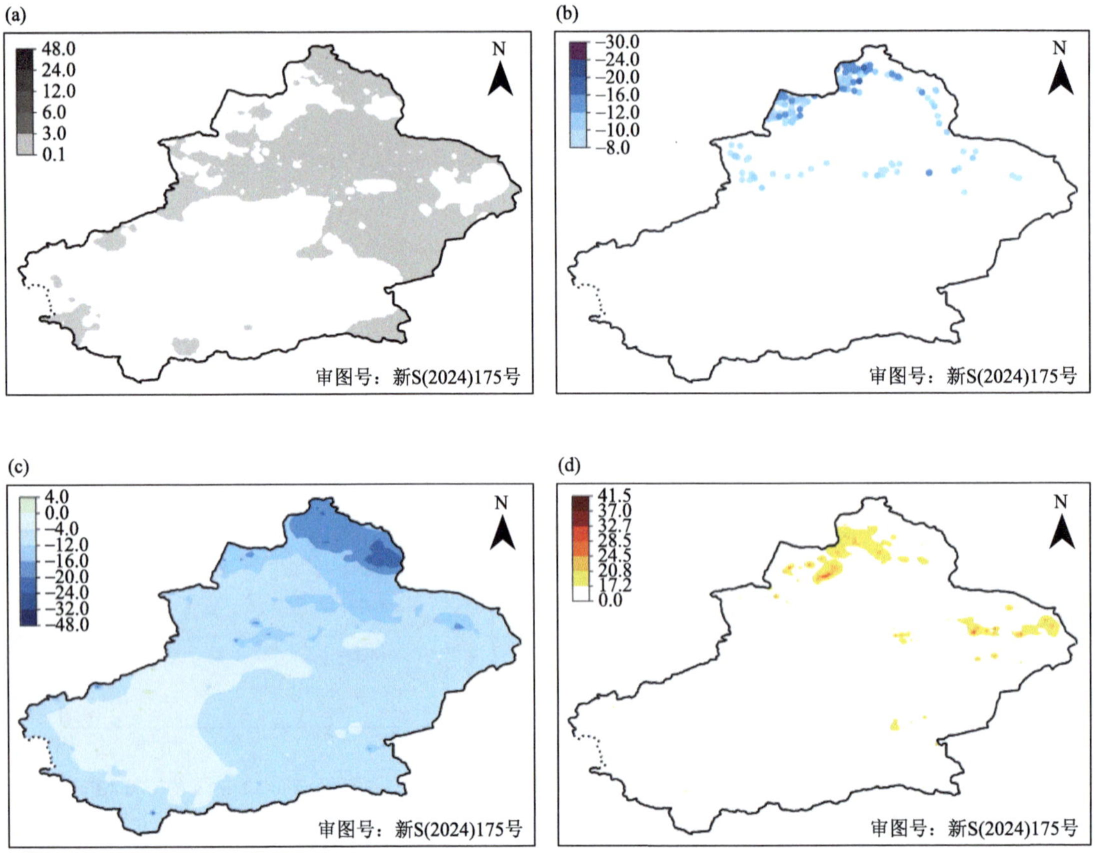

图 3.9 (a)2 月 25 日 20 时至 27 日 08 时过程累计降水量(单位:mm);(b)过程 24 h 变温(单位:℃);(c)过程最低气温(单位:℃);(d)过程极大风速(单位:m/s)

3.5.2 环流形势

影响系统:100～200 hPa 偏西急流;500 hPa 西西伯利亚低槽、中亚低槽;700～850 hPa 偏西急流;地面冷高压和冷锋。

100～200 hPa:新疆受极涡底部锋区控制,2 月 26 日 08 时 200 hPa 西南急流核最大风速达 46 m/s(图 3.10a)。

500 hPa:欧亚范围中、高纬度为两槽两脊的经向环流,西西伯利亚至中亚一线及东亚沿岸为低槽活动区,东欧和俄罗斯东部为高压脊区。25 日 20 时,东欧脊前强西北风带将冷空气不断向西西伯利亚至中亚一线的低槽中输送,伴随−40 ℃低温中心,冷空气酝酿;26 日 08 时东欧高压脊推动低涡东移并强锋区进一步南压至 35°N,天气过程中,锋区低槽分为南、北两支,北支西西伯利亚低槽快速东移,冷空气暴发,南支中亚低槽东移补充水汽,造成此次北疆大部分区域寒潮大风、降水天气(图 3.10b)。

700～850 hPa:北疆西部 700 hPa 有低空急流(风速 16～26 m/s)和 850 hPa 有低空急流(风速 12～16 m/s),强降雪时北疆西部西风增强,有较强冷平流,配合地形抬升,有利于伊犁州北部、东部降雪发生(图 3.10c)。

地面:中心强度为 1030 hPa 的冷高压沿西方路径进入北疆,不断加强,27 日 08 时最强中心达 1047.5 hPa,地面冷锋受天山阻挡在北疆沿天山一带停留约 36 h(图 3.10d)。

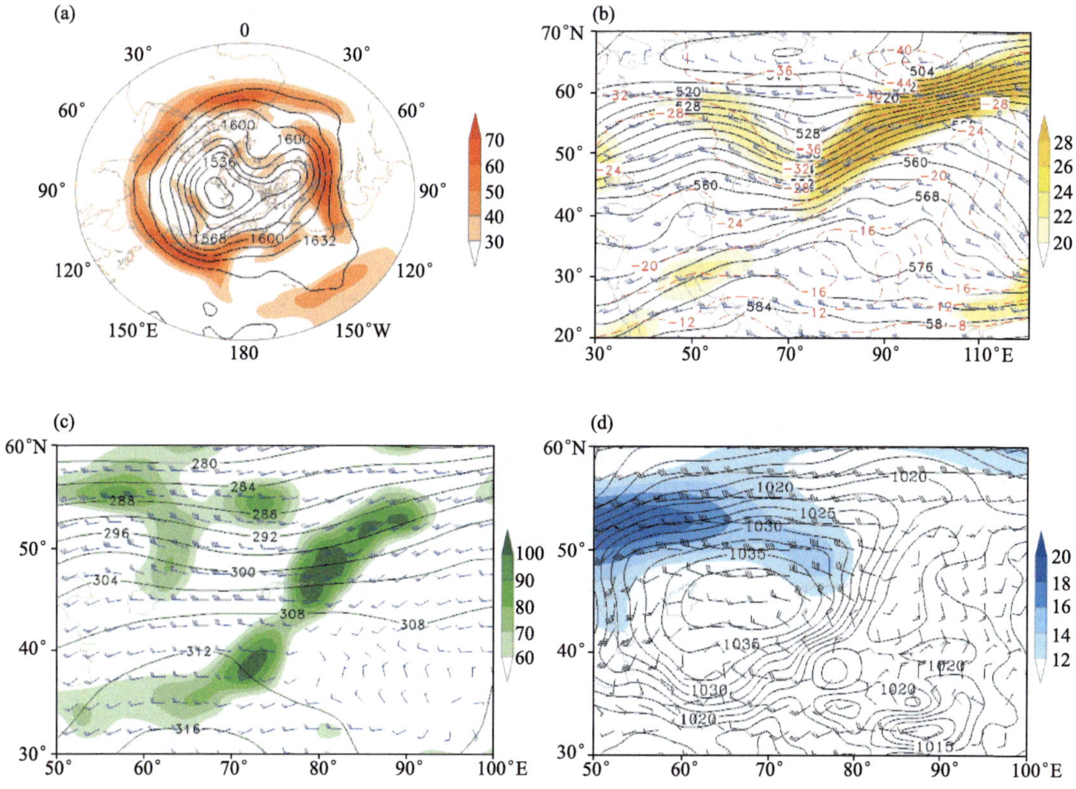

图 3.10　(a)2 月 26 日 08 时 100 hPa 高度场(实线,单位:dagpm),填色区为风速≥30 m/s 的 200 hPa 急流;
(b)500 hPa 高度场(黑实线,单位:dagpm)、风场(填色区,单位:m/s)、温度场(红虚线,单位:℃);
(c)700 hPa 高度场(黑实线,单位:dagpm)、风场(单位:m/s)和相对湿度(填色区,%);
(d)海平面气压(黑实线,单位:hPa)和 850 hPa 风场(填色区,单位:m/s);

3.6　3 月 7 日 20 时至 10 日 14 时北疆大部分地区雨转雪、阿勒泰地区局地暴雪、风口大风、巴州南部沙尘暴

3.6.1　天气实况综述

天气类型	雨雪、降温、大风、沙尘暴	过程强度	中度
天气实况	①雨雪:北疆大部分地区、天山山区、东疆等地小雨或雨夹雪(山区为雪),其中伊犁河谷、阿勒泰地区西部和北部、乌鲁木齐市山区、昌吉州东部、巴州北部山区等地的部分区域累计降水 6.1~45.7 mm,最大累计降水中心位于阿勒泰地区布尔津县禾木乡吉克普林站(图 3.11a)。 ②降温:全疆大部分地区气温下降 5~8 ℃;阿勒泰地区和伊犁州、博州、塔城地区、昌吉州、巴州、哈密市等地的部分区域下降 8~10 ℃,出现寒潮,上述局部区域下降 10~12 ℃,出现强寒潮,阿勒泰地区局地气温下降 12 ℃以上,出现特强寒潮。 ③风沙:北疆大部分地区、喀什地区、克州、哈密市出现 6 级左右西北风,风口风力 11~12 级;南疆大部分地区、吐鲁番市、哈密市出现沙尘天气,巴州南部沙尘暴。		
灾害天气	寒潮	寒潮站数:89 站·次(强寒潮 15 站·次,特强寒潮 21 站·次),8 日阿勒泰地区、克州山区共 2 站;9 日伊犁河谷、博州西部、塔城地区北部、阿勒泰地区北部共 15 站;10 日北疆大部分地区和哈密市共 72 站(强寒潮 15 站,特强寒潮 21 站)(图 3.11b)。 日最大降温中心:区域气象站阿勒泰青河县喀拉布拉套山站降温 17.7 ℃(10 日),国家级气象站阿勒泰青河县站降温 12.8 ℃(10 日)。 过程最低气温:区域气象站阿勒泰地区青河县喀拉布拉套山站最低气温−25.4 ℃(10 日 01 时),国家级气象站巴州巴音布鲁克站−20.9 ℃(8 日 06 时)(图 3.11c)。	

续表

灾害天气	暴雪	暴雪站数:共 7 站暴雪(其中 3 站大暴雪),8 日 5 站(阿勒泰地区布尔津县),9 日 2 站(阿勒泰地区布尔津县)。 日最大降雪中心:布尔津县禾木乡站(8 日)29.4 mm。 最大小时雪强:昌吉市阿什里江不拉提南站 6.9 mm/h(8 日 07—08 时)。
	大风	全疆共 663 站出现 8 级以上大风,其中 10 级以上 63 站,12 级以上 21 站。过程极大风速,区域气象站为塔城地区托里县多拉特乡加尔巴斯洪沟站 41.1 m/s(9 日 04 时),国家级气象站为哈密市十三间房站 31.9 m/s(9 日 12 时)(图 3.11d)。
	沙尘暴	塔中站沙尘暴,最小能见度 573 m。

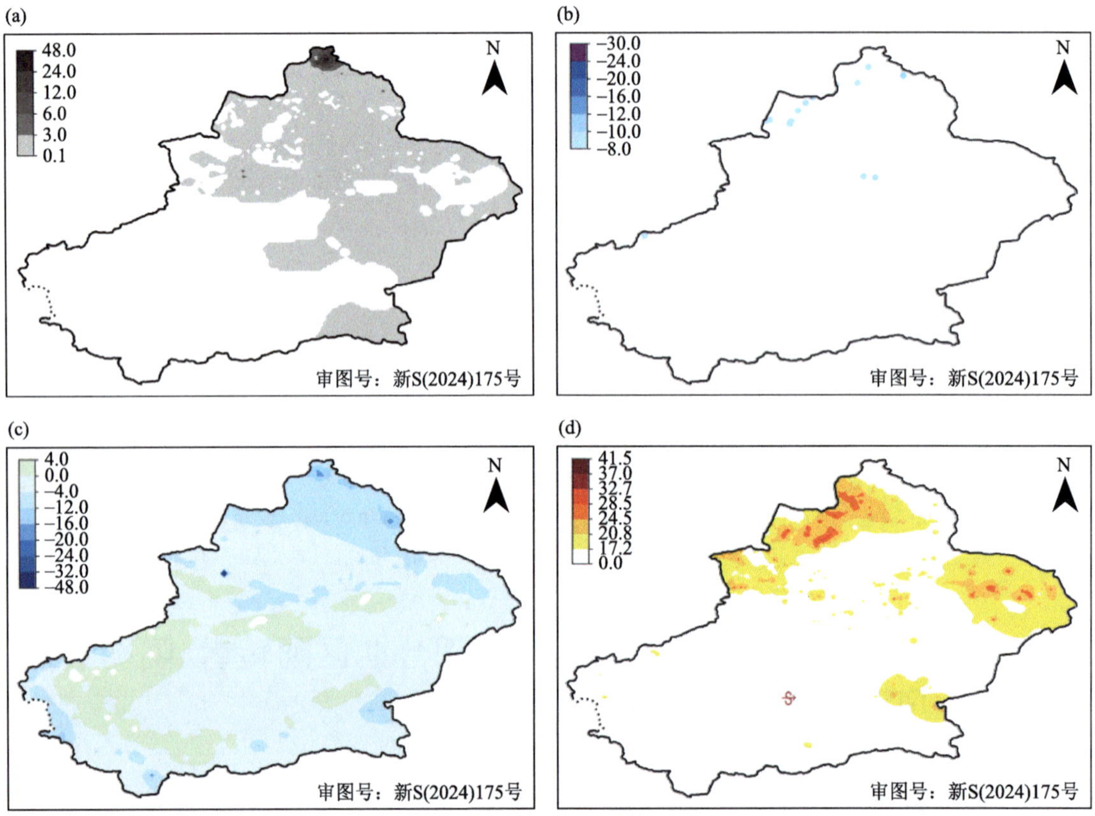

图 3.11 (a)3 月 7 日 20 时至 10 日 14 时过程累计降水量(单位:mm);(b)过程 24 h 变温(单位:℃);(c)过程最低气温(单位:℃);(d)过程极大风速(单位:m/s)

3.6.2 环流形势

影响系统:100～200 hPa 偏西急流;500 hPa 西西伯利亚低涡低槽、锋区;700～850 hPa 偏西急流;地面暖低压、地面冷高压和冷锋。

100～200 hPa:新疆受极涡底部锋区控制,9 日 08 时北疆偏西急流最大风速 44 m/s(图 3.12a)。

500 hPa:欧亚范围高纬度为两槽两脊的经向环流,存在−44 ℃的低温中心,中纬度以纬向环流为主,多波动,新疆地区大部分区域受偏西气流影响,7 日随着西西伯利亚低槽东移发展,槽底锋区加强并南压,与中纬度短波槽结合,影响北疆、东疆地区,造成了此次雨雪降温、大风天气过程(图 3.12b)。

700～850 hPa:8 日 20 时 700 hPa 北疆北部偏西急流最大风速达 20 m/s;850 hPa 阿勒泰地区有西北低空急流,最大风速达 14 m/s(图 3.12c)。

地面:过程前期 7 日到 8 日白天,巴尔喀什湖(以下简称巴湖)以西有 995 hPa 的暖低压,巴湖以东有 1025 hPa 的冷高压,暖低压在东移北上过程中造成阿勒泰地区的暴雪;过程后期 8 日夜间到 10 日,

1032.5 hPa 冷高压以偏西路径进入北疆，不断加强，10 日 08 时最强中心达 1047.5 hPa，冷高压前伴随有冷锋（图 3.12d）。

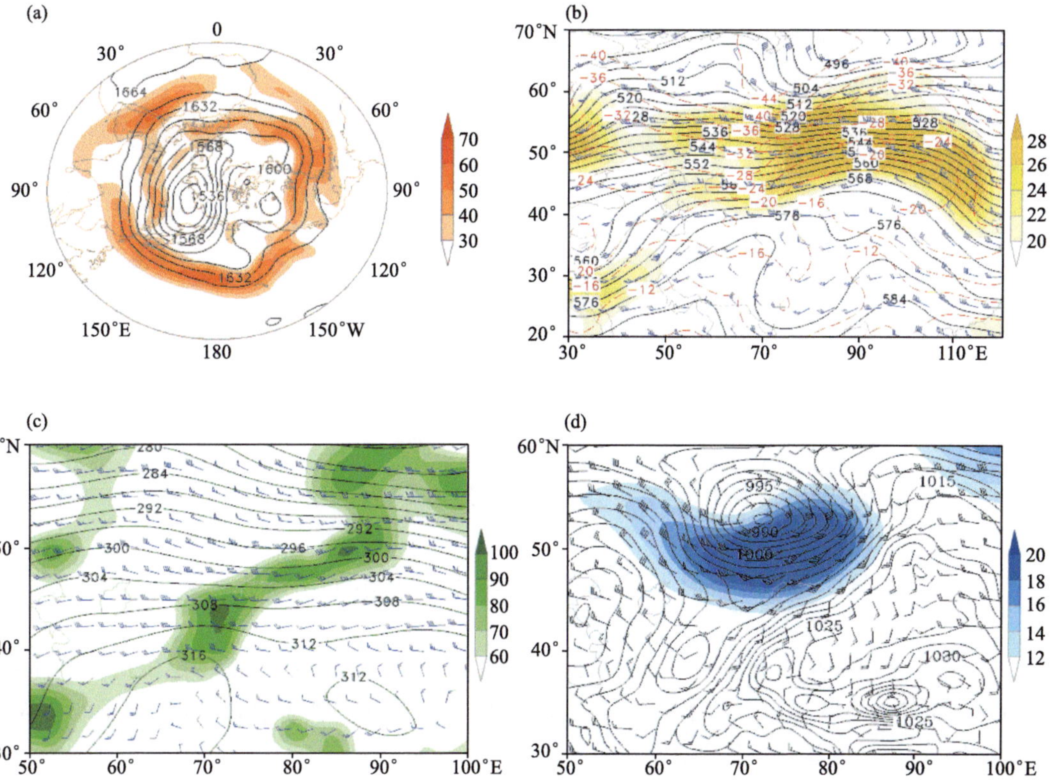

图 3.12　(a)3 月 9 日 08 时 100 hPa 高度场（实线，单位：dagpm），填色区为风速≥30 m/s 的 200 hPa 急流；(b)500 hPa 高度场（黑实线，单位：dagpm）、风场（填色区，单位：m/s）、温度场（红虚线，单位：℃）；(c)700 hPa 高度场（黑实线，单位：dagpm）、风场（单位：m/s）和相对湿度（填色区，%）；(d)海平面气压（黑实线，单位：hPa）和 850 hPa 风场（填色区，单位：m/s）

3.7　3 月 12 日 14 时至 14 日 20 时北疆西部和北部雨雪、伊犁州局地暴雪、风口大风

3.7.1　天气实况综述

<table>
<tr><td>天气类型</td><td colspan="2">雨雪、大风</td><td>过程强度</td><td>中度</td></tr>
<tr><td>天气实况</td><td colspan="4">①雨雪：北疆西部、塔城地区、天山北坡和阿勒泰地区西部、天山山区、哈密市北部山区等地的部分区域雨或雨夹雪（山区为雪），其中北疆西部、阿勒泰地区西部、天山北坡、天山山区等地的局部区域累计降水量 6.1～39.9 mm，最大累计降水中心位于伊犁州伊宁县气象站（图 3.13a）。
②风：北疆大部分地区、喀什地区、克州、阿克苏地区、吐鲁番市、哈密市出现 5 级左右偏北风，风口风力 11～12 级。</td></tr>
<tr><td rowspan="2">灾害天气</td><td>暴雪</td><td colspan="3">暴雪站数：13 日 13 站（伊犁河谷）。
日最大降雪中心：伊宁县气象站（13 日）29.9 mm。
最大小时雪强：伊犁州昭苏县气象站 5.8 mm/h（13 日 15—16 时）。</td></tr>
<tr><td>大风</td><td colspan="3">全疆共 275 站出现 8 级以上大风，其中 10 级以上 9 站，12 级以上 1 站。过程极大风速，区域气象站为喀什地区巴楚县三岔口镇 314 国道 1212 km 站 33.8 m/s（13 日 20 时），国家级气象站为哈密市十三间房站 26.3 m/s（13 日 23 时）（图 3.13b）。</td></tr>
</table>

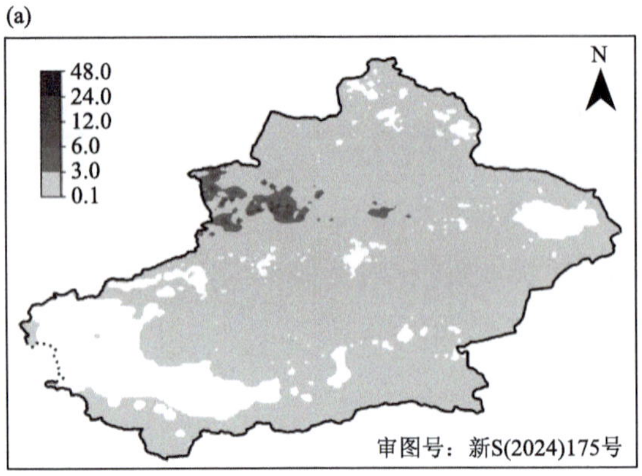

图 3.13 (a)3 月 12 日 14 时至 14 日 20 时过程累计降水量(单位:mm);(b)过程极大风速(单位:m/s)

3.7.2 环流形势

影响系统:100～200 hPa 偏西急流;500 hPa 中纬度短波槽;700～850 hPa 北疆偏西急流;地面冷高压和冷锋。

100～200 hPa:新疆受极涡底部锋区控制,12 日 20 时 200 hPa 偏西急流核最大风速达 50 m/s(图 3.14a)。

500 hPa:欧亚范围中高纬度为三槽两脊的经向环流,东欧为低槽活动区,乌拉尔山为高压脊区,中纬度地区多波动,中纬度不断有短波槽东移影响北疆,在伊犁州上空有风速辐合区,造成了北疆大部分区域的雨雪大风和伊犁州局地暴雪天气过程(图 3.14b)。

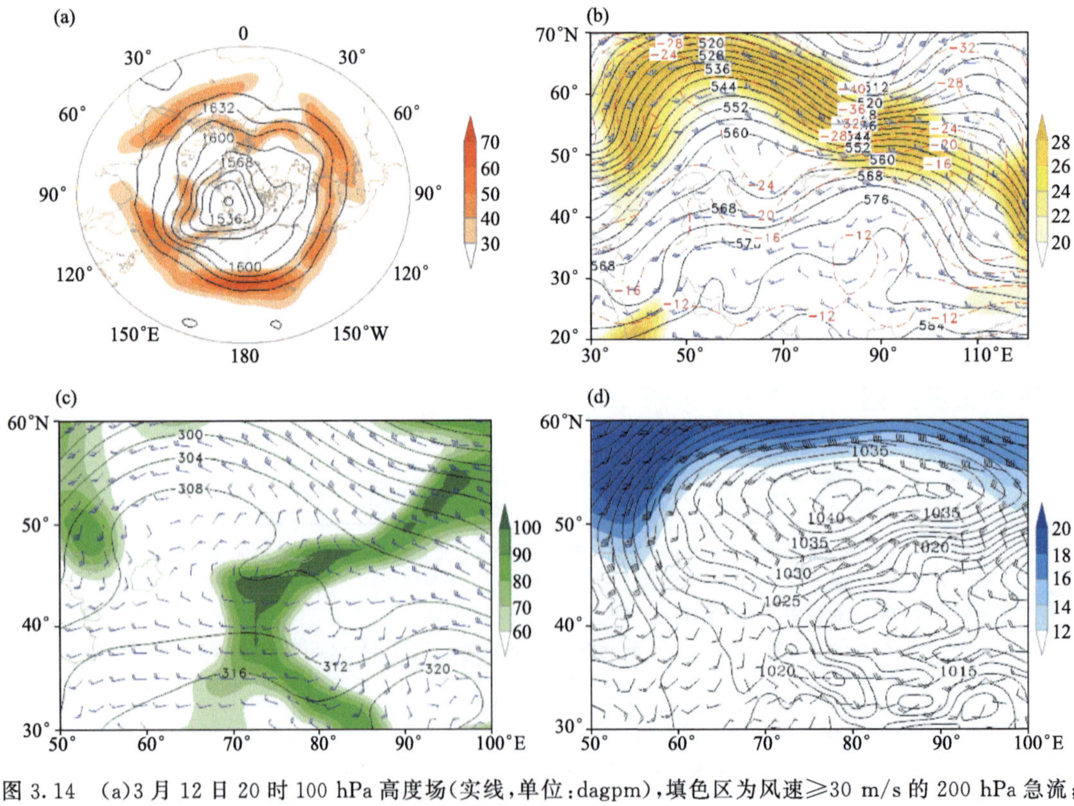

图 3.14 (a)3 月 12 日 20 时 100 hPa 高度场(实线,单位:dagpm),填色区为风速≥30 m/s 的 200 hPa 急流;(b)500 hPa 高度场(黑实线,单位:dagpm)、风场(填色区,单位:m/s)、温度场(红虚线,单位:℃);(c)700 hPa 高度场(黑实线,单位:dagpm)、风场(单位:m/s)和相对湿度(填色区,%);(d)海平面气压(黑实线,单位:hPa)和 850 hPa 风场(填色区,单位:m/s)

700～850 hPa：12 日 20 时至 13 日 08 时，北疆偏西地区有风向切变和风速的辐合(图 3.14c)。

地面：1030 hPa 冷高压以偏西路径进入新疆地区，并在北疆加强，13 日 08 时最强中心达 1040 hPa，冷高压前伴随有冷锋(图 3.14d)。

3.8 3 月 16 日 08 时至 21 日 08 时北疆和东疆寒潮、北疆局地暴雪、风口大风、南疆沙尘暴

3.8.1 天气实况综述

<table>
<tr><td>天气类型</td><td colspan="2">雨雪、降温、大风、沙尘暴</td><td>过程强度</td><td>强</td></tr>
<tr><td>天气实况</td><td colspan="4">①雨雪：北疆各地和南疆西部山区、巴州北部、东疆等地雨或雨夹雪转雪(山区为雪)，其中北疆西部和北部、天山山区及北坡的部分区域累计降水量 6.1～39.8 mm，最大累计降水中心位于伊犁州伊宁县喀拉亚尕奇乡吉尔格朗站(图 3.15a)。
②降温：全疆大部分区域气温下降 5～8 ℃；北疆北部、克拉玛依市、昌吉州东部和博州、巴州、哈密市等地的部分区域下降 8～10 ℃，出现寒潮，塔城地区北部、阿勒泰地区、克拉玛依市、昌吉州东部、哈密市北部的局部区域下降 10～12 ℃，出现强寒潮，博州、塔城地区北部、阿勒泰地区、克拉玛依市、昌吉州局地气温下降 12 ℃以上，出现特强寒潮。
③风沙：北疆大部分区域、克州、吐鲁番市、哈密市出现 7 级左右西北风，风口风力 10～11 级、阵风 12～13 级；南疆大部分地区和东疆的部分地区出现沙尘天气，局部区域沙尘暴。</td></tr>
<tr><td rowspan="4">灾害天气</td><td>寒潮</td><td colspan="3">寒潮站数：285 站・次(强寒潮 69 站・次，特强寒潮 46 站・次)，18 日伊犁州、博州、塔城地区北部、克拉玛依市、巴州共 47 站(强寒潮 2 站)，19 日伊犁州、克拉玛依市、乌鲁木齐市、昌吉州、巴州、阿克苏地区、吐鲁番市、哈密市共 120 站(强寒潮 30 站，特强寒潮 3 站)，20 日阿勒泰地区和塔城地区北部、昌吉州东部、巴州南部、哈密市共 118 站(强寒潮 37 站，特强寒潮 43 站)(图 3.15b)。
日最大降温中心：区域气象站阿勒泰地区布尔津县也格孜托别乡阿贡盖提站降温 24.9 ℃(20 日)，国家级气象站塔城地区裕民站降温 13.6 ℃(20 日)。
过程最低气温：区域气象站阿勒泰地区富蕴县萨依肯布拉克站最低气温－28.8 ℃(21 日 05 时)，国家级气象站昌吉州北塔山站－19.1 ℃(21 日 02 时)(图 3.15c)。</td></tr>
<tr><td>暴雪</td><td colspan="3">暴雪站数：共 21 站，17 日 3 站(塔城地区、阿勒泰地区)，18 日 3 站(伊犁河谷)，19 日 15 站(阿勒泰地区、乌鲁木齐市、昌吉州)。
日最大降雪中心：伊犁州伊宁县喀拉亚尕奇乡吉尔格朗站(16 日)22.1 mm。
最大小时雪强：巴州和静县独库高速南天山隧道进口站 4.2 mm/h(20 日 05—06 时)。</td></tr>
<tr><td>大风</td><td colspan="3">全疆共 858 站出现 8 级以上西北大风，其中 10 级以上 173 站，12 级以上 14 站。过程极大风速，区域气象站为阿克苏地区温宿县大石峡水库站 40.9 m/s(19 日 16 时)，国家级气象站为哈密市十三间房站 37.7 m/s(20 日 01 时)(图 3.15d)。19 日，石河子市炮台，巴州焉耆，阿克苏地区阿克苏、阿拉尔、阿瓦提共 5 站的极大风速突破 3 月历史极值。</td></tr>
<tr><td>沙尘暴</td><td colspan="3">温宿、阿拉尔、塔中、若羌共 4 站出现沙尘暴，焉耆 1 站强沙尘暴，最小能见度 211 m。</td></tr>
<tr><td>灾情</td><td colspan="4">19 日至 20 日，阿克苏地区库车县、阿瓦提县大风造成农作物受灾、农牧业设施受损。</td></tr>
</table>

3.8.2 环流形势

影响系统：100～200 hPa 长波槽、偏西急流；500 hPa 西西伯利亚低涡低槽、锋区；700～850 hPa 气旋式辐合中心、西南急流；地面暖低压、地面冷高压和冷锋。

100～200 hPa：新疆受长波槽影响，16 日 08 时 200 hPa 偏西急流最大风速达 36 m/s(图 3.16a)。

500 hPa：15 日 08 时欧亚范围内为两槽两脊的经向环流，欧洲西部和乌拉尔山两地区为低槽活动区，里海及以北地区和西伯利亚两地区为高压控制，16 日开始里海高压脊发展并东移，使乌拉尔山低槽东移南下至西西伯利亚地区，并切断为低涡；16 日至 17 日低涡稳定少动，在逆转过程中外围短波造成新疆偏西和偏北地区以降水为主的天气。18 日开始有北方冷空气侵入里海高压脊顶，造成里海高压脊东南垮台，推动下游低涡缓慢东移南下，低涡中心位于伊犁州上空，位置偏南；19 日夜间低涡南下，翻过天山进入

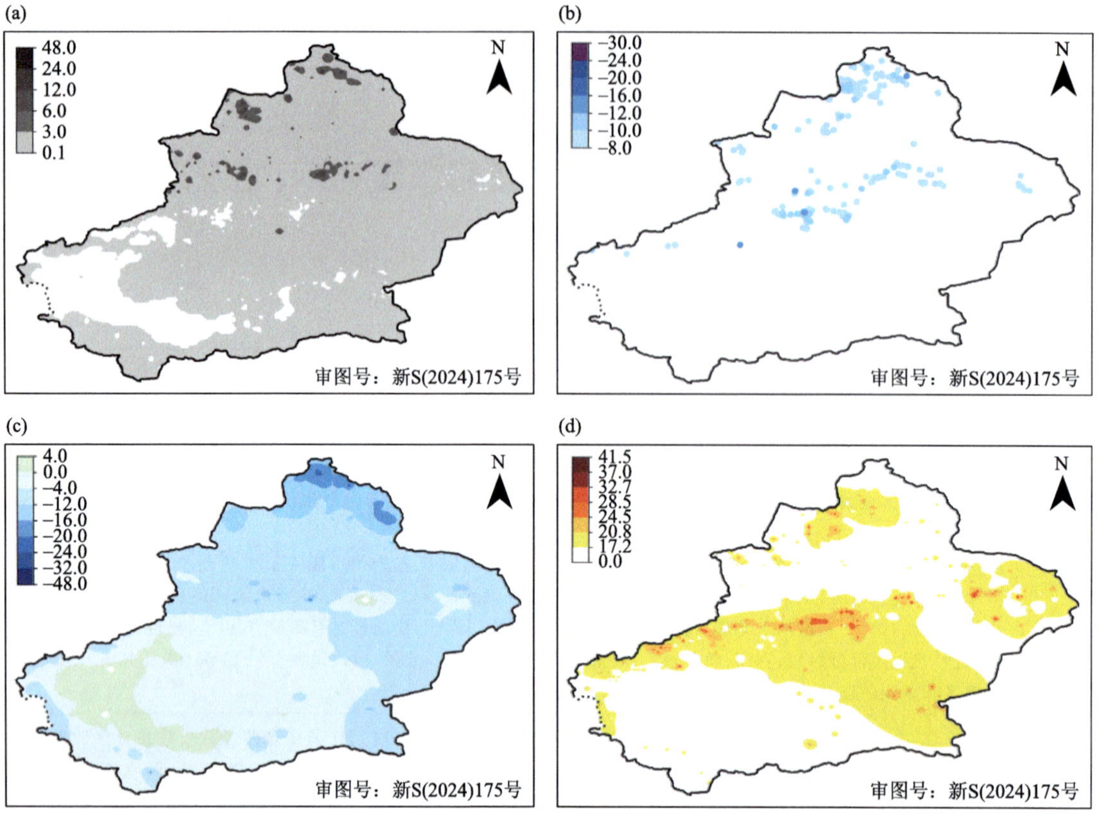

图 3.15　(a)3 月 16 日 08 时至 3 月 21 日 08 时过程累计降水量(单位:mm);(b)过程 24 h 变温(单位:℃);(c)过程最低气温(单位:℃);(d)过程极大风速(单位:m/s)

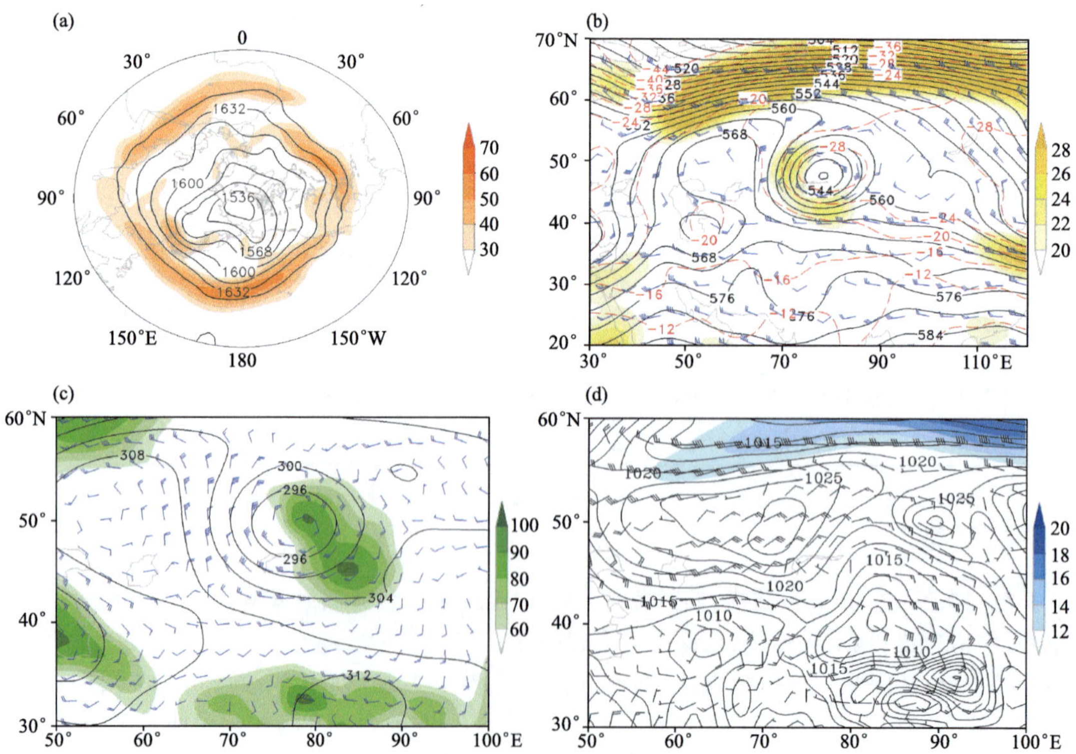

图 3.16　(a)3 月 16 日 08 时 100 hPa 高度场(实线,单位:dagpm),填色区为风速≥30 m/s 的 200 hPa 急流;(b)500 hPa 高度场(黑实线,单位:dagpm)、风场(填色区,单位:m/s)、温度场(红虚线,单位:℃);(c)700 hPa 高度场(黑实线,单位:dagpm)、风场(单位:m/s)和相对湿度(填色区,%);(d)海平面气压(黑实线,单位:hPa)和 850 hPa 风场(填色区,单位:m/s)

南疆地区，减弱成槽；18日至19日影响系统从北疆低涡到南疆低槽，造成北疆各地降水、降温、大风天气和南疆风沙，局地沙尘暴天气；19日至20日，北方冷空气沿里海高压脊前西北风带东南下，下游低槽得到北方冷空气的补充，强度加深，20日20时低槽位于阿勒泰地区东部至阿克苏地区东部山区一线，继续影响新疆地区中东部地区的天气；21日08时，影响系统移出新疆地区(图3.16b)。

700～850 hPa：700 hPa巴尔喀什湖附近存在低涡，北疆西部、北部位于低涡的西南象限，西南急流≥16 m/s；850 hPa有气旋式辐合中心。强降雪时低涡逆时针旋转东移，配合地形抬升，有利于北疆西部、北部的降雪(图3.16c)。

地面：冷高压沿偏西路径路入侵，过程中有加强，中心强度1030 hPa，同时南疆热低压中心强度1010 hPa，气压梯度大，有利于大风沙尘天气发生(图3.16d)。

3.9 3月30日20时至4月4日20时北疆和东疆寒潮、北疆局地暴雪、南疆和东疆沙尘暴、风口大风

3.9.1 天气实况综述

<table>
<tr><td>天气类型</td><td colspan="2">雨雪、降温、大风、沙尘暴</td><td>过程强度</td><td>强</td></tr>
<tr><td>天气实况</td><td colspan="4">①雨雪：伊犁河谷、阿勒泰地区东部、天山山区及北坡、南疆西部、昆仑山北坡、东疆等地雨或雨夹雪转雪(山区为雪)，其中伊犁河谷山区、天山山区、南疆西部山区、巴州山区、哈密市等地的局部区域累计降水6.1～47.3 mm，最大累计降水中心位于哈密市伊州区白石头乡气象站(图3.17a)。
②降温：全疆部分区域下降8～10 ℃，出现寒潮，北疆大部分区域、和田地区东部、巴州、哈密市的局部区域下降10～12 ℃，出现强寒潮，北疆西部和北部、天山北坡、和田地区东部、巴州、哈密市局地气温下降12 ℃以上，出现特强寒潮。
③风沙：全疆共1024站出现8级以上大风，风口风力10～12级、阵风12～13级；南疆、东疆出现大范围沙尘暴。</td></tr>
<tr><td rowspan="6">灾害天气</td><td>寒潮</td><td colspan="3">寒潮站数：699站·次(强寒潮202站·次，特强寒潮92站·次)，3月31日北疆大部分区域和哈密市共628站(强寒潮185站，特强寒潮88站)，4月1日阿克苏地区、巴州和哈密市共71站(强寒潮17站，特强寒潮4站)(图3.17b)。
日最大降温中心：区域气象站克拉玛依市克拉玛依区127团10连站降温16.1 ℃(31日)，国家级气象站乌鲁木齐市牧试站降温14.4 ℃(31日)。
过程最低气温：区域气象站阿勒泰地区富蕴县滑雪场1号站最低气温−27.1 ℃(3日07时)，国家级气象站昌吉州天池站−17.3 ℃(4日08时)(图3.17c)。</td></tr>
<tr><td>暴雨</td><td colspan="3">暴雨站数：1日2站(伊犁州新源县)。
日最大降雨中心：伊犁州新源县阿热勒托别镇站(31日)26.6 mm。
最大小时雨强：伊犁州新源县吐尔根乡站5.8 mm/h(3月31日16—17时)。</td></tr>
<tr><td>暴雪</td><td colspan="3">暴雪站数：4月1日8站(乌鲁木齐市、昌吉州、哈密市)。
日最大降雪中心：哈密市伊州区白石头乡气象站(31日)32.5 mm。
最大小时雪强：乌鲁木齐市乌鲁木齐县照壁山大峡谷气象站5.0 mm/h(3月31日21—22时)。
突破极值：乌鲁木齐市牧试站和哈密市巴里坤站共2站24 h降水量突破3月历史极值，分别为18.7 mm和13.7 mm。</td></tr>
<tr><td>大风</td><td colspan="3">全疆共1024站出现8级以上西北大风，其中10级以上252站，12级以上16站。过程极大风速，区域气象站为巴州和静县巴音郭楞乡江巴口子站44.8 m/s(3日13时)，国家级气象站为哈密市十三间房站32.3 m/s(4月1日11时)(图3.17d)。此次天气过程中，伊犁州霍尔果斯站、博州精河站的极大风速突破3月历史极值(3月31日)；伊犁州霍尔果斯站、巴州和硕站、吐鲁番市吐鲁番站的极大风速突破4月历史极值(4月1日)。</td></tr>
<tr><td>沙尘暴</td><td colspan="3">南疆、东疆共计42站·次出现大范围沙尘暴，其中喀什地区、阿克苏地区、巴州、吐鲁番市、哈密市共22站·次出现强沙尘暴，最小能见度东坎站110 m。过程中，东坎站连续3 d出现沙尘暴，若羌站、轮台站、铁干里克站出现2 d沙尘暴。</td></tr>
<tr><td>霜冻</td><td colspan="3">巴州轮台县出现不同程度霜冻。</td></tr>
<tr><td>灾情</td><td colspan="4">3月30日至4月4日，吐鲁番市高昌区、托克逊县、鄯善县大风造成农作物受灾，农业设施受损。
4月4日，巴州轮台县霜冻造成农作物幼苗、果树花芽受灾。</td></tr>
</table>

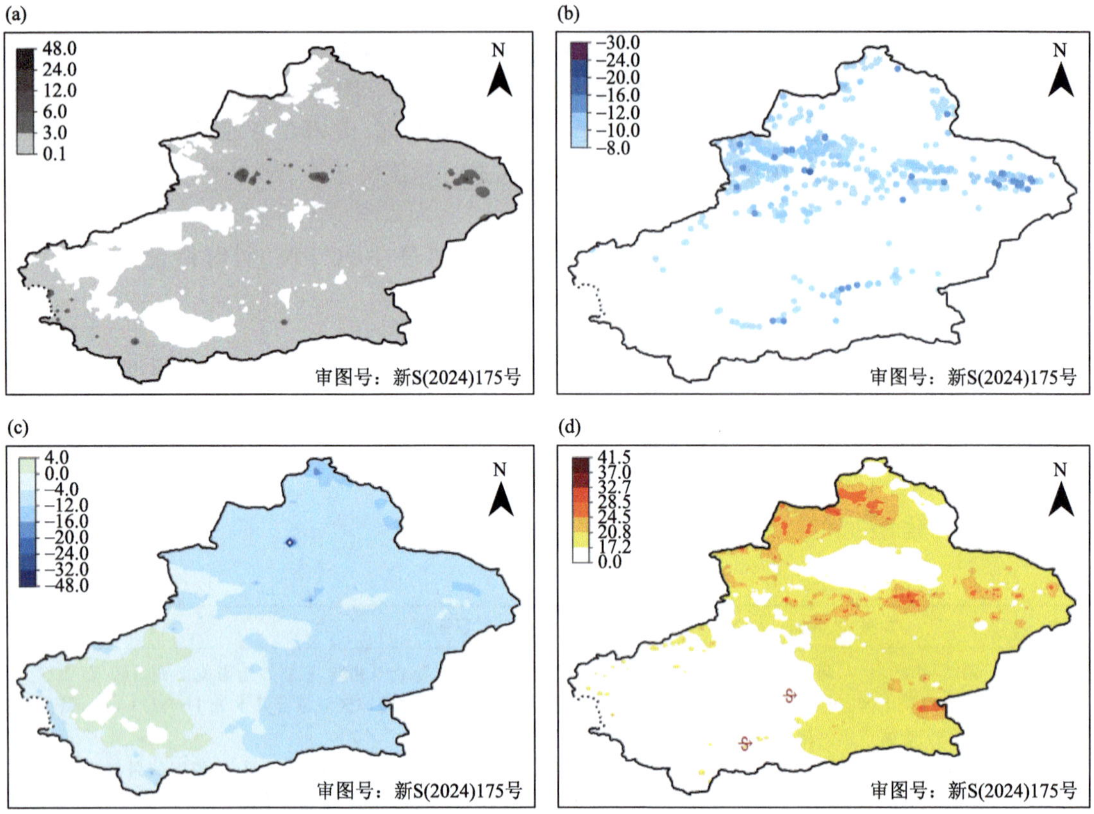

图 3.17　(a)3 月 30 日 20 时至 4 月 4 日 20 时过程累计降水量(单位:mm);(b)过程 24 h 变温(单位:℃);(c)过程最低气温(单位:℃);(d)过程极大风速(单位:m/s)

3.9.2　环流形势

影响系统:100～200 hPa 偏西急流;500 hPa 西西伯利亚低涡低槽、锋区;700～850 hPa 偏北急流、切变线;地面冷高压和冷锋。

100～200 hPa:新疆受极涡底部长波槽影响,31 日 20 时 200 hPa 偏西急流核最大风速达 40 m/s(图 3.18a)。

500 hPa:30 日 08 时欧亚范围内为两槽两脊的经向环流,北欧至黑海和泰米尔半岛至西西伯利亚地区为两支明显低槽活动区,西欧和乌拉尔山两地区为高压控制,乌拉尔山高压脊脊顶向北伸入极区,有利于引导极区冷空气南下,30 日 20 时开始欧亚范围内槽、脊系统缓慢移动,乌拉尔山高压脊前北风带加强,推动下游西西伯利亚低槽南下,开始影响新疆地区天气。随着乌拉尔脊顶东扩,西西伯利亚槽加深成涡,涡底锋区南压至南疆并且长时间维持,造成此次大范围大风降温沙尘雨雪天气(图 3.18b)。

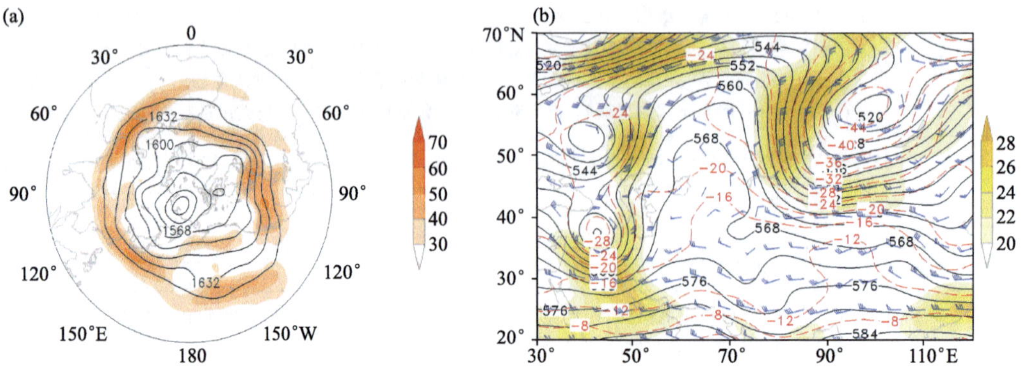

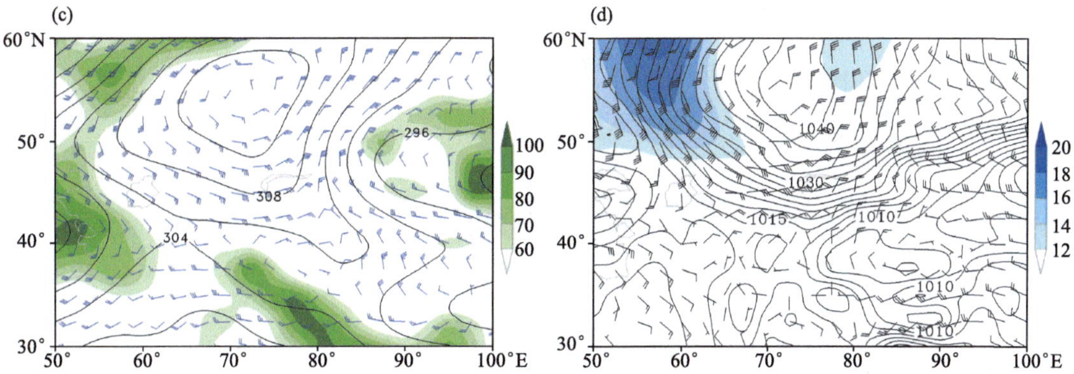

图 3.18　(a)3 月 31 日 20 时 100 hPa 高度场(实线,单位:dagpm),填色区为风速≥30 m/s 的 200 hPa 急流;
(b)500 hPa 高度场(黑实线,单位:dagpm)、风场(填色区,单位:m/s)、温度场(红虚线,单位:℃);
(c)700 hPa 高度场(黑实线,单位:dagpm)、风场(单位:m/s)和相对湿度(填色区,%);
(d)海平面气压(黑实线,单位:hPa)和 850 hPa 风场(填色区,单位:m/s)

700～850 hPa:700 hPa31 日 08 时至 1 日 20 时有偏北急流≥16 m/s,北疆北部有风场切变辐合,850 hPa 塔城地区至乌鲁木齐市有偏北急流并且有风速辐合(图 3.18c)。

地面:30 日 20 时,东欧有一中心为 1035 hPa 冷高压在东移至蒙古高原的过程中不断加强至 1050 hPa,同时南疆热低压中心强度 1010 hPa,高压底部冷锋准静止维持在天山山脉,气压梯度大,有利于大风沙尘天气发生(图 3.18d)。

3.10　4 月 7 日 23 时至 10 日 08 时伊犁河谷暴雨、阿勒泰地区北部暴雪、风口大风

3.10.1　天气实况综述

天气类型	雨雪、大风		过程强度	中度
天气实况	①雨雪:北疆大部分区域、克州山区、哈密市北部等地的部分区域出现小雨或雪,其中伊犁河谷、塔城地区北部、阿勒泰地区北部、天山山区及北坡、克州山区等地累计降水量 6.1～37.5 mm,最大累计降水中心位于伊犁州新源县阿热勒托别镇气象站(图 3.19a)。 ②风:北疆大部分区域、南疆西部山区、东疆出现 5 级左右西北风,风口风力 9～10 级、阵风 11～12 级。			
灾害性天气	暴雨	暴雨站数:9 日 4 站(伊犁州新源县和霍城县)。 日最大降雨中心:伊犁州新源县阿热勒托别镇气象站(9 日)29.1 mm。 最大小时雨强:伊犁州伊宁县喀什乡琼不拉克村气象站 13.5 mm/h(9 日 19—20 时)。		
	暴雪	暴雪站数:8 日 2 站(阿勒泰地区阿勒泰市和布尔津县)。 日最大降雪中心:阿勒泰市布尔津县禾木乡窝尔塔阿什克气象站(8 日)13.2 mm。 最大小时雪强:伊犁州新源县独库高速拉尔墩达坂气象站 5.0 mm/h(8 日 05—06 时)。		
	大风	全疆共 750 站出现 8 级及以上大风,其中 10 级及以上 140 站,12 级及以上 5 站。过程极大风速,区域气象站为哈密市伊州区柳树沟乡站 37.5 m/s(10 日 04 时),国家级气象站为哈密市伊州区十三间房 29.3 m/s(10 日 02 时)(图 3.19b)。		

3.10.2　环流形势

影响系统:100～200 hPa 偏西急流;500 hPa 西西伯利亚低涡低槽、中纬度短波槽、锋区;700～850 hPa 偏西急流;地面冷高压和冷锋。

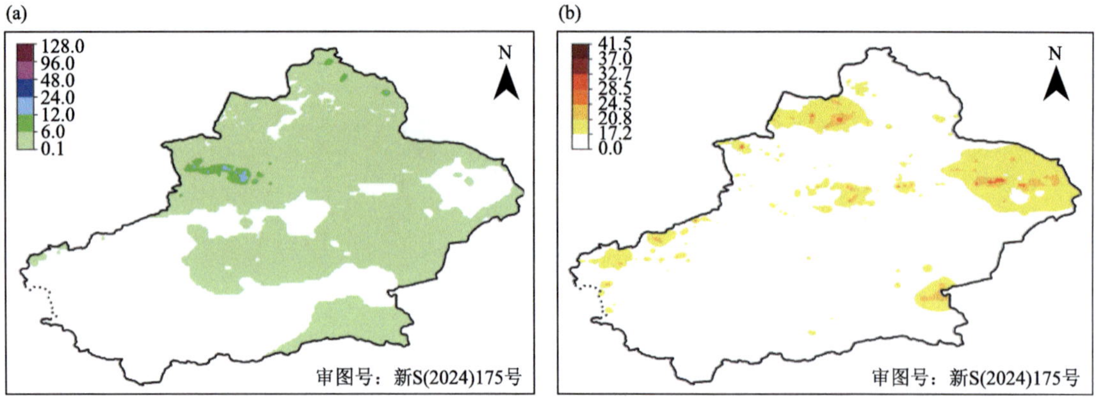

图 3.19 (a)4 月 7 日 23 时至 4 月 10 日 08 时过程累计降水量(单位:mm);(b)过程极大风速(单位:m/s)

100～200 hPa:新疆受极涡底部长波槽影响,4 月 9 日 08 时 200 hPa 偏西急流核位于新疆上空,最大风速达 40 m/s(图 3.20a)。

500 hPa:欧亚范围中高纬度为三槽两脊的经向环流,西伯利亚低涡逆转过程中底部锋区东移南压,与中纬度锋区结合影响新疆地区(偏西急流≥22 m/s),造成了北疆大部分地区的雨雪大风天气过程(图 3.20b)。

700～850 hPa:北疆偏西、偏北地区 700 hPa 有偏西急流≥16 m/s,有风速的辐合和风向切变(图 3.20c)。

地面:冷高压以西北路径进入新疆地区,9 日 20 时高压中心(1027.5 hPa)开始进入北疆北部,冷高压前伴随有冷锋(图 3.20d)。

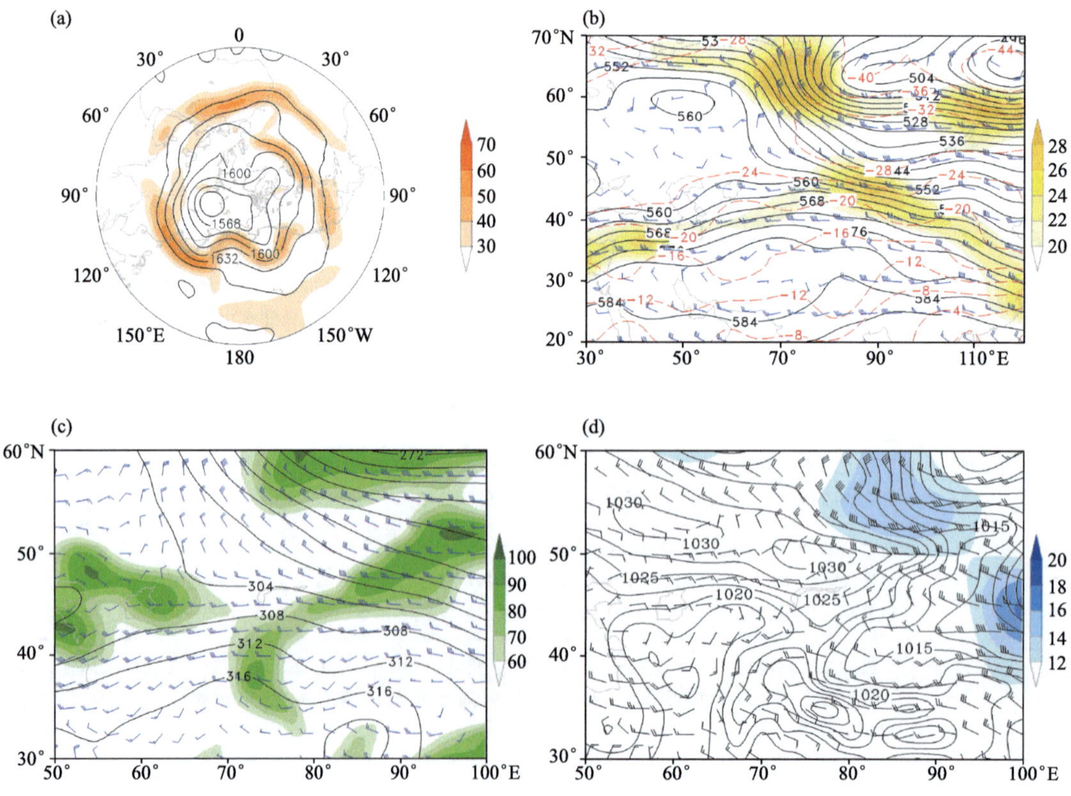

图 3.20 (a)4 月 9 日 08 时 100 hPa 高度场(实线,单位:dagpm),填色区为风速≥30 m/s 的 200 hPa 急流;
(b)500 hPa 高度场(黑实线,单位:dagpm)、风场(填色区,单位:m/s)、温度场(红虚线,单位:℃);
(c)700 hPa 高度场(黑实线,单位:dagpm)、风场(单位:m/s)和相对湿度(填色区,%);
(d)海平面气压(黑实线,单位:hPa)和 850 hPa 风场(填色区,单位:m/s)

3.11　4 月 10 日 20 时至 13 日 14 时阿尔泰地区山区和天山山区局地暴雪、伊犁河谷局地暴雨、风口大风、巴州南部局地沙尘暴

3.11.1　天气实况综述

<table>
<tr><td>天气类型</td><td colspan="2">雨雪、大风、沙尘暴</td><td>过程强度</td><td>中度</td></tr>
<tr><td>天气实况</td><td colspan="4">①雨雪：北疆大部分区域、天山山区、南疆西部山区、巴州、东疆等地的部分区域出现小雨或雪，其中伊犁河谷和塔城地区北部、阿勒泰地区北部和东部、乌鲁木齐市南部、昌吉州东部的局部区域累计降水量 6.1～42.0 mm，最大降雨中心位于伊犁州新源县那拉提镇气象站，最大降雪中心位于乌鲁木齐市乌鲁木齐县小渠子气象站（图 3.21a）。
②风沙：全疆大部分地区出现 5～6 级偏西或西北风，风口风力 11～12 级，阵风 13 级。南疆大部分区域、东疆出现沙尘天气，阿克苏、巴州局地出现沙尘暴。</td></tr>
<tr><td rowspan="4">灾害天气</td><td>暴雨</td><td colspan="3">暴雨站数：11 日 1 站（伊犁河谷）。
日最大降雨中心：区域气象站伊犁州新源县那拉提镇站 29.8 mm（11 日），国家级气象站塔城地区塔城站 13.7 mm（11 日）。
最大小时雨强：区域气象站伊犁州特克斯县库什塔依水库温泉站 8.5 mm/h（11 日 21—22 时），国家级气象站塔城地区塔城站 5.8 mm/h（11 日 09—10 时）。</td></tr>
<tr><td>暴雪</td><td colspan="3">暴雪站数：共 6 站，其中 4 月 11 日 1 站（乌鲁木齐市），12 日 5 站（阿勒泰地区、乌鲁木齐市）。
日最大暴雪中心：乌鲁木齐市乌鲁木齐县小渠子气象站（11 日）21.1 mm。
最大小时雪强：阿勒泰地区阿勒泰市阿拉哈克镇托勒海特气象站 4.3 mm/h（12 日 14—15 时）。</td></tr>
<tr><td>大风</td><td colspan="3">北疆大部分地区、喀什地区山区、克州、和田地区南部山区、阿克苏地区北部、巴州、东疆等地共 809 站出现 8 级以上大风，其中 10 级以上 95 站，12 级以上 3 站。过程极大风速，区域气象站为阿克苏地区温宿县大石峡水库站 40.1 m/s（11 日 21 时 35 分），国家级气象站为克州乌恰站 25.8 m/s（12 日 17 时 40 分）（图 3.21b）。</td></tr>
<tr><td>沙尘暴</td><td colspan="3">阿拉尔、塔中、铁干里克 3 站沙尘暴，且末 1 站强沙尘暴，最小能见度 335 m。</td></tr>
</table>

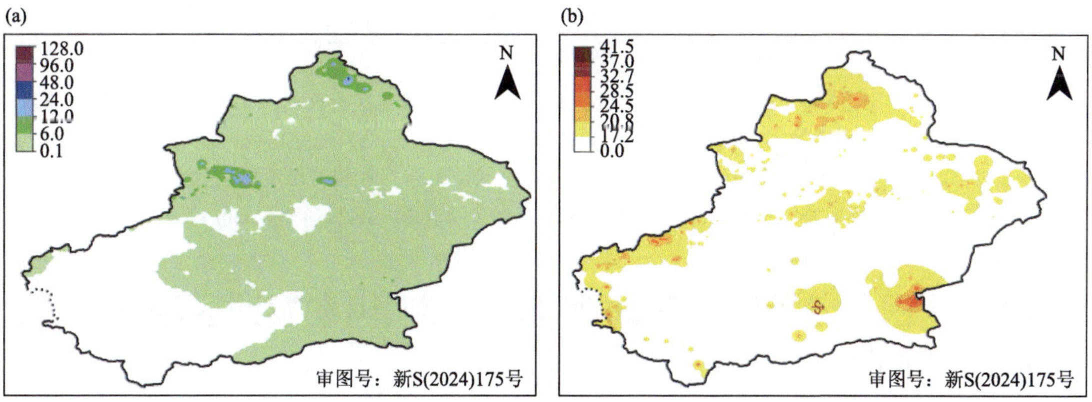

图 3.21　(a)4 月 10 日 20 时至 13 日 14 时过程累计降水量（单位：mm）；(b)过程极大风速（单位：m/s）

3.11.2　环流形势

影响系统：100～200 hPa 偏西急流；500 hPa 西西伯利亚低涡、中纬度强锋区；地面冷高压和冷锋、南疆盆地热低压。

100～200 hPa：新疆受极涡底部锋区控制，4 月 11 日 20 时 200 hPa 偏西急流核最大风速达 50 m/s（图 3.22a）。

500 hPa：欧亚范围中、高纬度为两脊一槽的经向环流，东欧、贝加尔湖一带为脊区，西西伯利亚地区为低槽活动区。11 日至 13 日，东欧高压脊向北发展，脊前偏北气流引导北方冷空气南下，在西西伯利亚地

区堆积，中纬度锋区与极锋锋区汇合，不断分裂短波槽东移，造成了此次全疆综合性天气过程(图 3.22b)。

700～850 hPa：11 日 08 时 700 hPa 北疆大部分地区有明显湿区，北疆西部有风速辐合及偏西气流，配合地形抬升，有利于伊犁河谷的东部和南部强降水；850 hPa 阿勒泰地区存在偏西风和东南风的辐合，配合阿尔泰山地形抬升，有利于阿勒泰地区的暖区暴雪。强降水期间，北疆北部有偏西急流(风速 16～20 m/s)(图 3.22c)。

地面：1025 hPa 的冷高压前沿已进入北疆西部和北部，同时南疆西部上游地区存在 1030 hPa 的冷高压，南疆盆地中东部的热低压中心强度为 1015 hPa，气压梯度较大，利于此次风沙天气的产生(图 3.22d)。

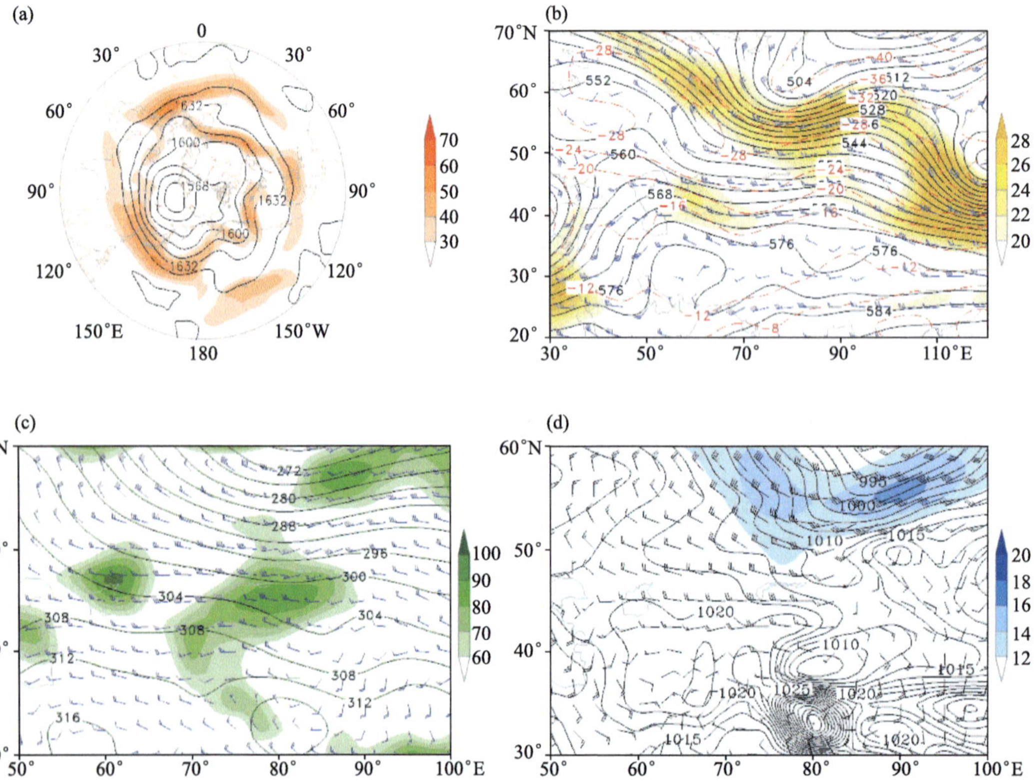

图 3.22 (a)4 月 10 日 20 时 100 hPa 高度场(实线，单位：dagpm)，填色区为风速≥30 m/s 的 200 hPa 急流；(b)500 hPa 高度场(黑实线，单位：dagpm)、风场(填色区，单位：m/s)、温度场(红虚线，单位：℃)；(c)700 hPa 高度场(黑实线，单位：dagpm)、风场(单位：m/s)和相对湿度(填色区，%)；(d)海平面气压(黑实线，单位：hPa)和 850 hPa 风场(填色区，单位：m/s)

3.12 4 月 14 日 20 时至 17 日 20 时北疆寒潮、阿勒泰地区暖区暴雪、北疆和东疆大风

3.12.1 天气实况综述

天气类型	雨雪、大风	过程强度	中度
天气实况	①雨雪：北疆大部分地区、天山山区、南疆西部山区、哈密市北部等地的部分区域出现雨或雨夹雪转雪(山区为雪)，其中伊犁河谷、塔城地区、阿勒泰地区、天山山区及北坡等地的部分区域累计降水量 6.1～35.5 mm；最大累计降水中心为阿勒泰地区阿勒泰市阿拉哈克镇托勒海特气象站(图 3.23 a)。 ②风沙：北疆大部分地区、南疆西部、巴州、东疆出现 6 级左右西北风，风口风力 10～11 级，阵风 12 级。克州、阿克苏地区、哈密市局地出现扬沙。		

续表

灾害天气	暴雪	暴雪站数:17 日 3 站(阿勒泰地区)。 日最大降雪中心:阿勒泰地区布尔津县禾木乡禾木售票站 15 mm(17 日)。 最大小时雪强:阿勒泰地区布尔津县禾木乡禾木售票站 3.5 mm/h(17 日 15—16 时)。
	大风	北疆大部分地区、喀什地区南部、克州、和田地区、阿克苏地区西部和北部、巴州、东疆共 839 站出现 8 级以上大风,其中 10 级以上 134 站,12 级以上 9 站。过程极大风速,区域气象站为哈密市伊吾县盐池乡阿尔通盖村站 36.9 m/s(15 日 02 时),国家级气象站为哈密市伊州区十三间房站 30.7 m/s(16 日 16 时)(图 3.23d)。
灾情	4 月 15 日傍晚至夜间,克拉玛依市出现大风,造成消防宣传牌损坏。	

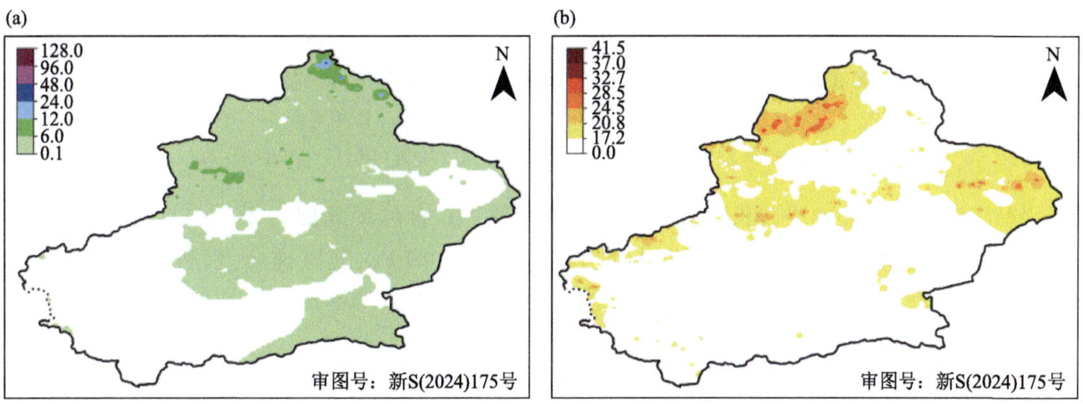

图 3.23 (a)4 月 14 日 20 时至 17 日 20 时过程累计降水量(单位:mm);(b)过程极大风速(单位:m/s)

3.12.2 环流形势

影响系统:100～200 hPa 偏西急流;500 hPa 西西伯利亚低涡、切变线;700～850 hPa 偏西急流;地面冷高压、冷锋。

100～200 hPa:新疆位于极涡后部,15 日 20 时 200 hPa 西南急流核最大风速达 58 m/s(图 3.24a)。

500 hPa:欧亚范围中纬度为两槽一脊的经向环流,中亚地区为高压脊区,里海、贝加尔湖一带为低值系统活动区,14 日上游脊前北风带将冷空气向里海一带的低涡中输送,低涡加强,15 日里海一带的低涡减弱成槽并东移,并与中纬度的低槽打通并南伸至 35°N 附近,槽前短波东移北上,影响新疆偏西地区一带的降水;16 日至 17 日北欧脊衰退东南落,推动里海低槽东移,西西伯利亚低涡逆转过程中锋区南压与之汇合,北疆受强锋区波动影响,阿勒泰地区出现暴雪天气(图 3.24b)。

700～850 hPa:17 日 14 时,700 hPa 北疆北部有偏西急流(风速 16～26 m/s),850 hPa 阿勒泰地区存在偏西风和东南风的辐合,配合阿尔泰山地形抬升,有利于阿勒泰地区形成暖区暴雪发生。

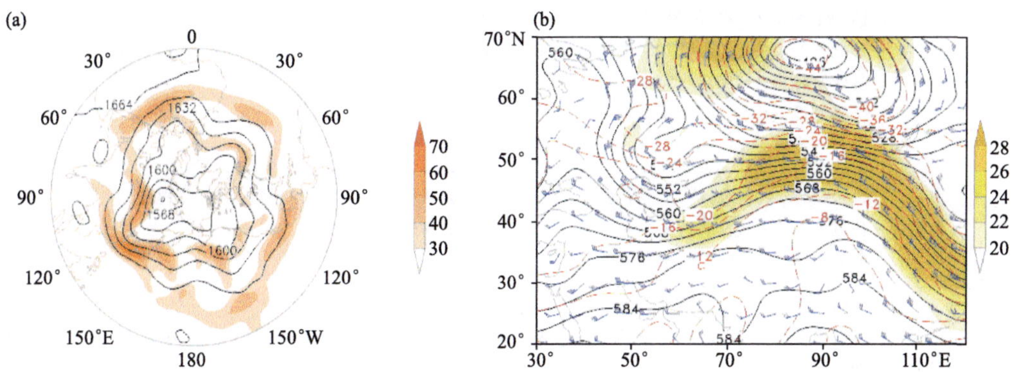

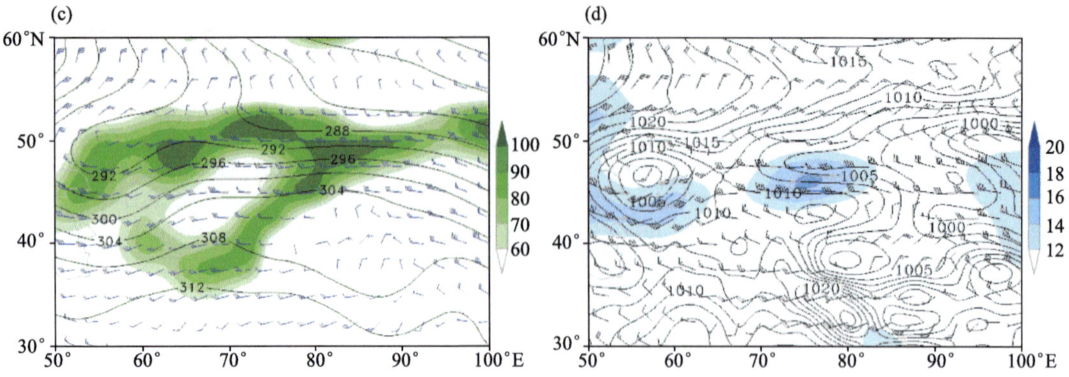

图 3.24 (a)4 月 15 日 20 时 100 hPa 高度场(实线,单位:dagpm),填色区为风速≥30 m/s 的 200 hPa 急流;(b)500 hPa 高度场(黑实线,单位:dagpm)、风场(填色区,单位:m/s)、温度场(红虚线,℃);(c)700 hPa 高度场(黑实线,单位:dagpm)、风场(单位:m/s)和相对湿度(填色区,%);(d)海平面气压(黑实线,单位:hPa)和 850 hPa 风场(填色区,单位:m/s)

地面:14 日至 15 日,北疆受暖低压外围控制缓慢东移,16 日巴湖北部有 1020 hPa 高压发展,东移的过程中南伸,控制北疆地区,南疆有低压发展,中心强度为 1010 hPa,气压梯度大,有利于大风天气;同时 1005 hPa 的暖低压在咸海发展,暖低压 17 日东移北上,造成阿勒泰地区的暖区暴雪(图 3.24d)。

3.13 4 月 17 日 20 时至 20 日 08 时北疆暴雪寒潮、风口大风、南疆和东疆局部沙尘暴

3.13.1 天气实况综述

天气类型	雨雪、降温、大风、沙尘暴		过程强度	中度
天气实况	①雨雪:北疆大部分区域、南疆西部、巴州、哈密市北部等地的部分区域出现雨或雨夹雪转雪(山区为雪),其中伊犁河谷、阿勒泰地区山区、天山山区及北坡、巴州北部等地的部分区域累计降水量 6.1~34.7 mm,最大累计降水中心位于阿勒泰地区阿勒泰市阿拉哈克镇托勒海特气象站(图 3.25a)。 ②风沙:北疆大部分区域、南疆西部、东疆等地出现 5~6 级西北风,风口风力 11~12 级、阵风 13~14 级;南疆塔里木盆地中、东部出现 5~6 级偏东风、阵风 8~9 级。南疆大部分区域、哈密市出现沙尘天气,和田地区、巴州和哈密市局地出现沙尘暴。 ③降温:北疆大部分区域、天山山区、南疆西部山区、巴州、东疆气温下降 8 ℃以上,出现寒潮,阿勒泰地区、塔城地区北部、克拉玛依市、昌吉州东部、巴州、哈密市北部等地的部分区域气温下降 10 ℃以上,出现强寒潮。			
灾害天气	寒潮	寒潮站数:共 206 站·次(其中强寒潮 68 站·次,特强寒潮 24 站·次);18 日伊犁河谷、塔城地区北部共 45 站(强寒潮 6 站,特强寒潮 1 站);19 日塔城地区北部、阿勒泰地区北部、克拉玛依市、克州北部、巴州、哈密市共 161 站(强寒潮 62 站,特强寒潮 23 站)(图 3.25b)。 日最大降温中心:区域气象站阿勒泰地区阿勒泰市野雪公园 1 站降温 17.4 ℃(19 日),国家级气象站克州阿图什站降温 11.9 ℃(19 日)。 过程最低气温:区域气象站阿勒泰地区阿勒泰市野雪公园−25.8 ℃,国家级气象站乌鲁木齐市乌鲁木齐县天山大西沟站−15.5 ℃(图 3.25c)。		
	暴雪	暴雪站数:共 7 站,18 日 6 站暴雪(乌鲁木齐市、昌吉州),19 日 1 站暴雪(阿克苏地区)。 日最大降雪中心:昌吉州木垒县大南沟气象站 24.5 mm(18 日)。 最大小时雪强:昌吉州木垒县大南沟气象站 4.6 mm/h(18 日 15—16 时)。		
	暴雨	暴雨站数:18 日 2 站暴雨(伊犁河谷、乌鲁木齐市)。 日最大降雨中心:区域气象站乌鲁木齐市头屯河区焦化山站 27.2 mm(18 日),国家级气象站塔城地区沙湾站 20 mm(18 日)。 最大小时雨强:区域气象站伊犁州新和县排先巴扎乡莫木托格拉克村站 10.2 mm/h(19 日 09—10 时),国家级气象站伊犁州伊宁站 3.7 mm/h(18 日 10—11 时)。		

续表

灾害天气	大风	全疆大部分地区共 919 站出现 8 级以上大风，其中北疆大部分区域、南疆西部、巴州、东疆等地 10 级大风以上共 202 站，12 级以上 43 站，14 级以上 4 站。过程极大风速，区域气象站为吐鲁番市托克逊县克尔碱镇站 44.6 m/s(18 日 20 时)，国家级气象站为哈密市伊州区十三间房站 43.6 m/s(18 日 17 时)(图 3.25d)。
	沙尘暴	策勒、于田、和田、墨玉、皮山、洛浦、泽普、阿克苏、柯坪、阿拉尔、塔中、若羌、托克逊、鄯善、十三间房 15 站强沙尘暴，最小能见度为若羌站 124 m。
灾情	18 日夜间，巴州轮台县和吐鲁番市高昌区出现大风天气，均造成人员和农作物受灾。 19 日，阿克苏地区阿拉尔市出现大风、沙尘暴天气，农作物和设施大棚受灾；巴州尉犁县出现大风天气，造成农作物受灾、农牧业设施受损、牲畜死亡、房屋受损。 17 日至 19 日，吐鲁番市鄯善县出现大风、沙尘天气，造成人员和农作物受灾。 18 日至 20 日，巴州若羌县出现大风沙尘天气，造成树木倒伏、农作物受灾、设施农业和建设项目受损、房屋损坏；阿克苏市出现大风天气，造成人员和农作物受灾。	

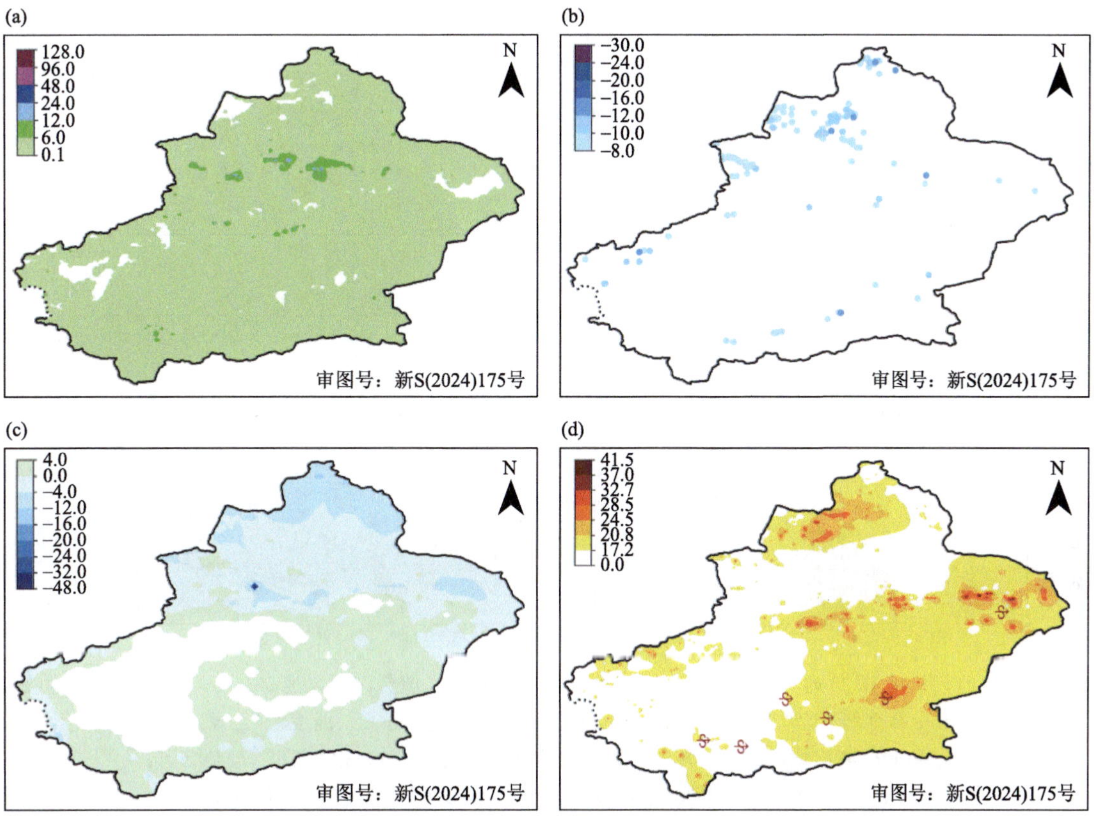

图 3.25　(a)4 月 17 日 20 时至 20 日 08 时过程累计降水量(单位：mm)；(b)过程 24 h 变温(单位：℃)；(c)过程最低气温(单位：℃)；(d)过程极大风速(单位：m/s)

3.13.2　环流形势

影响系统：100～200 hPa 偏西急流；500 hPa 西西伯利亚低槽和南支锋区；700～850 hPa 切变线、北疆偏西急流和南疆偏东急流；地面冷高压和南疆盆地热低压。

100～200 hPa：新疆受极涡底部锋区控制，4 月 18 日 08 时 200 hPa 偏西急流核最大风速达 48 m/s(图 3.26a)。

500 hPa：欧亚范围中、纬度为两脊一槽的经向环流，东欧、贝加尔湖一带为高压脊区，西西伯利亚地区为深厚的低值系统活动区。18 日，东欧脊前北风带将冷空气不断向西西伯利亚低涡输送聚集，低涡伴随低温中心加强至−44 ℃，冷空气堆积酝酿，同时中纬度锋区与西西伯利亚底部锋区汇合，不断分裂短波槽东移，造成天山山区两侧明显的降水天气。19 日至 20 日，东欧高压脊部分东南跨，西西伯利亚低涡减弱成槽东移,冷空气暴发,造成北疆寒潮天气(图 3.26b)。

700～850 hPa:18 日 08 时 700 hPa 北疆西部和北部有偏西急流(16～22 m/s),14 时塔城地区至乌鲁木齐市有偏北急流(16～20 m/s)并且有风速辐合,同时 850 hPa 北疆大部分地区有偏北急流(14～18 m/s),低层强盛的偏北风与天山大地形配合,伴有强冷平流,造成强辐合抬升,有利于形成天山山区及北坡的强降水天气(图 3.26c)。

地面:18 日,冷高压沿偏西路径进入北疆,中心强度为 1035 hPa,南疆盆地受强度为 1005 hPa 暖低压控制,气压梯度较大,有利于冷空气翻山,造成风口的大风天气。19 日至 20 日,冷高压继续东移加强并较长时间维持,19 日 02 时,蒙古冷高压中心强度为 1040 hPa,南疆盆地继续受暖低压控制,有利于冷空气东灌,造成南疆、东疆的大风沙尘天气(图 3.26d)。

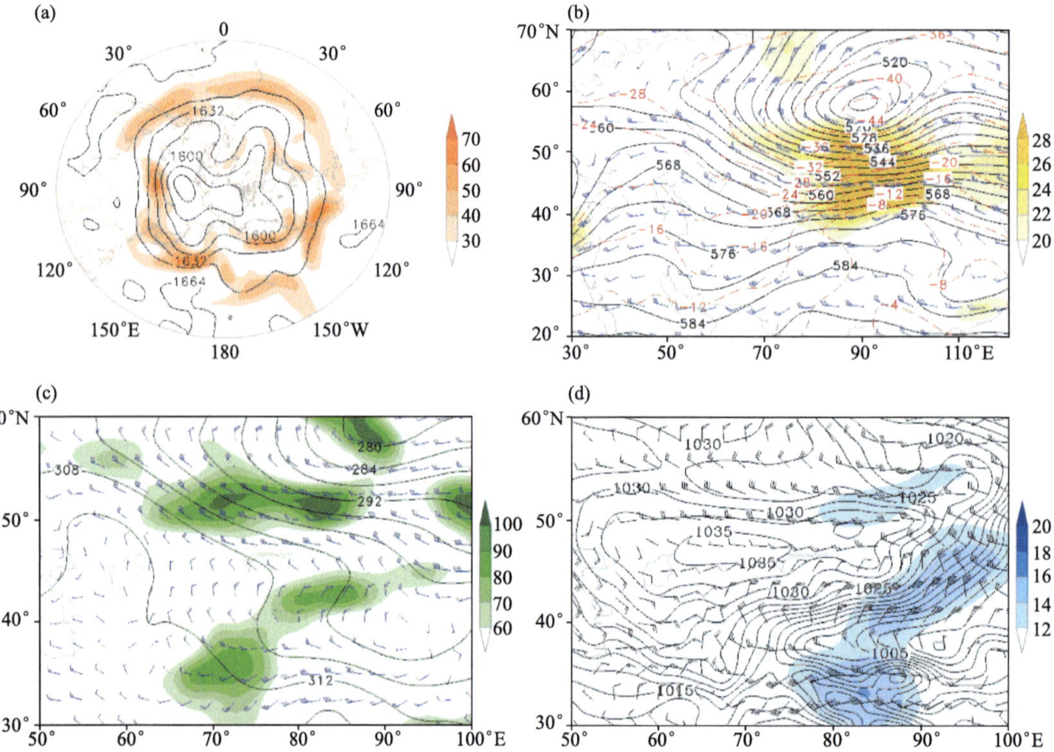

图 3.26 (a)4 月 18 日 20 时 100 hPa 高度场(实线,单位:dagpm),填色区为风速≥30 m/s 的 200 hPa 急流;(b)500 hPa 高度场(黑实线,单位:dagpm)、风场(填色区,单位:m/s)、温度场(红虚线,单位:℃);(c)700 hPa 高度场(黑实线,单位:dagpm)、风场(单位:m/s)和相对湿度(填色区,%);(d)海平面气压(黑实线,单位:hPa)和 850 hPa 风场(填色区,单位:m/s)

3.14 5 月 1 日 08 时至 5 日 08 时北疆、阿克苏地区、巴州、哈密市寒潮,天山山区局地暴雪,风口大风,南疆局地沙尘暴

3.14.1 天气实况综述

天气类型	雨雪、降温、大风、沙尘暴	过程强度	中度
天气实况	①雨雪:北疆大部分区域、天山山区、克州、阿克苏地区和喀什地区山区、和田地区南部、巴州、吐鲁番市、哈密市北部等地的部分区域出现小雨(高海拔山区为雪),其中伊犁河谷东部和南部、博州西部、塔城地区南部、阿勒泰地区北部和东部山区、石河子市南部、乌鲁木齐市南部山区、昌吉州山区、克州山区、阿克苏地区西部山区、巴州北部、吐鲁番市、哈密市北部等地的部分区域累计降水量 6.1～48.9 mm,最大降水中心位于伊犁州尼勒克县阔尔克景区气象站(图 3.27a)。		

续表

天气实况		②降温：北疆西部和北部、天山山区及北坡、喀什地区、阿克苏地区、巴州、哈密市的最低气温下降超过 8 ℃，出现寒潮，上述局部区域下降 10～11.9 ℃，出现强寒潮，博州、喀什地区局地下降超过 12 ℃，出现特强寒潮。 ③风沙：北疆大部分地区、南疆山区、巴州、吐鲁番市、哈密市等地出现 5 级左右西北风，风口风力 10～11 级，阵风 12～13 级。南疆塔里木盆地、吐鲁番市、哈密市和博州东部、阿勒泰地区东部、乌鲁木齐市、昌吉州西部出现扬沙或沙尘暴。
灾害天气	寒潮	寒潮站数：共 261 站・次（强寒潮 60 站・次，特强寒潮 17 站・次）。1 日塔城地区北部、阿勒泰地区、克拉玛依市共 92 站（强寒潮 34 站，特强寒潮 12 站）；2 日博州、北疆北部、天山山区及北坡、哈密市北部共 116 站（强寒潮 21 站，特强寒潮 2 站）；3 日北疆西部、南疆西部山区、巴州、哈密市北部共 26 站（强寒潮 4 站，特强寒潮 1 站）；4 日伊犁河谷、阿克苏地区、巴州、哈密市北部共 21 站（强寒潮 1 站，特强寒潮 2 站）；5 日克州山区、巴州南部山区共 6 站（图 3.27b）。 日最大降温中心：区域气象站阿勒泰地区吉木乃县别斯铁热克乡库早齐村南站降温 17.5 ℃（1 日），国家级气象站阿勒泰地区吉木乃站降温 11.5 ℃（1 日）。 过程最低气温：区域气象站阿勒泰地区青河县喀拉布拉套山站－19.1 ℃（4 日 07 时），国家级气象站乌鲁木齐市乌鲁木齐县大西沟站－17.4 ℃（5 日 08 时）（图 3.27c）。
	暴雨	暴雨站数：3 日 2 站（巴州）。 日最大降雨中心：区域气象站为巴州博湖县博斯腾湖乡库代力克村站 26.8 mm（3 日），国家级气象站为巴州轮台县站 11.1 mm（3 日）。 最大小时雨强：区域气象站伊犁河谷新源县独库高速拉尔墩达坂站 21.5 mm/h（4 日 00—01 时），国家级气象站巴州和硕县站 5.5 mm/h（3 日 19—20 时）。 短时强降水：1 站（伊犁河谷）。
	暴雪	暴雪站数：共 17 站，2 日 6 站（伊犁河谷 3 站、哈密市 3 站），3 日 9 站（博州 2 站、塔城地区 1 站、乌鲁木齐市 1 站、哈密市 5 站），4 日 2 站（石河子市 1 站、阿克苏地区 1 站）。 日最大降雪中心：固态站哈密市伊州区白石头乡站 29.8 mm（2 日），国家级气象站乌鲁木齐市乌鲁木齐县小渠子站 14.3 mm（3 日）。 最大小时雪强：固态站哈密市伊吾县前山乡石磨沟村站 5.7 mm/h（3 日 13—14 时），国家级气象站乌鲁木齐市乌鲁木齐县小渠子站 2.3 mm/h（4 日 03—04 时）。
	大风	全疆共 1153 站出现 8 级以上大风，其中 10 级以上 60 站，12 级以上 1 站。过程极大风速，区域气象站为博州博乐市艾比湖湿地站 37.1 m/s（1 日 21 时），国家级气象站为哈密市伊州区十三间房站 32.4 m/s（2 日 15 时）（图 3.27d）。
	沙尘暴	阿拉尔站沙尘暴，喀什、岳普湖，洛浦，若羌、塔中、且末、铁干里克共 7 站强沙尘暴，最小能见度岳普湖站 135 m。
	冰雹	5 月 2 日 16 时至 3 日 20 时，阿克苏地区库车市出现局地冰雹。 5 月 3 日，巴州轮台县出现冰雹。
灾情		4 月 30 日至 5 月 3 日，博州博乐市、精河县出现大风，造成农作物受灾。 5 月 2 日夜间，喀什地区叶城县、伽师县、疏勒县、巴楚县出现大风并伴有短时沙尘暴，造成农业设施受损。 5 月 2 日夜间至 3 日白天，阿克苏地区库车市、温宿县、沙雅县出现大风、雷雨、局地冰雹，造成农作物、林果受灾。 5 月 3 日至 4 日，巴州轮台县、尉犁县出现大风，轮台县局地冰雹，造成农作物、林果受灾和农业设施受损。

3.14.2　环流形势

影响系统：100～200 hPa 偏西急流；500 hPa 西西伯利亚低槽；700～850 hPa 偏西急流；地面冷高压、冷锋。

100～200 hPa：新疆受极涡底部锋区控制，5 月 4 日 08 时 200 hPa 西南急流核最大风速达 54 m/s（图 3.28a）。

500 hPa：欧亚范围中、高纬度为两槽两脊的经向环流，西西伯利亚至中亚一线及东亚沿岸为低槽活动区，东欧至乌拉尔山为高压脊区，随着乌拉尔山脊顶东伸，低槽在阿勒泰地区北部切涡。2 日 14 时前，西西伯利亚低涡维持原地打转，乌拉尔山脊不断加强，脊顶逐渐东伸，脊前逐渐建立强北风带，强北风带引导北方冷空气南下，输送至西西伯利亚低涡底部低槽中，伴随－36 ℃低温中心，冷空气堆积酝酿；3 日 20 时，乌

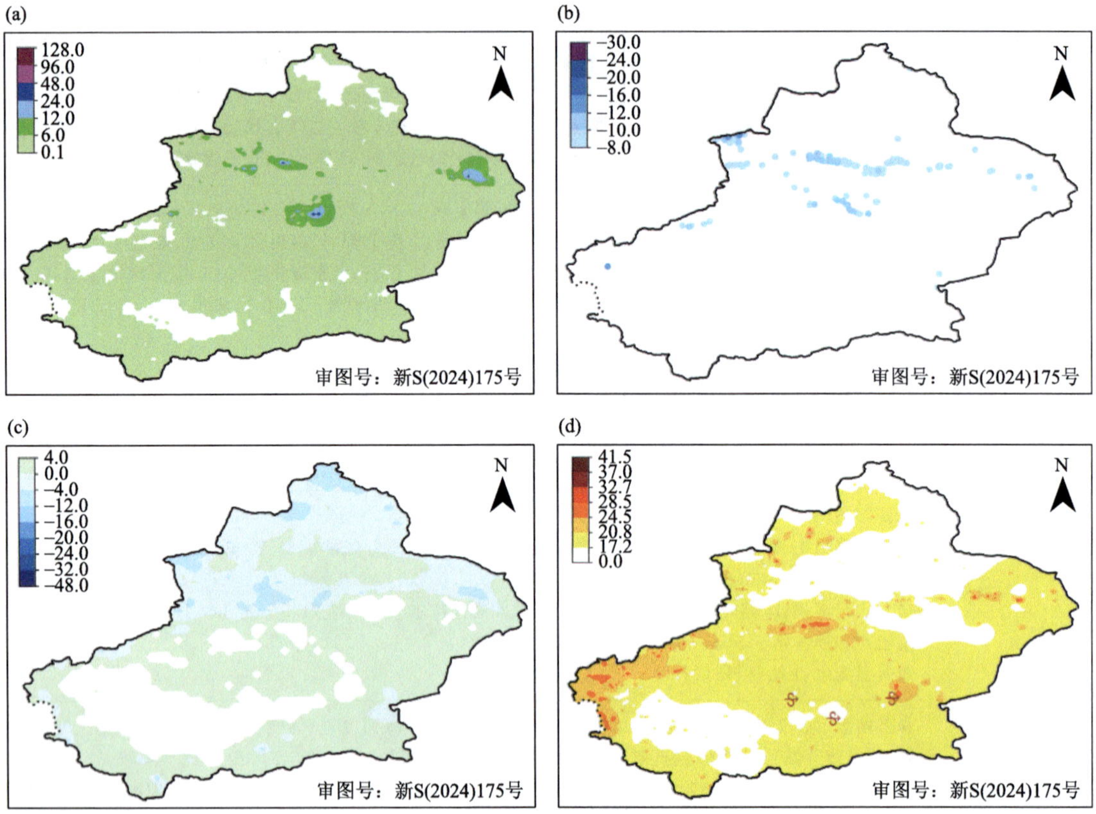

图 3.27 (a)5 月 1 日 08 时至 5 日 08 时过程累计降水量(单位：mm)；(b)过程 24 h 变温(单位：℃)；(c)过程最低气温(单位：℃)；(d)过程极大风速(单位：m/s)

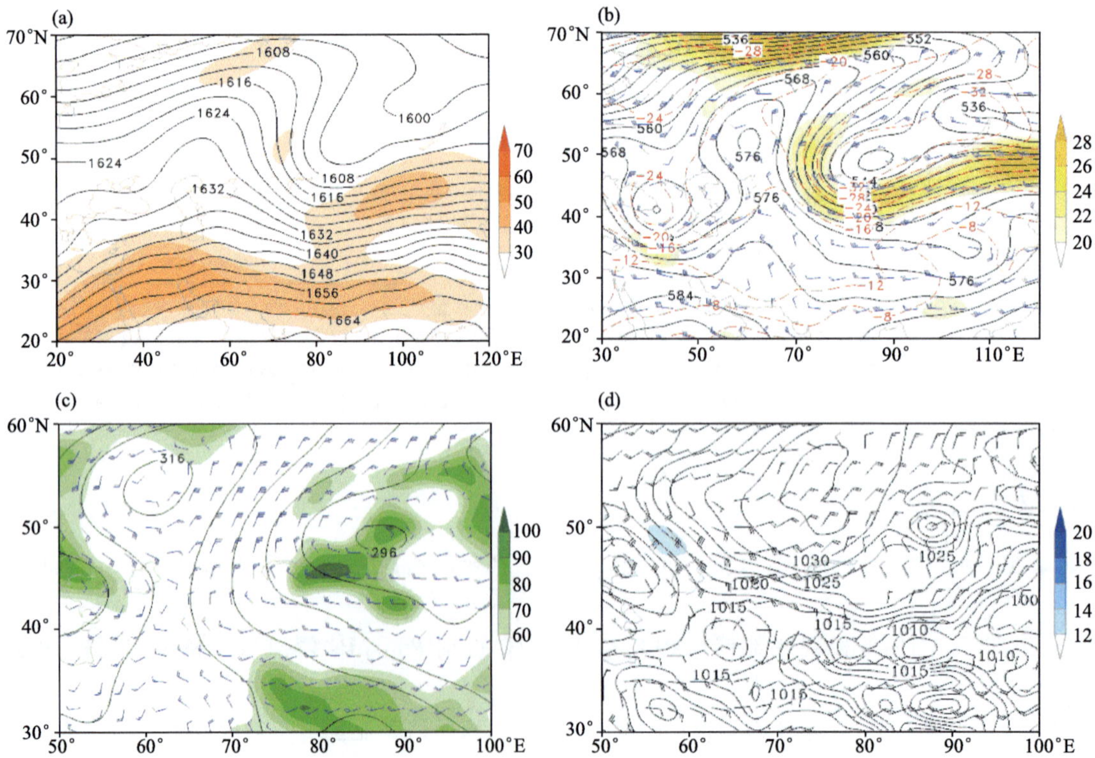

图 3.28 (a)5 月 3 日 08 时 100 hPa 高度场(实线，单位：dagpm)，填色区为风速≥30 m/s 的 200 hPa 急流；(b)500 hPa 高度场(黑实线，单位：dagpm)、风场(填色区，单位：m/s)、温度场(红虚线，单位：℃)；(c)700 hPa 高度场(黑实线，单位：dagpm)、风场(单位：m/s)和相对湿度(填色区，%)；(d)海平面气压(黑实线，单位：hPa)和 850 hPa 风场(填色区，单位：m/s)

拉尔山脊顶南压，乌拉尔山脊也略东移，促使低槽锋区南压至 40°N。天气过程前期，西西伯利亚低涡原地打转过程中，底部不断分裂短波槽东移南下，影响北疆、东疆，过程中、后期，里海—咸海脊与乌拉尔山脊分裂，导致中纬度短波东移造成南疆西部降水(图 3.28b)。

700～850 hPa：北疆西部 700 hPa(风速 16～20 m/s)和 850 hPa 有低空急流(风速 12～16 m/s)，过程期间天山山区较长时间存在切变线，且有较强冷平流，配合地形抬升，有利于伊犁河谷东部山区、天山山区形成较大的累计降水(图 3.28c)。

地面：中心强度为 1030.0 hPa 的冷高压沿西北方路径东移南下，过程中不断加强，3 日 08 时最强中心达 1037.5 hPa，地面冷锋受天山阻挡，在北疆沿天山一带停留约 48 h(图 3.28d)。

3.15　5 月 5 日 08 时至 10 日 02 时南疆寒潮霜冻、风口大风、和田地区沙尘暴、阿克苏地区和巴州局地冰雹

3.15.1　天气实况综述

<table>
<tr><td>天气类型</td><td colspan="2">雨雪、降温、大风、霜冻、冰雹</td><td>过程强度</td><td>中强</td></tr>
<tr><td>天气实况</td><td colspan="4">①雨雪：南疆大部分地区和北疆、东疆的部分区域出现小雨(高海拔山区为雪)，其中阿勒泰地区、天山山区、南疆西部山区、巴州、哈密市等地的局部区域累计降水量 6.1～28.2 mm，最大降水中心位于阿克苏地区阿克苏市温宿县塔村旅游度假区站(图 3.29a)。
②降温：南疆的最低气温下降超过 8 ℃，出现寒潮，喀什地区、阿克苏地区的局部区域下降 10～11.9 ℃，出现强寒潮，喀什地区局地下降超过 12 ℃，出现特强寒潮。南疆共 432 站最低气温降至 0 ℃以下(南疆 41%的台站最低气温降至 0 ℃以下)。局部区域出现极端低温事件，阿克苏地区、巴州北部、和田地区、喀什地区及克州等地 27 站最低气温突破 5 月上旬历史极值，尉犁等 6 站历史第二低，温宿等 3 站历史第三低。
③风沙：北疆大部分地区、南疆西部山区、东疆出现 5 级左右西北风，风口风力 9～10 级、阵风 11～12 级。喀什地区、和田地区、巴州、吐鲁番市的部分区域出现扬沙或沙尘暴。</td></tr>
<tr><td rowspan="6">灾害天气</td><td>寒潮</td><td colspan="3">寒潮站数：110 站・次(强寒潮 30 站・次、特强寒潮 3 站・次)。5 日克州山区、巴州南部山区共 6 站；6 日喀什地区、和田地区、阿克苏地区、巴州共 96 站(强寒潮 30 站、特强寒潮 3 站)；7 日巴州共 3 站；9 日喀什地区、和田地区共 5 站(图 3.29b)。
日最大降温中心：区域气象站喀什地区塔什库尔干县瓦恰乡三村站降温 13.3 ℃(6 日)，国家级气象站喀什地区塔什库尔干县站降温 13.7 ℃(6 日)。
过程最低气温：区域气象站阿勒泰地区青河县喀拉布拉套山站－19.1 ℃(4 日 07 时)，国家级气象站乌鲁木齐市乌鲁木齐县大西沟站－17.4 ℃(5 日 08 时)(图 3.29c)。</td></tr>
<tr><td>暴雪</td><td colspan="3">暴雪站数：5 日 4 站(阿克苏地区)。
日最大降雪中心：固态站阿克苏地区温宿县塔村旅游度假区站 21.9 mm(5 日)，国家级气象站乌鲁木齐乌鲁木齐县大西沟站 4.2 mm(7 日)。
最大小时雪强：固态站阿克苏地区温宿县博孜墩乡度假村站 2.5 mm/h(5 日 14—15 时)，国家级气象站乌鲁木齐市乌鲁木齐县大西沟站 1.4 mm/h(7 日 18—19 时)。</td></tr>
<tr><td>大风</td><td colspan="3">北疆、南疆山区、东疆等地共 457 站出现 8 级以上大风，其中 10 级以上 44 站、12 级以上 1 站。过程极大风速，区域气象站为阿克苏市温宿县大石峡水库站 34.1 m/s(5 日 20 时)，国家级气象站为哈密市伊州区十三间房站 29.5 m/s(5 日 09 时)(图 3.29d)。</td></tr>
<tr><td>沙尘</td><td colspan="3">策勒站出现沙尘暴，于田站强沙尘暴，最小能见度为于田站 453 m。</td></tr>
<tr><td>霜冻</td><td colspan="3">阿克苏地区、巴州、哈密市的部分区域地面最低温度下降至 0 ℃以下，出现霜冻。乌什、拜城、库车、塔中 4 站终霜期突破历史极值，出现最晚终霜；焉耆、铁干里克居历史第二晚；新源历史第三晚。</td></tr>
<tr><td>冰雹</td><td colspan="3">5 月 5 日 14 时，阿克苏地区阿克苏市出现冰雹。
5 月 6 日 14 时，巴州尉犁县喀尔曲尕乡、轮台县出现冰雹。</td></tr>
<tr><td>灾情</td><td colspan="4">5 月 5 日至 6 日，巴州轮台县出现大风、冰雹天气，造成农作物、林果受灾。
5 月 5 日至 9 日，阿克苏地区库车市、阿拉尔市、拜城县、乌什县，和田地区策勒县、墨玉县，巴州和硕县、和静县、尉犁县、库尔勒市出现寒潮、霜冻和低温冻害，造成棉花、蔬菜等农作物和果树受灾。</td></tr>
</table>

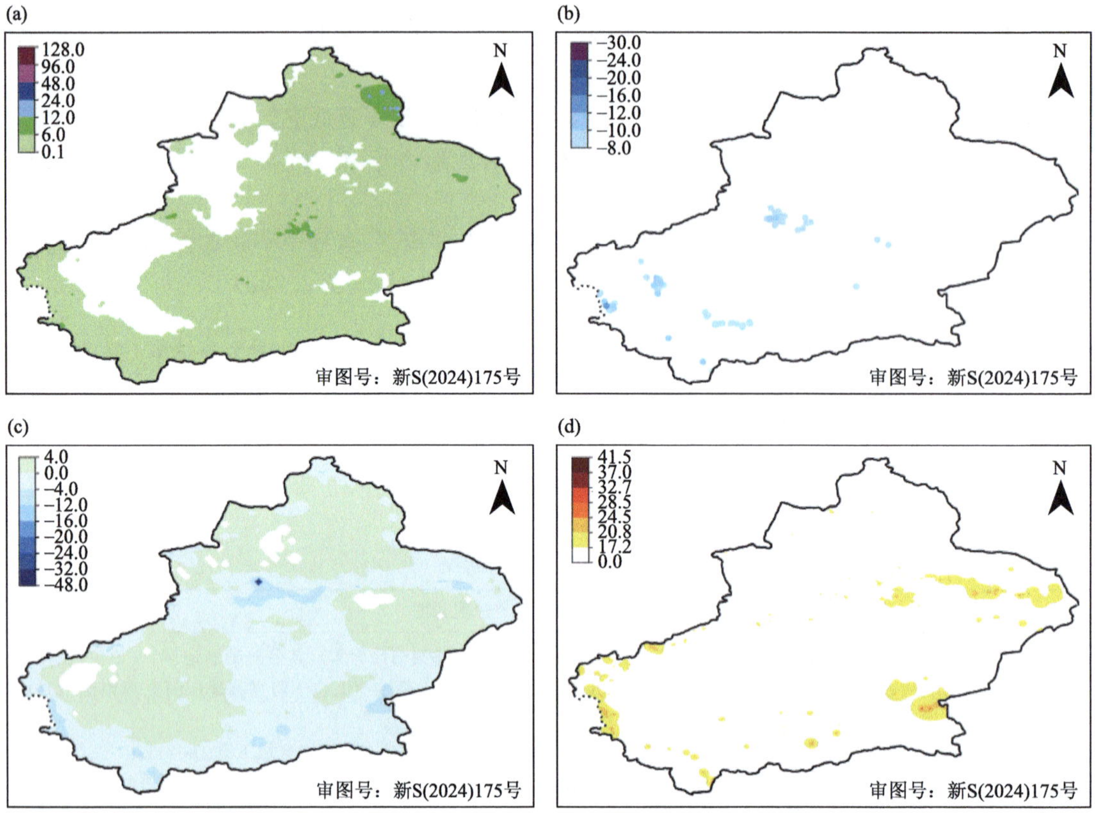

图 3.29 (a)5月5日08时至10日02时过程累计降水量(单位：mm)；(b)过程24 h变温(单位：℃)；(c)过程最低气温(单位：℃)；(d)过程极大风速(单位：m/s)

3.15.2 环流形势

影响系统：100～200 hPa偏西急流；500 hPa中亚低涡(槽)；700～850 hPa偏西急流；地面冷高压、冷锋、暖低压。

100～200 hPa：新疆处于长波槽前，5月6日14时200 hPa高空西风急流核最大风速达54 m/s(图3.30a)。

500 hPa：欧亚范围内高纬度受极锋影响，中、低纬度为三槽两脊的经向环流，乌拉尔山以东为阻塞高压(简称阻高)，里海—咸海地区及新疆受低涡影响。大西洋沿岸高压脊发展，推动东欧低涡东移，下游乌拉尔山阻高向北发展并缓慢东移，里海—咸海低涡快速减弱东移进入南疆，与控制新疆的低涡同位相叠加，高压脊与低涡呈反位相并长时间维持，造成降温、大风、降水天气过程持续时间长。6日20时东欧低涡缓慢东移，推动乌拉尔山脊脊顶东移，使其逐渐与里海—咸海脊断开，9日开始，随着中纬度里海—咸海脊东移，加之下游系统减弱，随后位于北疆的低涡开始东移出境，天气过程结束(图3.30b)。

700～850 hPa：北疆西部700 hPa(风速14～18 m/s)和850 hPa有低空急流(风速12～16 m/s)，南疆处于北疆低涡底部，低涡存在时间长，南疆的切变线亦长时间存在，风速也存在切变，且低层有显著流线。(图3.30c)

地面：5日冷高压位于巴湖至内蒙古一带，有两个高压中心，分别位于巴湖、内蒙古，中心强度均为1035 hPa，在南疆西部存在中心强度为1007.5 hPa的暖低压，并在阿克苏至巴州北部形成气压等值线密集带，有利于冷空气翻山，于6日05时在南疆形成中心强度为1027.5 hPa的冷高压，导致南疆大部分台站的剧烈降温及风沙天气。7日至8日，影响南疆的冷高压东移北上，与蒙古高原一带的高压打通，造成南疆盆地东部东灌和沙尘天气(图3.30d)。

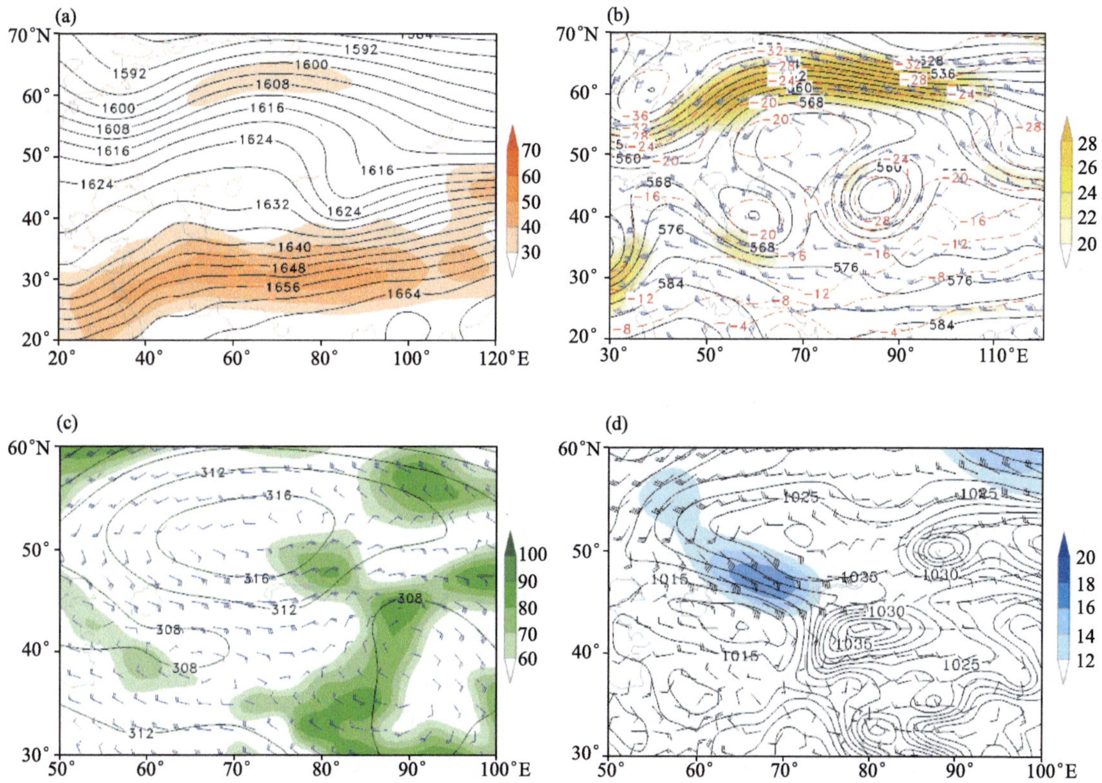

图 3.30　(a)5 月 6 日 08 时 100 hPa 高度场(实线,单位:dagpm),填色区为风速≥30 m/s 的 200 hPa 急流;
(b)500 hPa 高度场(黑实线,单位:dagpm)、风场(填色区,单位:m/s)、温度场(红虚线,单位:℃);
(c)700 hPa 高度场(黑实线,单位:dagpm)、风场(单位:m/s)和相对湿度(填色区,%);
(d)海平面气压(黑实线,单位:hPa)和 850 hPa 风场(填色区,单位:m/s)

3.16　5 月 13 日 20 时至 16 日 20 时北疆暴雨、风口大风、伊犁河谷冰雹

3.16.1　天气实况综述

<table>
<tr><td>天气类型</td><td colspan="2">雨(高山区雪)、大风、冰雹</td><td>过程强度</td><td>中度</td></tr>
<tr><td>天气实况</td><td colspan="4">①雨雪:北疆大部分区域、天山山区、南疆西部山区、昆仑山北坡、哈密市等地出现小雨(高海拔山区为雪)(图 3.31),其中北疆大部分区域、和田地区、巴州、哈密市的局部区域累计降水量 6.1～44.8 mm,最大累计降水中心位于昌吉州木垒县英格堡乡站(图 3.31a)。
②风沙:全疆大部分区域出现 4～5 级西北风,风口风力 10～11 级、阵风 12 级。博州东部、和田地区、巴州北部、吐鲁番市、哈密市的部分区域出现扬沙或沙尘暴。</td></tr>
<tr><td rowspan="4">灾害天气</td><td>暴雨</td><td colspan="3">暴雨站数:共 3 站暴雨,14 日 1 站(伊犁河谷),15 日 2 站(阿勒泰地区 1 站、昌吉州 1 站)。
日最大降雨中心:区域气象站昌吉州木垒县英格堡乡站 41.1 mm(15 日),国家级气象站昌吉州木垒站 17.3 mm(14 日)。
最大小时雨强:区域气象站塔城地区额敏县巴音木扎 1 号站 22.6 mm/h(14 日 16 时 30 分—17 时 30 分),国家级气象站伊犁州察布查尔站 11.4 mm/h(14 日 18—19 时)。
短时强降水:共 4 站(伊犁河谷 1 站、塔城地区 1 站、阿勒泰地区 1 站、昌吉州 1 站)。</td></tr>
<tr><td>大风</td><td colspan="3">全疆共 776 站出现 8 级以上大风,其中 10 级以上 14 站。过程极大风速,区域气象站为博州精河县托里乡乌拉斯台站 34.1 m/s(15 日 02 时),国家站为哈密市伊州区十三间房站 31.3 m/s(15 日 15 时)(图 3.31b)。</td></tr>
<tr><td>沙尘暴</td><td colspan="3">和田地区皮山站出现强沙尘暴,最小能见度为 331 m。</td></tr>
<tr><td>冰雹</td><td colspan="3">伊犁州察布查尔县、尼勒克县、巩留县出现冰雹。</td></tr>
</table>

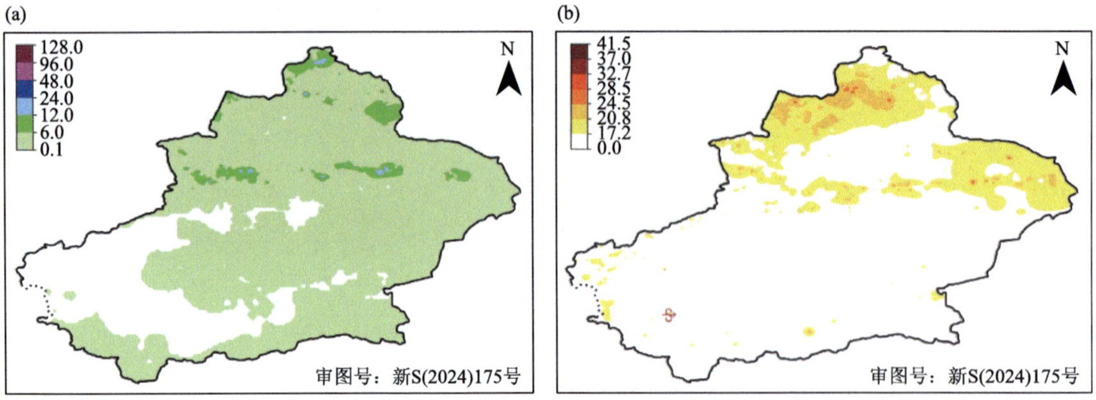

图 3.31 (a)5 月 13 日 20 时至 16 日 20 时过程累计降水量(单位:mm);(b)过程极大风速(单位:m/s)

3.16.2 环流形势

影响系统:100～200 hPa 偏西急流;500 hPa 西西伯利亚低槽、锋区;700～850 hPa 低空急流、切变线、冷锋。

100～200 hPa:新疆处于长波槽前,15 日 08 时北疆偏西急流最大风速 56 m/s(图 3.32a)。

500 hPa:13 日欧亚范围中、高纬度为经向环流,欧洲为高压脊,西西伯利亚为宽广槽区,极锋锋区位于 50°N 附近,乌拉尔山南端为低值中心;中纬度气流相对平直,多波动发展。里海—咸海地区发展浅脊,推动乌拉尔山南端低涡缓慢东移,先分裂短波槽东移影响、后主体减弱进入,造成以南、北疆西部地区为主

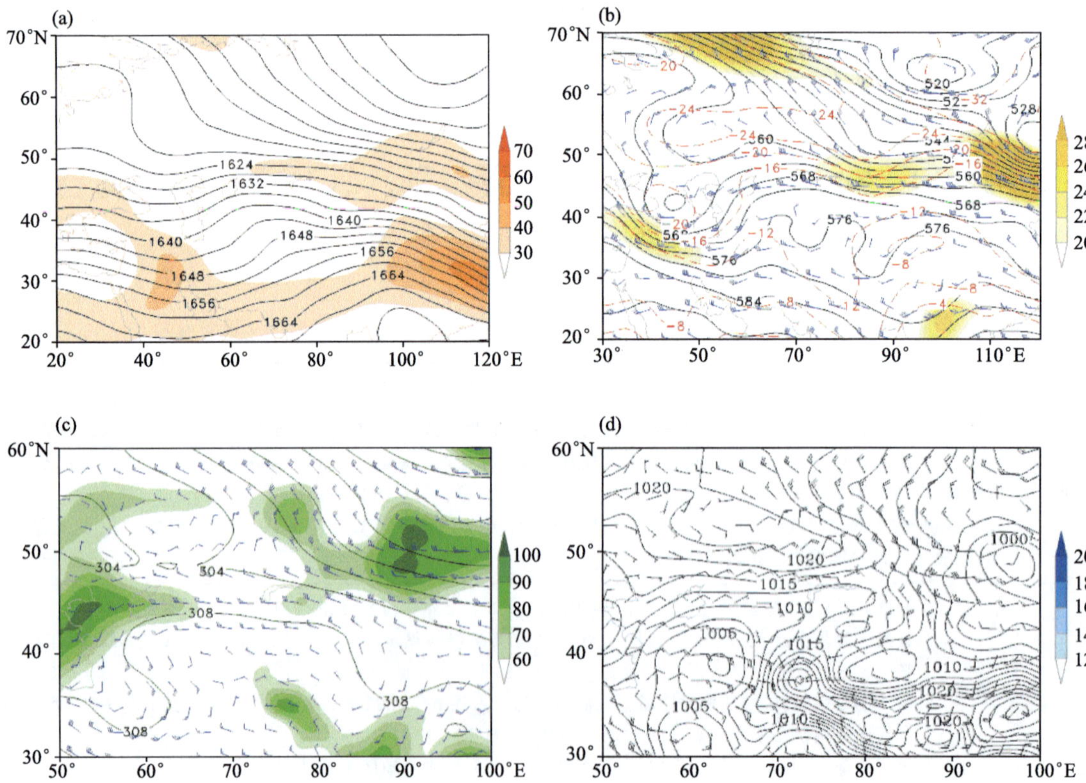

图 3.32 (a)5 月 15 日 08 时 100 hPa 高度场(实线,单位:dagpm),填色区为风速≥30 m/s 的 200 hPa 急流;(b)500 hPa 高度场(黑实线,单位:dagpm)、风场(填色区,单位:m/s)、温度场(红虚线,单位:℃);(c)700 hPa 高度场(黑实线,单位:dagpm)、风场(单位:m/s)和相对湿度(填色区,%);(d)海平面气压(黑实线,单位:hPa)和 850 hPa 风场(填色区,单位:m/s)

的分散性对流降水；15—16 日低涡减弱成槽进入北疆，极锋锋区与中纬度短波槽结合，锋区在天山北坡加强，造成了北疆大部分地区、哈密市的降水大风天气及南疆西部、巴州北部翻山大风与沙尘天气（图 3.32b）。

700～850 hPa：北疆北部 700 hPa（风速 16～20 m/s）和 850 hPa 有低空急流（风速 12～18 m/s），北疆上空有西北风与西风切变，配合地形抬升，有利于伊犁河谷、阿勒泰、天山北坡形成对流降水（图 3.32c）。

地面：中心强度为 1025 hPa 的冷高压沿西方路径东移，与冷锋配合影响北疆（图 3.32d）。

3.17　5 月 18 日 20 时至 20 日 10 时伊犁河谷和天山山区局地暴雨雪、风口大风、南疆盆地沙尘暴

3.17.1　天气实况综述

<table>
<tr><td>天气类型</td><td colspan="2">雨雪、大风、沙尘暴</td><td>过程强度</td><td>中度</td></tr>
<tr><td>天气实况</td><td colspan="4">①降水：北疆西部和北部、天山山区、南疆西部、昆仑山北坡等地出现小雨或雪，其中伊犁河谷山区、博州、乌鲁木齐市南部山区、和田地区南部山区、巴州山区的局部区域累计降水量 6.1～39.8 mm；最大累计降雨中心为新疆生产建设兵团第四师 77 团气象站 39.8 mm，最大累计降雪中心为巴州且末县邦泰采矿厂气象站 20.2 mm（图 3.33a）。
②风沙：北疆西部和北部、天山北坡、南疆西部、巴州、吐鲁番市、哈密市出现 5 级左右西北风，风口风力 10～11 级、阵风 12～13 级。南疆大部分地区、吐鲁番市、哈密市、伊犁河谷、塔城地区的部分区域出现扬沙或沙尘暴。</td></tr>
<tr><td rowspan="4">灾害性天气</td><td>暴雨</td><td colspan="3">暴雨站数：19 日 1 站（新疆生产建设兵团第四师 77 团）。
日最大降雨中心：区域气象站新疆生产建设兵团第四师 77 团站 29.5 mm（19 日），国家级气象站博州博乐市站 4.8 mm（19 日）。
最大小时雨强：区域气象站新疆生产建设兵团第四师 77 团站 16.5 mm/h（19 日 18—19 时），国家级气象站伊犁州新源县站 3.7 mm/h（19 日 04—05 时）。</td></tr>
<tr><td>暴雪</td><td colspan="3">暴雪站数：19 日 1 站（巴州）。
日最大降雪中心：固态站巴州且末县邦泰采矿厂站 15.9 mm（19 日），国家级气象站乌鲁木齐市乌鲁木齐县大西沟站 7.4 mm（19 日）。
最大小时雪强：固态站巴州且末县邦泰采矿厂站 2.9 mm/h（20 日 08—09 时），国家级气象站乌鲁木齐市乌鲁木齐县大西沟站 1.7 mm/h（19 日 14—15 时）。</td></tr>
<tr><td>大风</td><td colspan="3">全疆大部分区域共 687 站出现 8 级以上大风，其中 10 级以上 2 站。过程极大风速，区域气象站为阿克苏地区温宿县大石峡水库站 40.8 m/s（19 日 02 时），国家级气象站为喀什地区喀什市站 27.1 m/s（18 日 21 时）（图 3.33b）。</td></tr>
<tr><td>沙尘暴</td><td colspan="3">策勒、墨玉、于田、洛浦、和田，塔中共 6 站出现沙尘暴，莎车、英吉沙、泽普、民丰、皮山，且末、若羌共 7 站出现强沙尘暴，最小能见度民丰站 209 m。</td></tr>
</table>

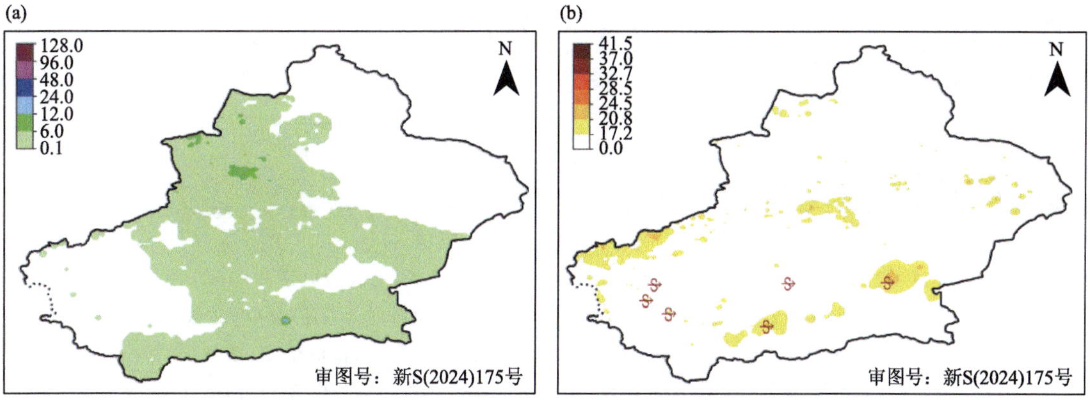

图 3.33　(a)5 月 18 日 20 时至 20 日 10 时过程累计降水量（单位：mm）；(b)过程极大风速（单位：m/s）

3.17.2 环流形势

影响系统:100～200 hPa 偏西急流;500 hPa 中纬度短波槽;700～850 hPa 低空急流、切变线;地面冷锋、暖低压。

100～200 hPa:新疆处于长波槽底部,20 日 02 时 200 hPa 偏西急流核最大风速达 56 m/s(图 3.34a)。

500 hPa:18 日欧亚范围内中、高纬度为三槽两脊的经向环流,欧洲为阻高,里海—咸海为低涡,新疆为弱高压脊,中纬度西风气流较平直。欧洲阻高少动,里海—咸海低涡不断逆时针旋转,其底前部分裂短波槽影响南、北疆西部地区及天山山区,产生降水、大风天气;短波槽沿着天山山脉东移,引导冷空气先翻山、后东灌进入南疆、东疆,造成大范围风沙天气(图 3.34b)。

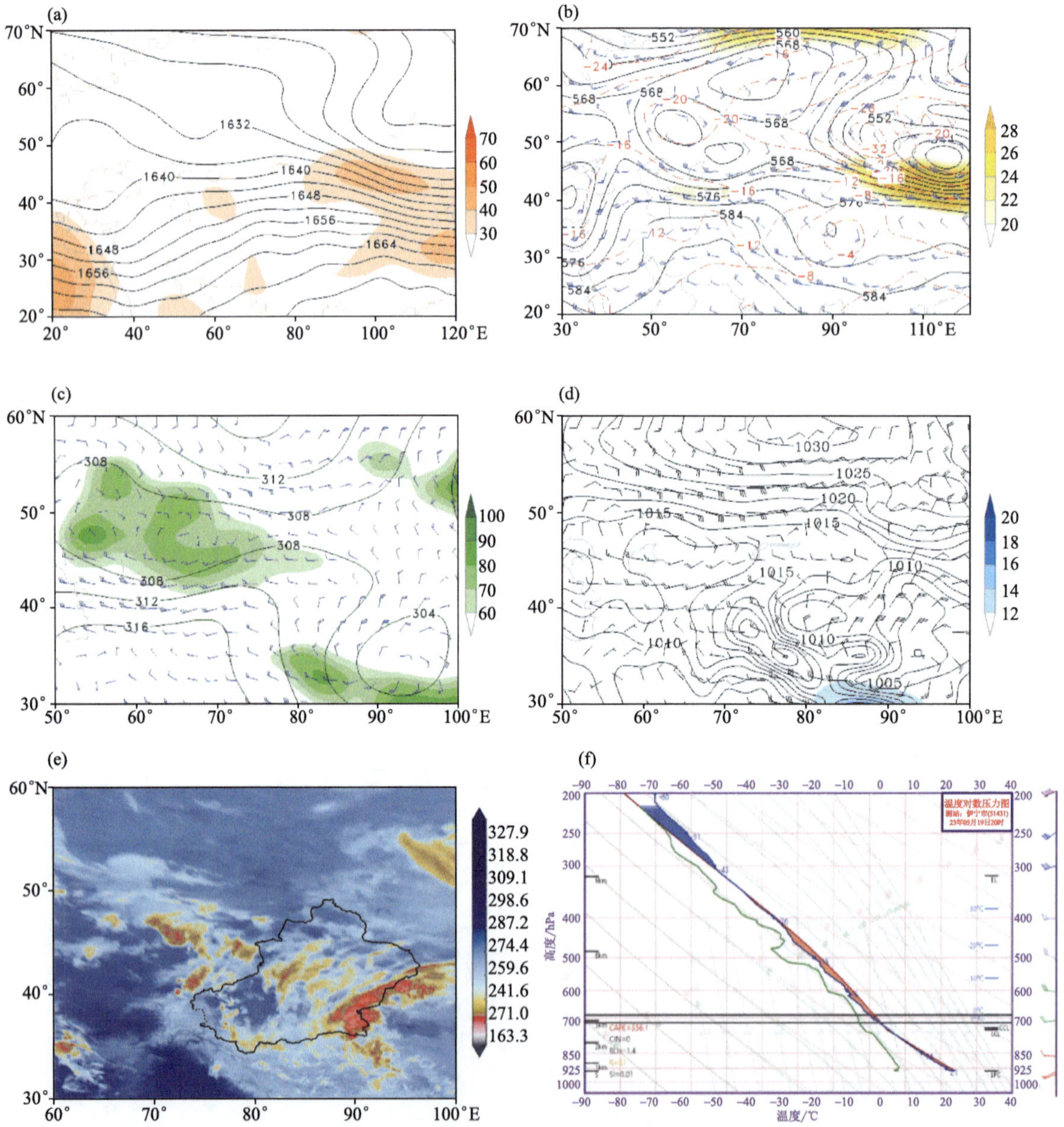

图 3.34 (a)5 月 19 日 20 时 100 hPa 高度场(实线,单位:dagpm),填色区为风速≥30m/s 的 200 hPa 急流;(b)500 hPa 高度场(黑实线,单位:dagpm)、风场(填色区,单位:m/s)、温度场(红虚线,单位:℃);(c)700 hPa 高度场(黑实线,单位:dagpm)、风场(单位:m/s)和相对湿度(填色区,%);(d)海平面气压(黑实线,单位:hPa)和 850 hPa 风场(填色区,单位:m/s);(e) 5 月 19 日 18 时 FY-4A 红外云图(单位:K);(f) 5 月 19 日 20 时伊宁站 T-ln$p$ 图

700～850 hPa：19 日 20 时伊犁河谷 850 hPa 有低空急流（风速＞12 m/s），并伴有弱冷平流。低层有风切变，风速也存在切变，配合其向西开口的喇叭口地形，造成伊犁河谷、天山山区暴雨雪天气（图 3.34c）。

地面：冷锋东移，受天山山脉阻挡，南疆持续受暖低压影响，冷空气东灌进入南疆（图 3.34d）。

云图：天山山区及两侧有明显的低槽云系，伊犁河谷昭苏县有较明显的对流云团移过，最低云顶亮温约 220 K（图 3.34e）。

探空 T-ln$p$：中层湿（400～700 hPa），低层（700～850 hPa）存在不稳定层结，距暴雨中心点最近的伊宁站 19 日 20 时探空站资料显示，K 指数为 31 ℃、SI 指数为 0.01 ℃、CAPE 值为 356.1 J/kg、BLI 指数为 −1.4、$T_{850\text{-}500}$ 为 29 ℃（图 3.34f）。

3.18　5 月 20 日 10 时至 23 日 20 时北疆和东疆局地暴雨、风口大风、南疆和东疆局地沙尘暴、天山北坡和阿克苏地区局地冰雹

3.18.1　天气实况综述

<table>
<tr><td>天气类型</td><td colspan="2">降雨、大风、沙尘暴、冰雹</td><td>过程强度</td><td>中强</td></tr>
<tr><td>天气实况</td><td colspan="4">①降雨：北疆各地、天山山区、哈密市和南疆西部山区、巴州等地的部分区域出现小雨，其中北疆西部和北部、天山山区及北坡、哈密市北部等地的局部区域累计降水量 6.1～69.3 mm，最大累计降水中心为伊犁霍城福寿山气象站（图 3.35a）。
②风沙：北疆大部分区域、南疆山区、巴州、东疆等地出现 4～5 级西北风，风口风力 9～10 级、阵风 12 级。南疆盆地、东疆局部出现扬沙或沙尘暴。</td></tr>
<tr><td rowspan="4">灾害性天气</td><td>暴雨</td><td colspan="3">暴雨站数：共 33 站，20 日 6 站（伊犁河谷 2 站、博州 1 站、塔城地区 1 站、阿克苏地区 2 站），21 日 4 站（博州 2 站、克拉玛依市 1 站、阿克苏地区 1 站），22 日 23 站（伊犁河谷 5 站、阿勒泰地区 1 站、昌吉州 3 站、哈密市 14 站）。
日最大降雨中心：区域气象站为阿克苏地区温宿县塔村旅游度假区站 44.5 mm（21 日），国家级气象站为哈密市巴里坤县站 32.3 mm（22 日）。
最大小时雨强：区域气象站为新疆兵团第六师 106 团五家渠市站 28.5 mm/h（21 日 23 时—22 日 00 时），国家级气象站为伊犁州伊宁县站 11.2 mm/h（22 日 18—19 时）。
短时强降水：共 9 站（伊犁河谷 4 站、克拉玛依市 1 站、昌吉州 1 站、五家渠市 1 站、阿克苏地区 1 站、哈密市 1 站）。</td></tr>
<tr><td>大风</td><td colspan="3">全疆共 985 站出现 8 级及以上大风，其中 10 级以上共 11 站。过程极大风速，区域气象站为哈密市伊州区雅满苏镇博站 34.7 m/s（23 日 02 时），国家级气象站为博州阿拉山口市站 26.0 m/s（21 日 19 时）（图 3.35b）。</td></tr>
<tr><td>沙尘暴</td><td colspan="3">南疆塔里木盆地和东疆共出现 20 站沙尘暴，其中和田地区洛浦、民丰、策勒、于田、皮山，巴州塔中站共 6 站强沙尘暴，最小能见度出现在洛浦站 168 m。</td></tr>
<tr><td>冰雹</td><td colspan="3">博州精河县，石河子市莫索湾、乌兰乌苏，昌吉州玛纳斯县，阿克苏地区阿克苏市、新和县出现冰雹。</td></tr>
<tr><td>灾情</td><td colspan="4">5 月 21 日，博州精河县出现冰雹和强降雨，造成棉花等农作物受灾。
5 月 21 日，石河子市炮台、昌吉州玛纳斯县，阿克苏地区阿克苏市、新和县出现冰雹，造成农作物受灾。
5 月 22 日，乌鲁木齐市局地出现暴雨洪涝，造成人员受灾、牲畜损失。
5 月 22 日，石河子市乌兰乌苏、莫索湾出现冰雹，造成农作物受灾。</td></tr>
</table>

3.18.2　环流形势

影响系统：100～200 hPa 偏西急流；500 hPa 中亚低槽、中纬度锋区；700～850 hPa 切变线；地面冷高压、冷锋。

100～200 hPa：新疆受长波槽控制，5 月 22 日 08 时 200 hPa 偏西急流核最大风速达 52 m/s（图 3.36a）。

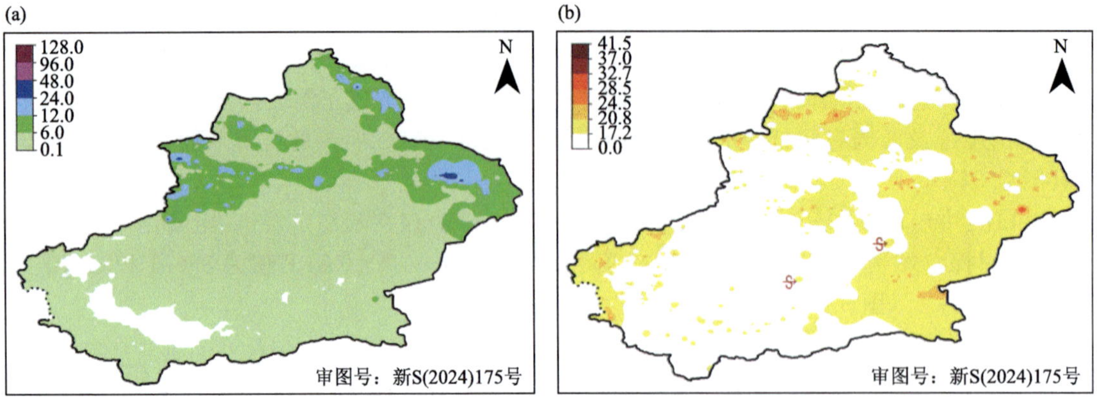

图 3.35 (a)5 月 20 日 10 时至 23 日 20 时过程累计降水量(单位:mm);(b)过程极大风速(单位:m/s)

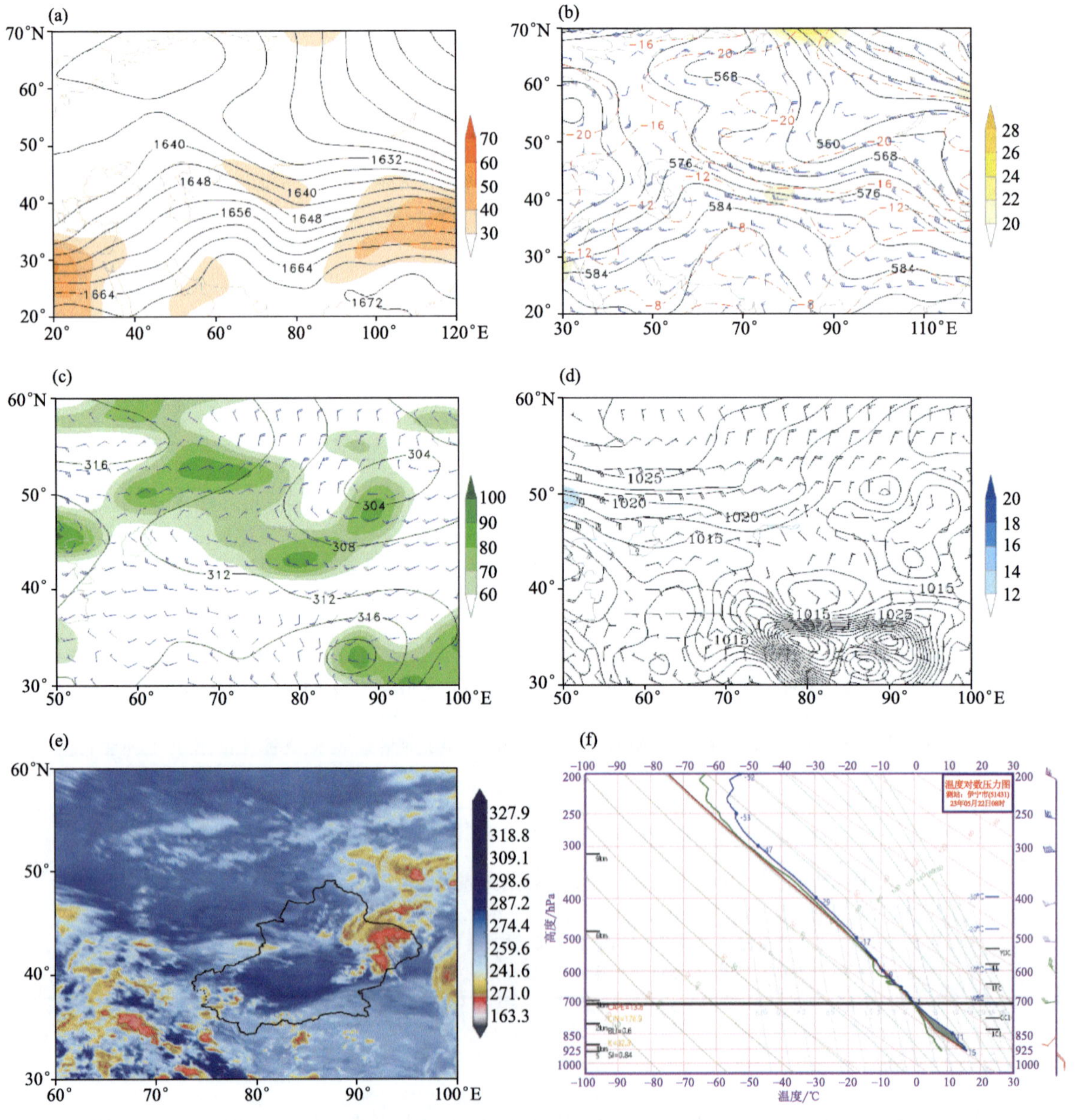

图 3.36 (a)5 月 22 日 08 时 100 hPa 高度场(实线,单位:dagpm),填色区为风速≥30 m/s 的 200 hPa 急流;(b)500 hPa 高度场(黑实线,单位:dagpm)、风场(填色区,单位:m/s)、温度场(红虚线,单位:℃);(c)700 hPa 高度场(黑实线,单位:dagpm)、风场(单位:m/s)和相对湿度(填色区,%);(d)海平面气压(黑实线,单位:hPa)和 850 hPa 风场(填色区,单位:m/s);(e) 5 月 22 日 16 时 FY-4A 红外云图(单位:K);(f) 5 月 22 日 08 时伊宁站 T-ln$p$ 图

500 hPa：19 日欧亚范围中纬度多短波槽活动，咸海北部和东北地区为低涡，蒙古高原至鄂霍次克海为宽广低压槽，新疆大部分区域受弱高压脊控制，20 日上游低槽东移与蒙古高原西退冷空气在新疆以北结合为低涡并使得北疆西部锋区加强，低涡不断逆时针旋转分裂短波槽，造成了北疆大部分区域的多阵性降水、大风和强对流天气；短波槽东移南压过程中引导冷空气在南疆西部翻山，南疆东部、东疆受冷空气东灌影响，造成南疆和东疆风沙天气(图 3.36b)。

700～850 hPa：北疆西部 700 hPa 和 850 hPa 存在偏西风与西南风(北疆西部)和西北风与偏西风的切变线(东疆)。弱冷平流配合地形抬升，有利于北疆西部、天山山区及北坡、东疆形成降雨和强对流天气(图 3.36c)。

地面：冷高压中心一直维持在蒙古国稳定少动，新疆一直受高压控制，20 日 20 时暖低压逐渐伸入南疆，造成南、北疆高低压差大，有利于翻山风涌入(图 3.36d)。

云图：哈密市有明显的低槽云系，最低云顶亮温约 210 K(图 3.36e)。

探空 T-ln$p$：整层湿，低层(600～700 hPa)存在弱不稳定层结，对流参数中，距暴雨中心点最近的伊宁站 22 日 08 时探空站资料显示，K 指数为 32 ℃、SI 指数为 0.84 ℃、CAPE 值为 13.8J/kg、BLI 指数为 0.6、$T_{850-500}$ 为 28 ℃(图 3.36f)。

3.19　5 月 24 日 08 时至 28 日 20 时南疆暴雨、风口大风、喀什地区和阿克苏地区局地冰雹

3.19.1　天气实况综述

<table>
<tr><td>天气类型</td><td colspan="2">降雨、大风、沙尘暴、冰雹</td><td>过程强度</td><td>中强</td></tr>
<tr><td>天气实况</td><td colspan="4">①降雨：北疆西部和北部、天山山区及北坡、南疆西部和巴州、吐鲁番市北部山区、哈密市北部等地出现小雨，南疆西部、和田地区的部分区域和北疆西部及北部、天山山区的局地累计降水量 6.1～74.4 mm，最大累计降水中心位于策勒县博斯坦乡水库气象站(图 3.37a)。
②大风：南、北疆和东疆大部分区域出现 4～5 级西北风，风口风力 9～10 级、阵风 11 级。</td></tr>
<tr><td rowspan="4">灾害天气</td><td>暴雨</td><td colspan="3">暴雨站数：共 13 站。26 日 3 站(和田地区)，27 日 10 站(喀什地区 2 站、和田地区 1 站、巴州 7 站)。
日最大降雨中心：区域气象站巴州且末县奥依拉克镇莫勒切河水库站 34.0 mm(27 日)，国家级气象站和田地区于田站 11.2 mm(27 日)。
最大小时雨强：区域气象站阿克苏地区拜城县老虎台木扎提河三级水电站站 30.3 mm/h(28 日 14—15 时)，国家级气象站喀什地区伽师站 4.6 mm/h(26 日 19—20 时)。
短时强降水：共 4 站(喀什地区 2 站、阿克苏地区 2 站)。</td></tr>
<tr><td>大风</td><td colspan="3">全疆共 734 站出现 8 级及以上大风。过程极大风速，区域气象站为博州博乐市青得里镇保尔德三级电站站 27.7 m/s(25 日 19 时)，国家级气象站为博州阿拉山口市站 21.7 m/s(28 日 16 时)(图 3.37b)。</td></tr>
<tr><td>沙尘暴</td><td colspan="3">泽普、和田、洛浦、皮山、墨玉、策勒共 6 站沙尘暴，且末站强沙尘暴，最小能见度出现在且末站，为 251 m。</td></tr>
<tr><td>冰雹</td><td colspan="3">5 月 26 日 16 时，喀什地区麦盖提县出现冰雹。
5 月 27 日 20 时至 28 日 20 时，阿克苏地区库车市局地冰雹。</td></tr>
<tr><td>灾情</td><td colspan="4">5 月 26 日 16 时，喀什地区麦盖提县出现冰雹，造成农作物受灾。
5 月 27 日至 28 日，阿克苏地区库车市出现暴雨和局地冰雹，造成农作物受灾。</td></tr>
</table>

3.19.2　环流形势

影响系统：100～200 hPa 偏西急流；500 hPa 西西伯利亚低涡(低槽)、中纬度短波槽、中纬度锋区；700～850 hPa 偏西急流、切变线；地面冷高压和冷锋。

100～200 hPa：新疆受长波槽控制，5 月 27 日 20 时 200 hPa 偏西急流核最大风速达 54 m/s(图 3.38a)。

500 hPa：23 日 08 时开始，500 hPa 欧亚范围中、高纬度为两槽一脊的经向环流，欧洲中西部和西伯利亚

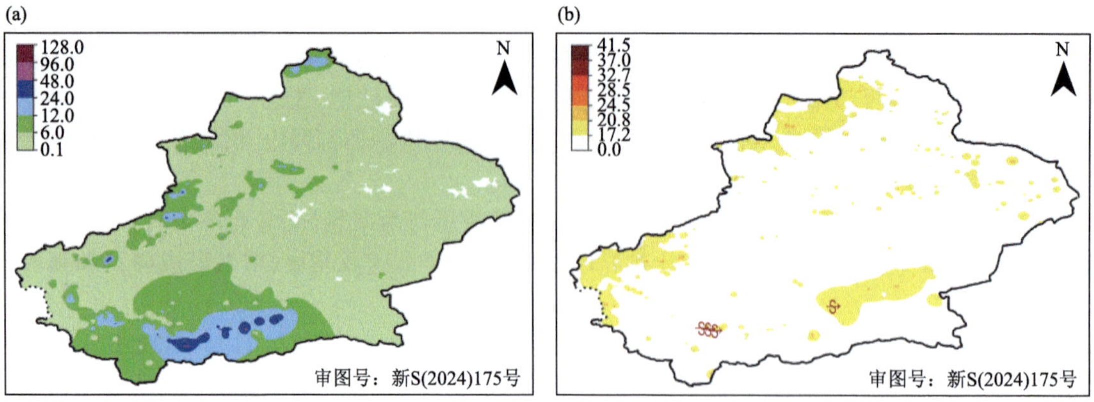

图 3.37 (a)5 月 24 日 08 时至 28 日 20 时过程累计降水量(单位:mm);(b)过程极大风速(单位:m/s)

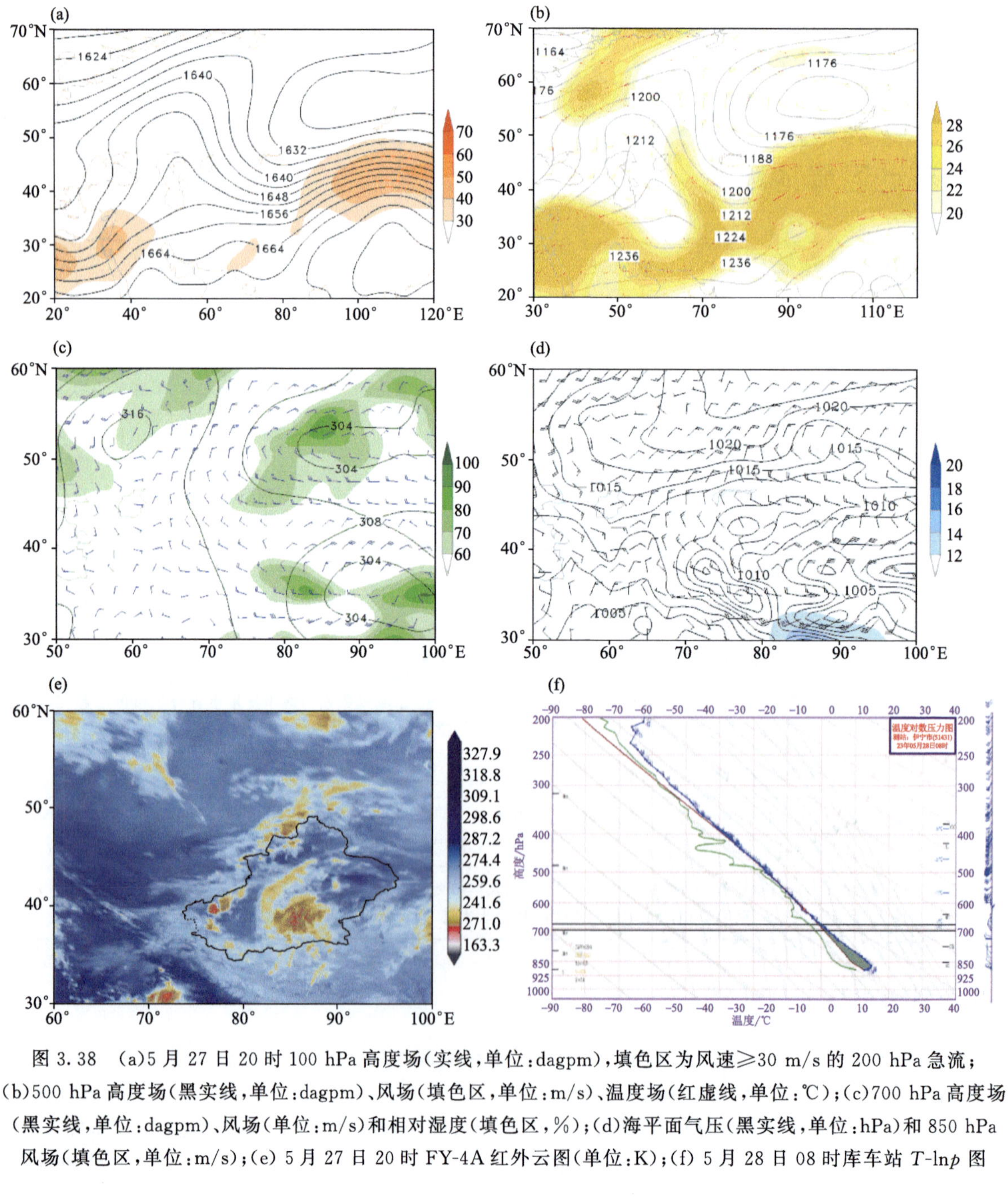

图 3.38 (a)5 月 27 日 20 时 100 hPa 高度场(实线,单位:dagpm),填色区为风速≥30 m/s 的 200 hPa 急流;(b)500 hPa 高度场(黑实线,单位:dagpm)、风场(填色区,单位:m/s)、温度场(红虚线,单位:℃);(c)700 hPa 高度场(黑实线,单位:dagpm)、风场(单位:m/s)和相对湿度(填色区,%);(d)海平面气压(黑实线,单位:hPa)和 850 hPa 风场(填色区,单位:m/s);(e) 5 月 27 日 20 时 FY-4A 红外云图(单位:K);(f) 5 月 28 日 08 时库车站 T-ln$p$ 图

为低值活动区，里海至乌拉尔山为高压脊控制；中亚南侧为低槽活动区，这种形势维持时间较长至 28 日 20 时；中亚南侧低槽前的西南暖湿气流为南疆的降水提供了充沛的水汽条件。里海高压脊和乌拉尔山高压脊发展东北伸，引导北方冷空气南下，推动西西伯利亚低涡底部低槽南下，共同作用造成了此次天气过程(图 3.38b)。

700～850 hPa：昆仑山北坡 850 hPa 有低空急流(风速 12～16 m/s)，强降雨时南疆盆地东部有东风灌入，中、低层弱冷空气从西部翻山进入南疆盆地，东、西风切变配合地形强迫抬升，有利于和田地区产生降水(图 3.38c)。

地面：中心强度为 1042.5 hPa 的冷高压沿西方路径进入北疆(图 3.38d)。

云图：巴州有明显的低压槽云系，喀什地区喀什市附近有较明显的对流云团生成并移过，最低云顶亮温约 210 K(图 3.38e)。

探空 T-ln$p$：中低层(500～700 hPa)湿，中低层(500～700 hPa)存在弱不稳定层结，对流参数中，暴雨中心点最近的库车站 28 日 08 时探空站资料显示，K 指数为 30 ℃、SI 指数为 0.4 ℃、CAPE 值为 29.5 J/kg、BLI 指数为 0.9、$T_{850\text{-}500}$ 为 30.0 ℃(图 3.38f)。

3.20　6 月 5 日 08 时至 15 日 20 时全疆高温天气

3.20.1　天气实况综述

天气类型	高温	过程强度	强
天气实况	持续时间：11 d 高温范围：全疆日最高气温 1424 站≥35 ℃，其中 1087 站≥37 ℃、407 站≥40 ℃、26 站≥45 ℃；国家级气象站日最高气温 83 站≥35 ℃，其中 64 站≥37 ℃、20 站≥40 ℃、3 站≥45 ℃(图 3.39a)。 单日最大范围：10 日，全疆日最高气温 1264 站≥35 ℃，其中 819 站≥37 ℃、285 站≥40 ℃、18 站≥45 ℃，国家级气象站日最高气温 72 站≥35 ℃，其中 45 站≥37 ℃、15 站≥40 ℃、2 站≥45 ℃(图 3.39b)。 高温极值：吐鲁番市高昌区三堡乡站 49.3 ℃(11 日 19 时 37 分)。 突破极值：察布查尔、精河、塔城、额敏、裕民、托里、和布克赛尔，石河子、莫索湾、炮台、乌兰乌苏、达坂城、玛纳斯、阿克苏、库尔勒、焉耆 16 站日最高气温破 6 月历史极值。		
灾情	6 月 5 日至 12 日，阿勒泰地区阿勒泰市、布尔津县、哈巴河县、吉木乃县、青河县、富蕴县 6 县出现融雪型洪水，造成防洪堤坝损毁。		

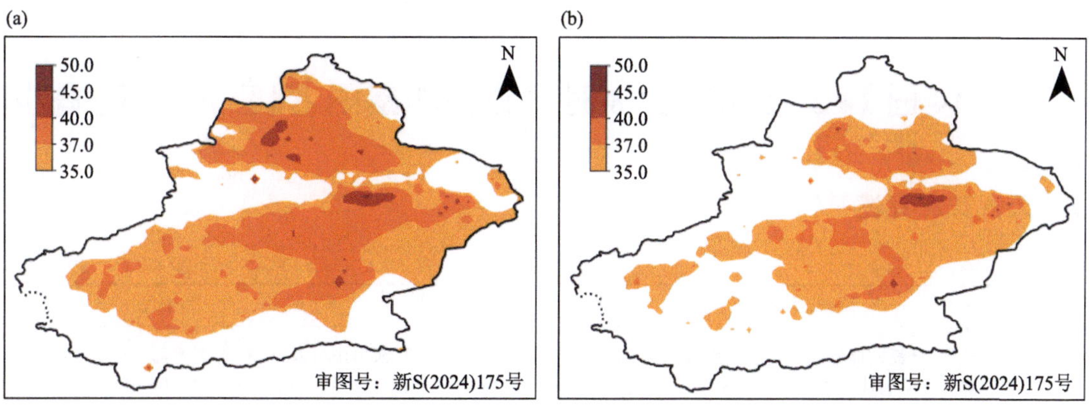

图 3.39　(a)6 月 5 日 08 时至 15 日 20 时过程最高气温(单位：℃)；(b)6 月 10 日最高气温(单位：℃)

3.20.2　环流形势

影响系统：500 hPa 伊朗副热带高压(简称伊朗副高)、西太平洋副热带高压(简称西太副高)、新疆脊。

100～200 hPa：南亚高压呈单体型，高压脊主体偏强(图 3.40a)。

500 hPa:乌拉尔山为低压槽活动区,新疆至泰米尔半岛为高压脊控制,伊朗副高北上东扩,至 14 日 584 dagpm 等值线控制南疆南部,后期新疆处于高压脊控制下,伊朗副高稳定少动(图 3.40b)。

700～850 hPa:新疆上空暖脊强烈发展,13 日 20 时,700 hPa 南疆、东疆上升至 16 ℃;850 hPa,北疆大部分地区气温上升至 24 ℃,南疆和东疆上升至 28 ℃(图 3.40c)。

地面:海平面气压场呈东高西低形态,全疆大部分地区持续降压。16 日,西西伯利亚低值系统东移影响新疆,高温过程结束(图 3.40d)。

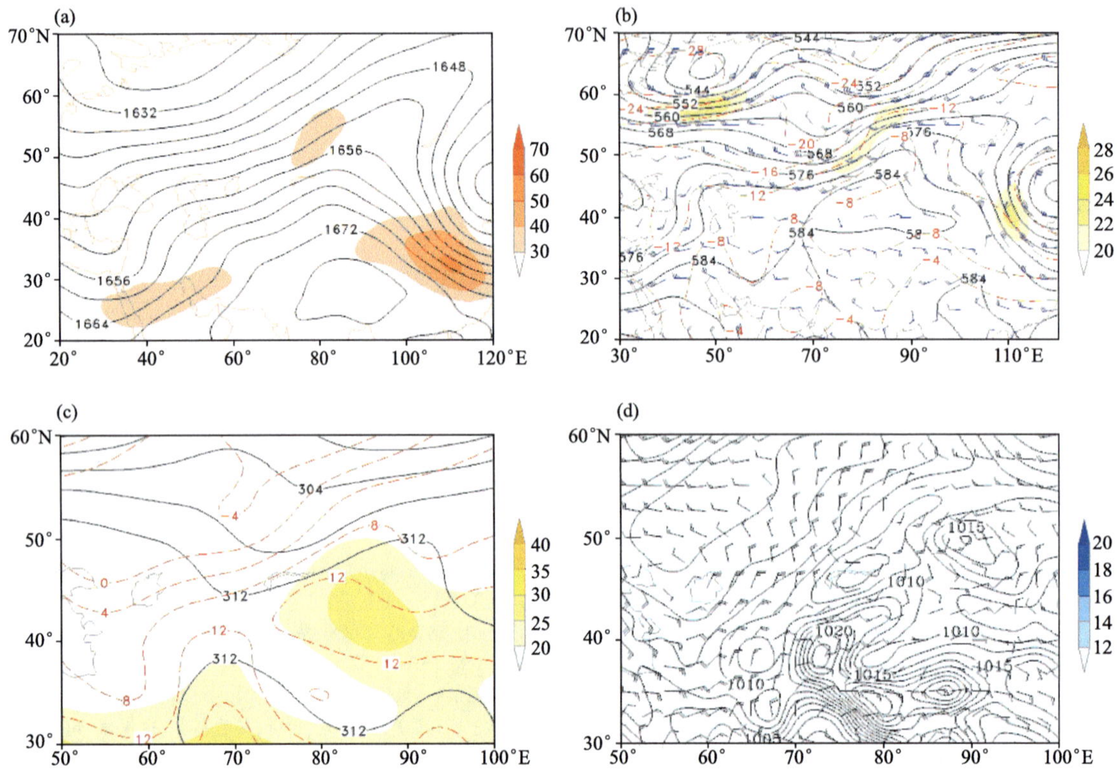

图 3.40 (a)6 月 10 日 08 时 100 hPa 高度场(实线,单位:dagpm),填色区为风速≥30 m/s 的 200 hPa 急流;(b)500 hPa 高度场(黑实线,单位:dagpm)、风场(填色区,单位:m/s)、温度场(红虚线,单位:℃);(c)700 hPa 高度场(黑实线,单位:dagpm)、温度场(红虚线,单位:℃)和 850 hPa 温度场(填色区,单位:℃);(d)海平面气压(黑实线,单位:hPa)和 850 hPa 风场(填色区,单位:m/s)

3.21 6 月 14 日 14 时至 17 日 08 时北疆西部暴雨、风口大风、南疆沙尘暴

3.21.1 天气实况综述

天气类型	降雨、大风、沙尘暴	过程强度	中强
天气实况	①降雨:全疆大部分地区出现小雨(高海拔山区为雪),其中北疆西部、天山山区及两侧、南疆西部山区、昆仑山北坡等地的部分区域累计降水量 6.1～50.7 mm,最大累计降雨中心位于巴州和静县巴音布鲁克镇桥霍特铜矿气象站(图 3.41a)。 ②风沙:北疆北部、南疆、巴州、东疆出现 8 级左右西北风,风口风力 11～12 级;南疆盆地中东部出现 5～6 级偏东风、阵风 8～9 级。和田地区、巴州的部分地区出现沙尘天气,局地沙尘暴。		
灾害天气	暴雨	暴雨站数:共 24 站,15 日 23 站(伊犁河谷、巴州),16 日 1 站(昌吉州)。 日最大降雨中心:区域气象站巴州和静县巴音布鲁克镇桥霍特铜矿站(15 日)50.4 mm,国家级气象站巴州巴音布鲁克站(15 日)33.2 mm。	

续表

灾害天气	暴雨	最大小时雨强：区域气象站伊犁州伊宁县喀拉亚尕奇乡吉尔格朗村站 25 mm/h(15 日 18—19 时)，国家级气象站伊犁州特克斯站 8.1 mm/h(14 日 16—17 时)。 短时强降水：2 站(伊犁州伊宁县 2 站)。
	大风	北疆西部和北部、天山山区、南疆、东疆共 716 站出现 8 级以上大风，其中 10 级以上 71 站、12 级以上 4 站。过程极大风速，区域气象站为巴州和静县和静镇黄水沟站 34.1 m/s(16 日 03 时)，国家级气象站为哈密市十三间房站 29.7 m/s(16 日 01 时)(图 3.41b)。
	沙尘暴	和田、墨玉、于田、民丰、轮台、塔中 6 站沙尘暴，洛浦、且末、铁干里克、皮山 4 站强沙尘暴，最小能见度洛浦站 141 m。

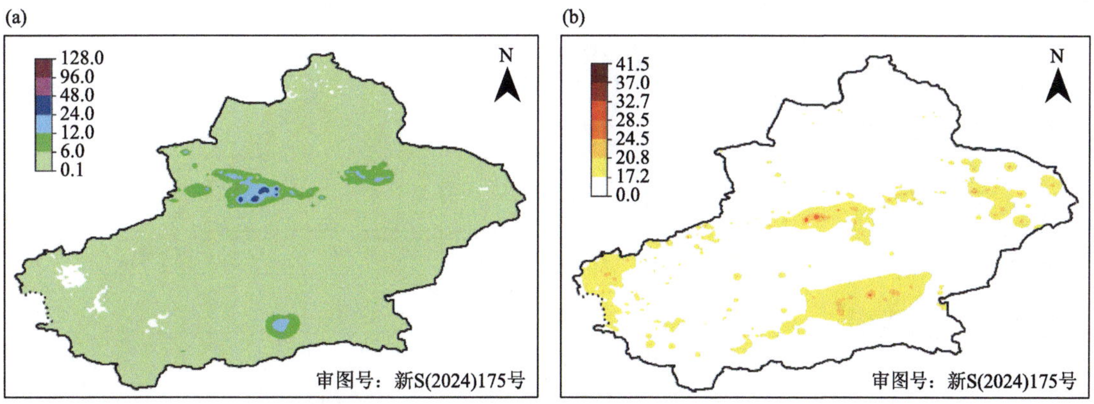

图 3.41　(a)6 月 14 日 14 时至 17 日 08 时过程累计降水量(单位：mm)；(b)过程极大风速(单位：m/s)

3.21.2　环流形势

影响系统：100～200 hPa 偏西急流；500 hPa 西西伯利亚低压槽、短波槽；700～850 hPa 切变线；地面辐合线。

100～200 hPa：200 hPa 急流最大风速达 50 m/s(图 3.42a)。

500 hPa：14 日，500 hPa 欧亚范围中、高纬度为两脊两槽的环流形势，西西伯利亚地区为低压槽区，随着里海—咸海地区长脊、西西伯利亚低槽发展南伸至巴湖以南，受下游高压脊阻挡，低压槽南段移动缓慢，槽底不断分裂短波东移影响新疆地区，造成此次全疆大部分地区降水、南疆风沙的天气过程(图 3.42b)。

700～850 hPa：15 日 08 时 700 hPa 南疆由西北风与偏东风切变转为弱气旋型环流(图 3.42c)。

地面：地面冷高压前沿进入北疆西部，伊犁河谷存在东北风与西北风的辐合线(图 3.42d)。

云图：15 日 18 时，伊犁河谷境内有中小尺度对流云系发展，云顶亮温最低约为 220 K(图 3.42e)。

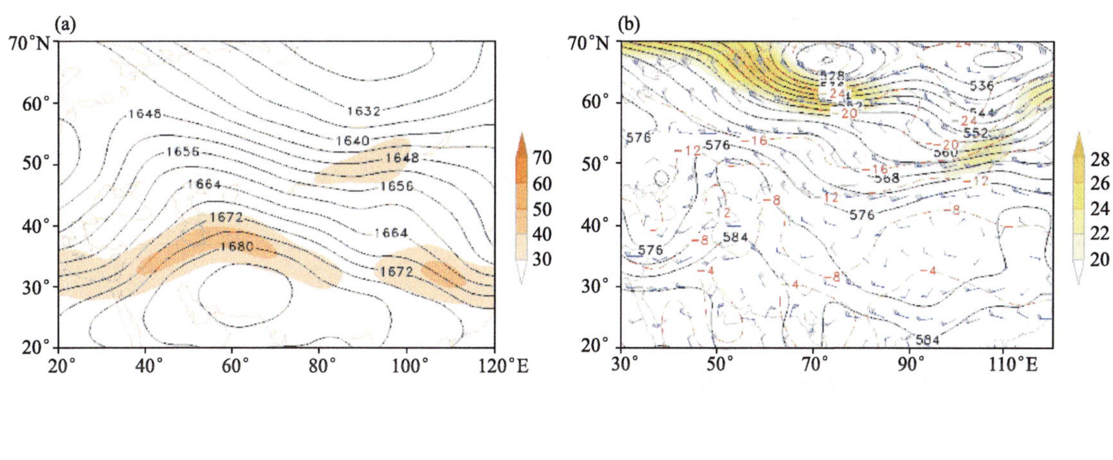

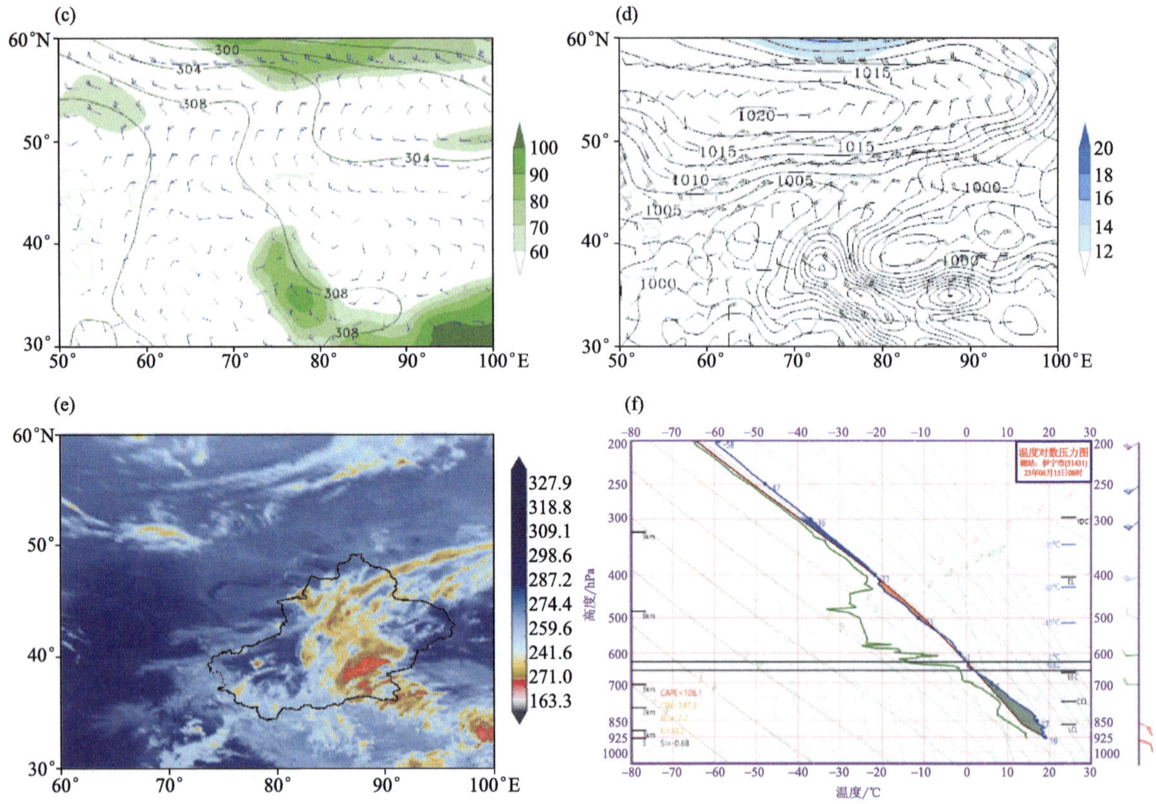

图 3.42 (a)6月14日20时100 hPa高度场(实线,单位:dagpm),填色区为风速≥30 m/s的200 hPa急流;
(b)500 hPa高度场(黑实线,单位:dagpm)、风场(填色区,单位:m/s)、温度场(红虚线,单位:℃);
(c)700 hPa高度场(黑实线,单位:dagpm)、风场(单位:m/s)和相对湿度(填色区,%);
(d)海平面气压(黑实线,单位:hPa)和850 hPa风场(填色区,单位:m/s);
(e)6月15日18时FY-4A红外云图(单位:K);(f)6月15日08时伊宁站 T-ln$p$ 图

探空 T-ln$p$:中低层湿度较大,离暴雨点最近的探空站伊宁站的资料显示,CAPE值为106.1 J/kg、K指数为33.2 ℃、SI指数为−0.68 ℃、BLI指数为−2.2 ℃、CIN指数为247.3 ℃。

3.22 6月17日14时至21日20时全疆高温天气

3.22.1 天气实况综述

天气类型	高温	过程强度	中度
天气实况	持续时间:5 d。 高温范围:全疆日最高气温1042站≥35 ℃,其中554站≥37 ℃、76站≥40 ℃、6站≥45 ℃;国家级气象站日最高气温63站≥35 ℃,其中27站≥37 ℃、6站≥40 ℃(图3.43a)。 单日最大范围:19日,全疆日最高气温791站≥35 ℃,其中345站≥37 ℃、56站≥40 ℃、3站≥45 ℃,国家级气象站日最高气温48站≥35 ℃,其中17站≥37 ℃、5站≥40 ℃(图3.43b)。 高温极值:吐鲁番市高昌区三堡乡站46.1 ℃(20日14时53分)。		

3.22.2 环流形势

影响系统:500 hPa伊朗副高、新疆脊。

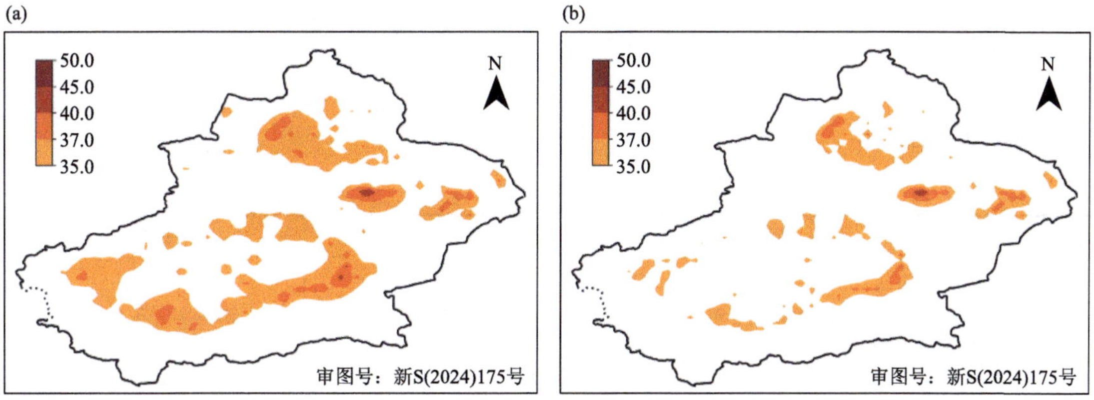

图 3.43　(a)6 月 17 日 14 时至 21 日 20 时过程最高气温(单位:℃);(b)6 月 19 日最高气温(单位:℃)

100～200 hPa:南亚高压呈带状分布(图 3.44a)。

500 hPa:17 日至 21 日,500 hPa 乌拉尔山为低压槽活动区,新疆为高压脊控制,伊朗副高北上东扩,17 日 584 dagpm 等值线控制南疆南部,后期伊朗副高稳定少动(图 3.44b)。

700～850 hPa:新疆上空暖脊强烈发展,19 日 20 时,700 hPa 南疆、东疆上升至 14 ℃;850 hPa,北疆大部分区域气温上升至 28 ℃,南疆和东疆地区上升至 32 ℃(图 3.44c)。

地面:海平面气压场呈东高西低、北高南低,全疆大部分地区持续降压。22 日,西西伯利亚低值系统东移影响新疆西部,高温过程结束(图 3.44d)。

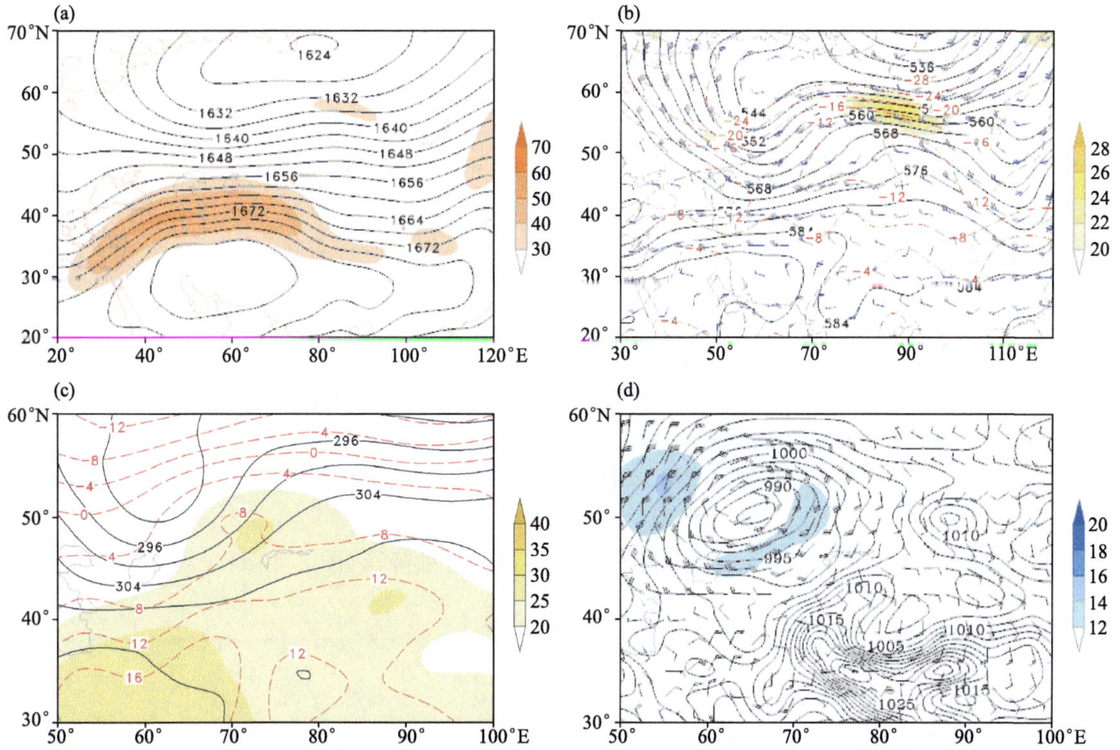

图 3.44　(a)6 月 19 日 08 时 100 hPa 高度场(实线,单位:dagpm),填色区为风速≥30 m/s 的 200 hPa 急流;(b)500 hPa 高度场(黑实线,单位:dagpm)、风场(填色区,单位:m/s)、温度场(红虚线,单位:℃);(c)700 hPa 高度场(黑实线,单位:dagpm)、温度场(红虚线,单位:℃)和 850 hPa 温度场(填色区,单位:℃);(d)海平面气压(黑实线,单位:hPa)和 850 hPa 风场(填色区,单位:m/s)

3.23 6 月 21 日 20 时至 25 日 20 时南疆、东疆高温天气

3.23.1 天气实况综述

天气类型	高温	过程强度	中度
天气实况	持续时间:5 d。 高温范围:全疆日最高气温 664 站≥35 ℃,其中 374 站≥37 ℃、63 站≥40 ℃;国家级气象站日最高气温 35 站≥35 ℃,其中 25 站≥37 ℃、4 站≥40 ℃(图 3.45a)。 单日最大范围:21 日,全疆日最高气温 689 站≥35 ℃,其中 313 站≥37 ℃、35 站≥40 ℃,国家级气象站日最高气温 42 站≥35 ℃,其中 20 站≥37 ℃、3 站≥40 ℃(图 3.45b)。 高温极值:吐鲁番市高昌区沙漠植物园气象站 43.9 ℃(23 日 16 时 32 分)。		

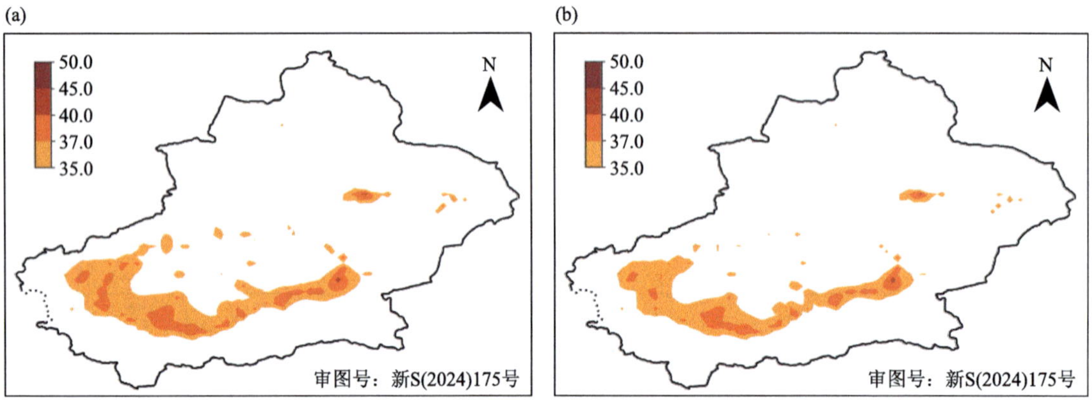

图 3.45 (a)6 月 21 日 20 时至 25 日 20 时过程最高气温(单位:℃);(b)6 月 21 日最高气温(单位:℃)

3.23.2 环流形势

影响系统:500 hPa 伊朗副高、新疆脊。

100～200 hPa:南亚高压呈带状分布(图 3.46a)。

500 hPa:西太副高西伸北挺,与伊朗副高同位相叠加,至 14 日 584 dagpm 等值线控制南疆南部,后期伊朗副高稳定少动,新疆处于高压脊控制下(图 3.46b)。

700～850 hPa:新疆上空暖脊强烈发展,23 日 20 时,700 hPa 南疆、东疆上升至 16 ℃;850 hPa,北疆大部分区域气温上升至 24 ℃,南疆和东疆地区上升至 28 ℃(图 3.46c)。

地面:海平面气压场呈“东高西低”形势,全疆大部分地区持续降压(图 3.46d)。

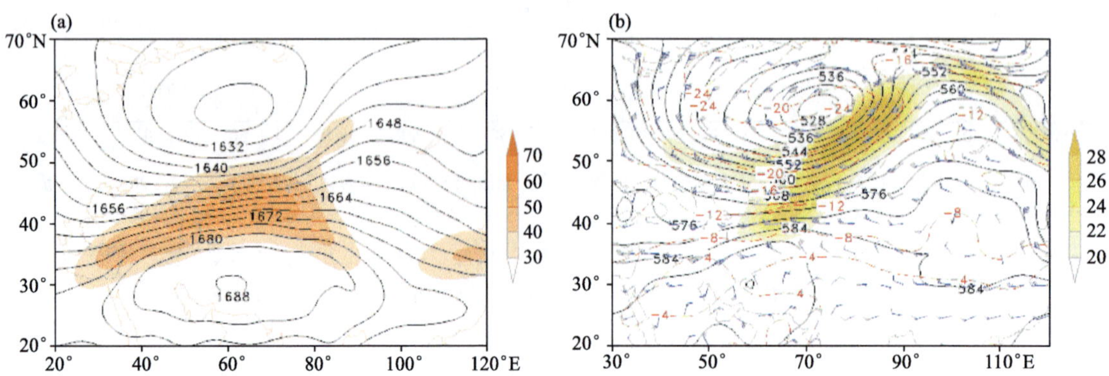

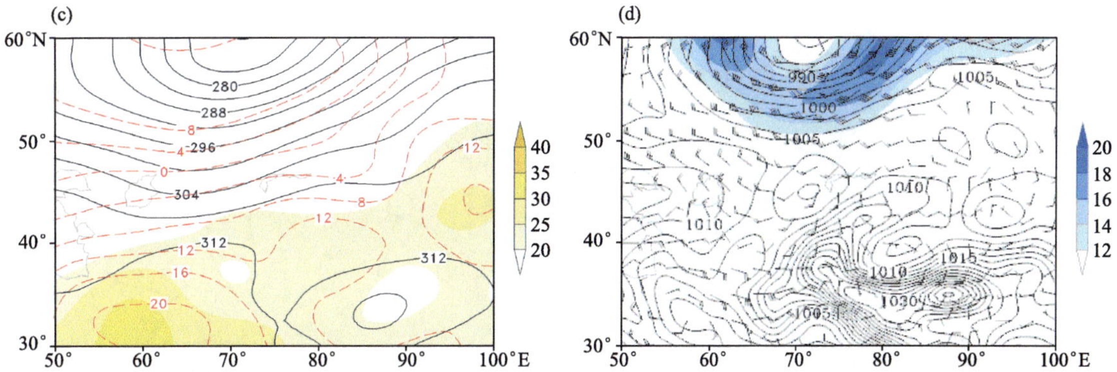

图 3.46　(a)6 月 21 日 08 时 100 hPa 高度场(实线,单位:dagpm),填色区为风速≥30 m/s 的 200 hPa 急流;(b)500 hPa 高度场(黑实线,单位:dagpm)、风场(填色区,单位:m/s)、温度场(红虚线,单位:℃);(c)700 hPa 高度场(黑实线,单位:dagpm)、温度场(红虚线,单位:℃)和 850 hPa 温度场(填色区,单位:℃);(d)海平面气压(黑实线,单位:hPa)和 850 hPa 风场(填色区,单位:m/s)

3.24　6 月 23 日 20 时至 27 日 14 时北疆西部天山山区局地暴雨、风口大风、南疆盆地局地沙尘暴、博州石河子市和阿勒泰地区局地冰雹

3.24.1　天气实况综述

<table>
<tr><td>天气类型</td><td colspan="2">降雨、大风、沙尘暴、冰雹</td><td>过程强度</td><td>中度</td></tr>
<tr><td>天气实况</td><td colspan="4">①降雨:北疆大部分区域、天山山区和南疆西部、和田地区南部、巴州北部、吐鲁番市山区、哈密市的部分区域小雨,其中北疆西部、天山山区及北坡的部分区域和阿勒泰地区、南疆西部山区、巴州北部山区、哈密市北部山区的局部区域累计降水量 6.1～68.5 mm,最大累计降雨中心位于五家渠市新疆生产建设兵团第六师奇台农场—万泉气象站(图 4.47a)。
②风沙:北疆大部分区域、南疆西部、巴州、东疆出现 5～6 级西北风,风口风力 10～11 级、阵风 12 级;南疆盆地东部出现 5 级左右偏东风、阵风 8～9 级。和田地区、巴州南部的部分区域和吐鲁番市、喀什地区的局部区域出现沙尘暴。</td></tr>
<tr><td rowspan="4">灾害性天气</td><td>暴雨</td><td colspan="3">暴雨站数:共 11 站,24 日 6 站暴雨(伊犁河谷、博州、昌吉州、五家渠市),26 日 4 站暴雨,其中 1 站大暴雨(伊犁河谷),27 日 1 站暴雨(哈密市)。
日最大降雨中心:区域气象站伊犁州新源县吐尔根乡站(26 日)54.1 mm,国家级气象站乌鲁木齐市小渠子站(24 日)20.7 mm。
最大小时雨强:区域气象站五家渠市新疆生产建设兵团第六师奇台农场—万泉站 27 mm/h(24 日 14—15 时),国家级气象站乌鲁木齐市乌鲁木齐县小渠子站 15.3 mm/h(24 日 13—14 时)。
短时强降水:8 站(伊犁河谷 1 站、阿勒泰地区 1 站、乌鲁木齐市 2 站、石河子市 1 站、昌吉州 1 站、吐鲁番市 1 站、哈密市 1 站)。</td></tr>
<tr><td>大风</td><td colspan="3">北疆大部分地区、东疆和南疆西部、巴州的部分区域共 1067 站出现 8 级以上偏西大风,其中 10 级以上 148 站。过程极大风速,区域气象站为阿勒泰地区布尔津县窝依莫克镇也拉曼村站 34.5 m/s(24 日 15 时 41 分),国家级气象站为十三间房站 32.8 m/s(24 日 17 时 26 分)(图 4.47b)。</td></tr>
<tr><td>沙尘暴</td><td colspan="3">民丰、策勒、洛浦、和田、皮山、塔中 6 站沙尘暴,于田、库米什、若羌 3 站强沙尘暴,英吉沙站特强沙尘暴,最小能见度英吉沙站 16 m。</td></tr>
<tr><td>冰雹</td><td colspan="3">6 月 23 日 18 时石河子市乌兰乌苏出现冰雹;24 日 14 时阿勒泰地区哈巴河县出现冰雹;25 日 05 时博州精河县出现冰雹、下午阿勒泰地区吉木乃县出现冰雹。</td></tr>
<tr><td>灾情</td><td colspan="4">24 日阿勒泰地区哈巴河县冰雹造成农作物受灾。
25 日阿勒泰地区吉木乃县、博州精河县的大风冰雹造成农作物受灾。</td></tr>
</table>

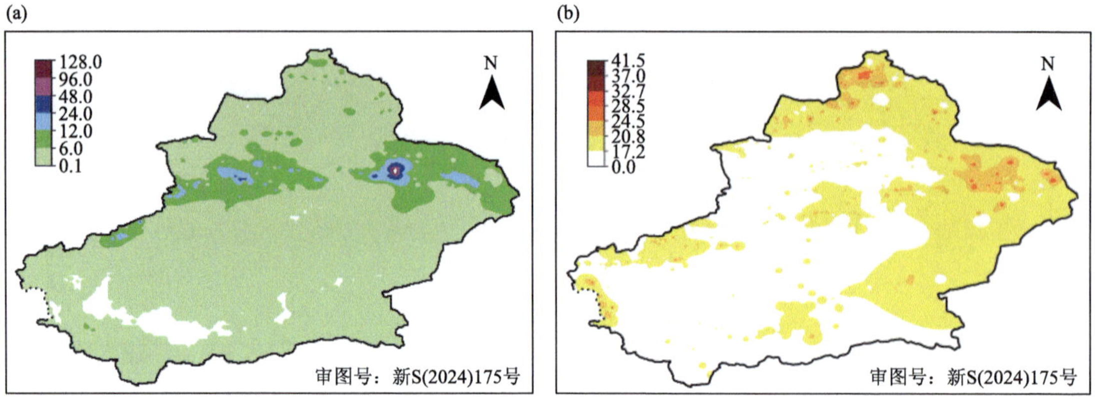

图 4.47 (a)6 月 23 日 20 时至 27 日 14 时过程累计降水量(单位:mm);(b)过程极大风速(单位:m/s)

3.24.2 环流形势

影响系统:100～200 hPa 偏西急流;500 hPa 西西伯利亚低涡、短波槽;700～850 hPa 切变线;地面冷高压。

100～200 hPa:新疆受偏西气流影响,200 hPa 急流最大风速达 60 m/s(图 3.48a)。

500 hPa:欧亚范围内中、高纬度为三槽两脊的经向环流,西西伯利亚至中亚地区为低值系统活动区,西西伯利亚低涡逆时针旋转过程中不断分裂短波槽影响新疆,同时伊朗副高北侧也有中纬度短波槽东移,共同造成此次降水天气(图 3.48b)。

700～850 hPa:24 日 08 时 700 hPa 北疆有西北风与西南风的切变,850 hPa 对应相对湿度高(图 3.48c)。

地面:地面高压进入北疆后中心强度达 1010 hPa,气压梯度较大,后期冷空气东灌进入南疆,造成此次大风和沙尘天气(图 3.48d)。

云图:24 日 14 时,天山北坡有中小尺度对流云系发展,云顶亮温最低约为 217 K(图 3.48e)。

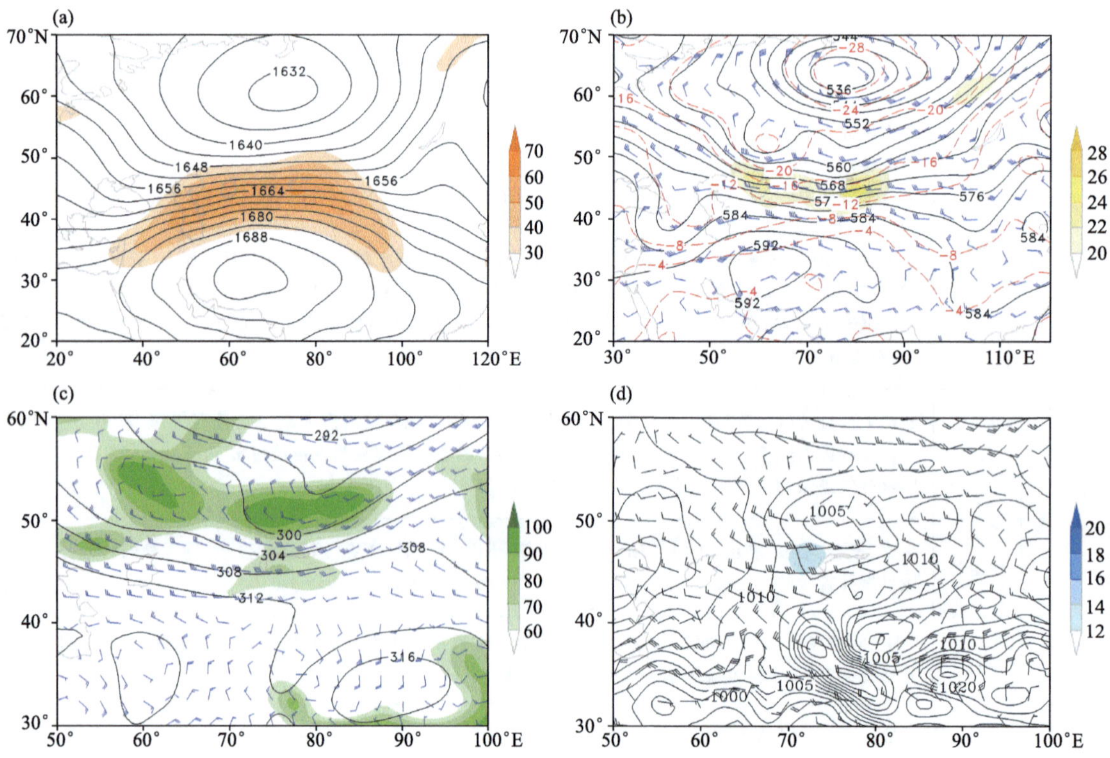

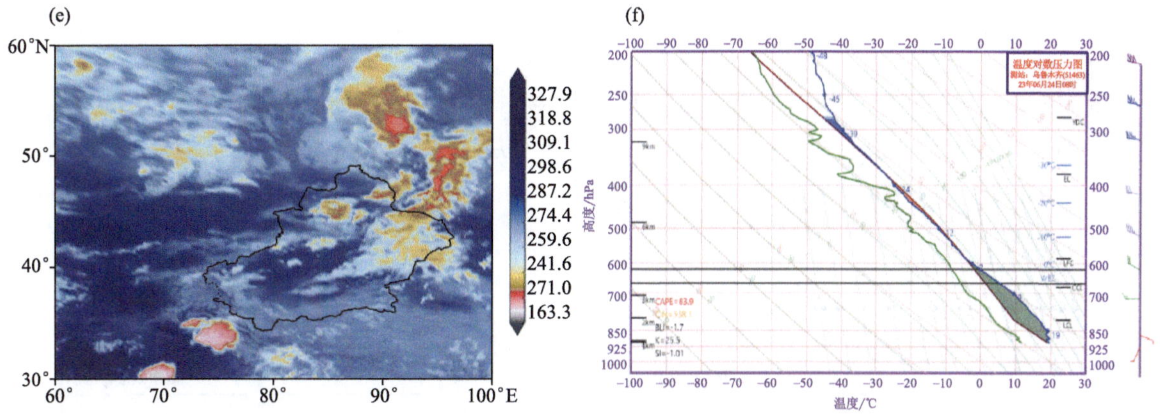

图 3.48 (a)6 月 23 日 20 时 100 hPa 高度场(实线,单位:dagpm),填色区为风速≥30 m/s 的 200 hPa 急流;(b)500 hPa 高度场(黑实线,单位:dagpm)、风场(填色区,单位:m/s)、温度场(红虚线,单位:℃);(c)700 hPa 高度场(黑实线,单位:dagpm)、风场(单位:m/s)和相对湿度(填色区,%);(d)海平面气压(黑实线,单位:hPa)和 850 hPa 风场(填色区,单位:m/s);(e)6 月 24 日 14 时 FY-4A 红外云图(单位:K);(f)6 月 24 日 08 时乌鲁木齐站 T-ln$p$ 图

探空 T-ln$p$:离暴雨点最近的探空站乌鲁木齐站的资料显示,CAPE 值为 83.9 J/kg、K 指数为 25.5 ℃、SI 指数为−1.01 ℃、BLI 指数为−1.7 ℃。

3.25 7 月 5 日 20 时至 9 日 20 时北疆偏西地区、天山山区暴雨,阿克苏地区冰雹,风口大风

3.25.1 天气实况综述

<table>
<tr><td>天气类型</td><td colspan="2">降雨、大风、沙尘暴、冰雹</td><td>过程强度</td><td>中度</td></tr>
<tr><td>天气实况</td><td colspan="4">①降雨:全疆大部分区域出现小雨,其中北疆西部和北部、天山山区及两侧、南疆西部山区等地的部分区域累计降水量 6.1～69.6 mm,最大累计降雨中心位于巴州和静县独库高速南天山隧道进口站(图 3.49a)。
②风沙:北疆大部分区域、南疆西部、巴州北部、吐鲁番市、哈密市出现 5～6 级西北风,风口风力 9～10 级、阵风 11 级;南疆东部有 5 级左右偏东风、阵风 7～8 级,局地出现扬沙或沙尘暴。</td></tr>
<tr><td rowspan="4">灾害天气</td><td>暴雨</td><td colspan="3">暴雨站数:共 29 站,6 日 1 站(阿克苏地区),7 日 2 站(塔城地区),8 日 23 站(伊犁河谷、阿克苏地区、巴州),9 日 3 站(伊犁河谷、塔城地区)。
日最大降雨中心:区域气象站巴州和静县巴音郭楞乡江巴口子站(8 日)42.2 mm,国家级气象站巴州巴音布鲁克站(8 日)32.4 mm。
最大小时雨强:区域气象站塔城地区托里县多拉特乡加尔巴斯洪沟站 31.1 mm/h(9 日 18—19 时),国家级气象站博州温泉站 17.4 mm/h(8 日 16—17 时)。
短时强降水:8 站(博州 2 站、塔城地区 4 站、阿勒泰地区 1 站、阿克苏地区 1 站)。</td></tr>
<tr><td>大风</td><td colspan="3">全疆共 530 站出现 8 级以上大风,其中 10 级以上 29 站。过程极大风速,区域气象站为阿克苏地区温宿县大石峡水库站 31.7 m/s(6 日 16 时),国家级气象站为哈密市伊州区十三间房站 29.3 m/s(9 日 06 时)(图 3.49b)。</td></tr>
<tr><td>沙尘暴</td><td colspan="3">阿克苏站强沙尘暴,最小能见度 411 m。</td></tr>
<tr><td>冰雹</td><td colspan="3">6 日 17 时 23—25 分阿克苏地区柯坪县出现冰雹。</td></tr>
<tr><td>灾情</td><td colspan="4">6 日,阿克苏地区柯坪县冰雹造成农作物受灾。</td></tr>
</table>

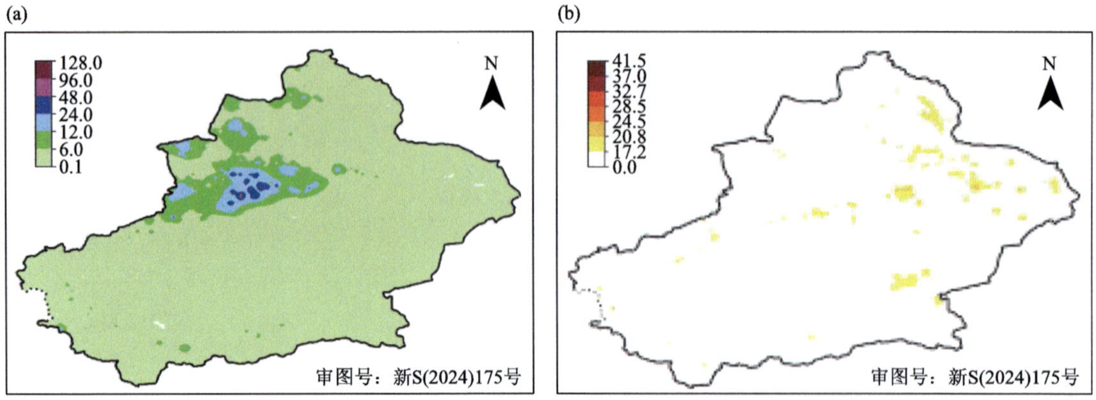

图 3.49 (a)7 月 5 日 20 时至 9 日 20 时过程累计降水量(单位:mm);(b)过程极大风速(单位:m/s)

3.25.2 环流形势

影响系统:200 hPa 西南急流;500 hPa 中亚低槽;700～850 hPa 切变线;地面辐合线、地面冷高压。

100～200 hPa:南亚高压呈双体型,新疆受长波槽前西南急流控制,7 月 6 日 08 时 200 hPa 高空西南急流轴位于天山两侧,最大风速达 40 m/s(图 3.50a)。

500 hPa:7 月 4 日 20 时,欧亚范围内中、高纬度为两槽一脊的经向环流,中亚地区为低值系统活动区,里海开始长脊,与西西伯利亚高压脊叠加,形成准东西向脊,中亚低涡加深加强在咸海至巴湖形成横槽。随着伊朗副高在黑海、里海向北长脊,脊前西北气流输送冷空气至中亚低槽,中亚低槽逆时针旋转。同时由于西太副高西北伸,中亚低槽底部受到阻挡,长时间维持在新疆偏西区域,槽前偏西气流结合中纬度短波影响新疆,造成此次降水、大风天气(图 3.50b)。

700～850 hPa:700 hPa 巴尔喀什湖附近有气旋式辐合中心维持,南、北疆西部存在偏北风与西南风切变线;850 hPa 有气旋式辐合中心,存在偏北风与偏南风、偏西风与偏东风的切变线(图 3.50c)。

地面:1010 hPa 的冷高压前沿进入南、北疆西部(图 3.50d)。

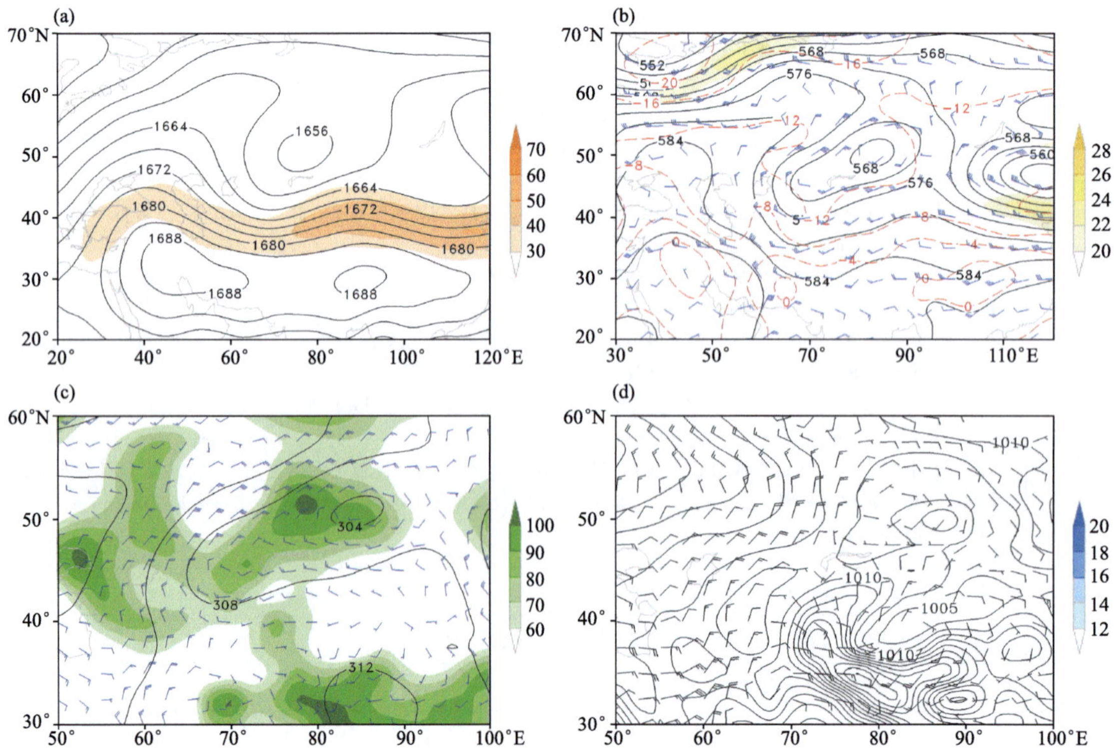

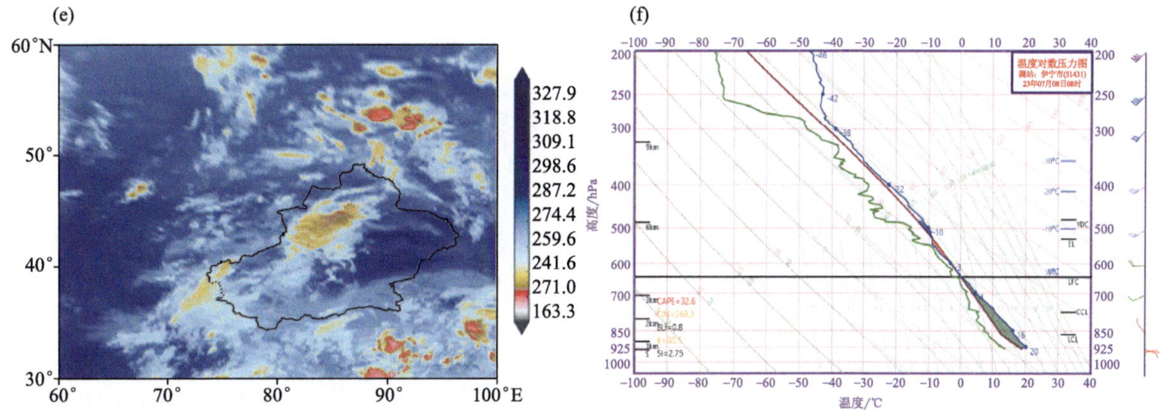

图 3.50　(a)7 月 6 日 08 时 100 hPa 高度场(实线，单位：dagpm)，填色区为风速≥30 m/s 的 200 hPa 急流；
(b)500 hPa 高度场(黑实线，单位：dagpm)、风场(填色区，单位：m/s)、温度场(红虚线，单位：℃)；
(c)700 hPa 高度场(黑实线，单位：dagpm)、风场(单位：m/s)和相对湿度(填色区，%)；
(d)海平面气压(黑实线，单位：hPa)和 850 hPa 风场(填色区，单位：m/s)；
(e) 7 月 7 日 20 时 FY-4A 红外云图(单位：K)；(f) 7 月 8 日 08 时伊宁站 T-ln$p$ 图

云图：7 日 20 时，在西天山两侧有中尺度对流云系发展，云顶亮温最低约为 220 K(图 3.50e)。

探空 T-ln$p$：中上层湿度大，低层存在不稳定层结，对流参数中，离暴雨点最近的探空站(伊宁站)资料显示，K 指数为 32.6 ℃、SI 指数为 2.75 ℃、CAPE 值为 32.6 J/kg、BLI 指数为－0.1、$T_{850\sim500}$ 为 26.0 ℃(图 3.50f)。

3.26　7 月 9 日 20 时至 13 日 08 时巴州天山山区与和田地区暴雨、和田地区冰雹、风口大风

3.26.1　天气实况综述

<table>
<tr><td>天气类型</td><td colspan="2">降雨、大风、冰雹</td><td>过程强度</td><td>中度</td></tr>
<tr><td>天气实况</td><td colspan="4">①降雨：全疆大部分区域出现小雨，其中北疆西部和北部、天山山区及两侧、南疆西部山区、和田地区南部、巴州南部等地的部分区域累计降水量 6.1～67.6 mm，最大累计降水中心位于巴州且末县阿羌镇依山干河气象站(图 3.51a)。
②大风：北疆大部分区域、南疆西部、阿克苏地区、巴州、吐鲁番市、哈密市出现 5～6 级西北风，风口风力 9～10 级、阵风 11 级。</td></tr>
<tr><td rowspan="3">灾害天气</td><td>暴雨</td><td colspan="3">暴雨站数：共 29 站(其中 3 站大暴雨)，10 日 11 站(伊犁州、昌吉州、阿克苏地区)，11 日 8 站(阿勒泰地区、和田地区、巴州)，12 日 10 站(和田地区、巴州)。
日最大降雨中心：区域气象站巴州若羌县瓦石峡镇星新矿业站(11 日)58.3 mm，国家级气象站昌吉州阜康市天池站(10 日)39.5 mm。
最大小时雨强：区域气象站阿勒泰地区阿勒泰市切木尔切克镇塑什喀布拉克村站 37.1 mm/h(11 日 14—15 时)，国家级气象站昌吉州阜康市天池站 13.0 mm/h(10 日 04—05 时)。
短时强降水：8 站(伊犁州 1 站、阿勒泰地区 1 站、昌吉州 2 站、阿克苏地区 2 站、巴州 2 站)。</td></tr>
<tr><td>大风</td><td colspan="3">全疆共 432 站出现 8 级以上大风，其中 10 级以上 20 站。过程极大风速，区域气象站为吐鲁番市高昌区小草湖服务区站 32.2 m/s(11 日 21 时)，国家级气象站为哈密市伊州区十三间房站 26.0 m/s(10 日 14 时)(图 3.51b)。</td></tr>
<tr><td>冰雹</td><td colspan="3">12 日午后和田地区洛浦县出现冰雹。</td></tr>
<tr><td>灾情</td><td colspan="4">12 日，和田地区洛浦县冰雹造成农作物受灾。11 日至 12 日，巴州若羌县暴雨洪涝造成农作物受灾，房屋、基础设施受损，牲畜死亡。</td></tr>
</table>

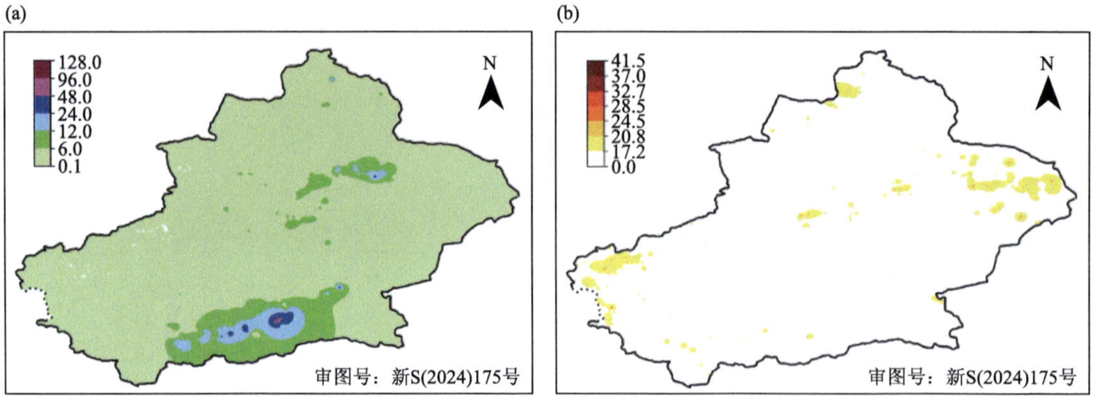

图 3.51 (a)7 月 9 日 20 时至 13 日 08 时过程累计降水量(单位:mm);(b)过程极大风速(单位:m/s)

3.26.2 环流形势

影响系统:200 hPa 西南急流;500 hPa 中亚低槽;700～850 hPa 切变线;地面冷高压。

100～200 hPa:南亚高压呈双体型,新疆受长波槽前西南急流控制,9 日 20 时 200 hPa 高空西南急流轴位于南疆上空,最大风速达 50 m/s(图 3.52a)。

500 hPa:欧亚范围中、高纬度为两槽两脊环流型,里海和新疆为高压脊控制,中亚地区为低值系统活动区,9 日 08 时开始,里海—咸海长脊推动中亚低槽东移,受新疆脊阻挡系统移动缓慢,9 日 20 时至 13 日 08 时,影响新疆地区,造成此次降水天气,中低层冷、暖空气交汇剧烈且有不稳定能量,造成天山山区及昆仑山北坡的短时强降水等对流天气(图 3.52b)。

700～850 hPa:11 日 08 时 700 hPa 巴州南部有偏西风与偏东风切变线,850 hPa 巴州南部有气旋式辐合中心(图 3.52c)。

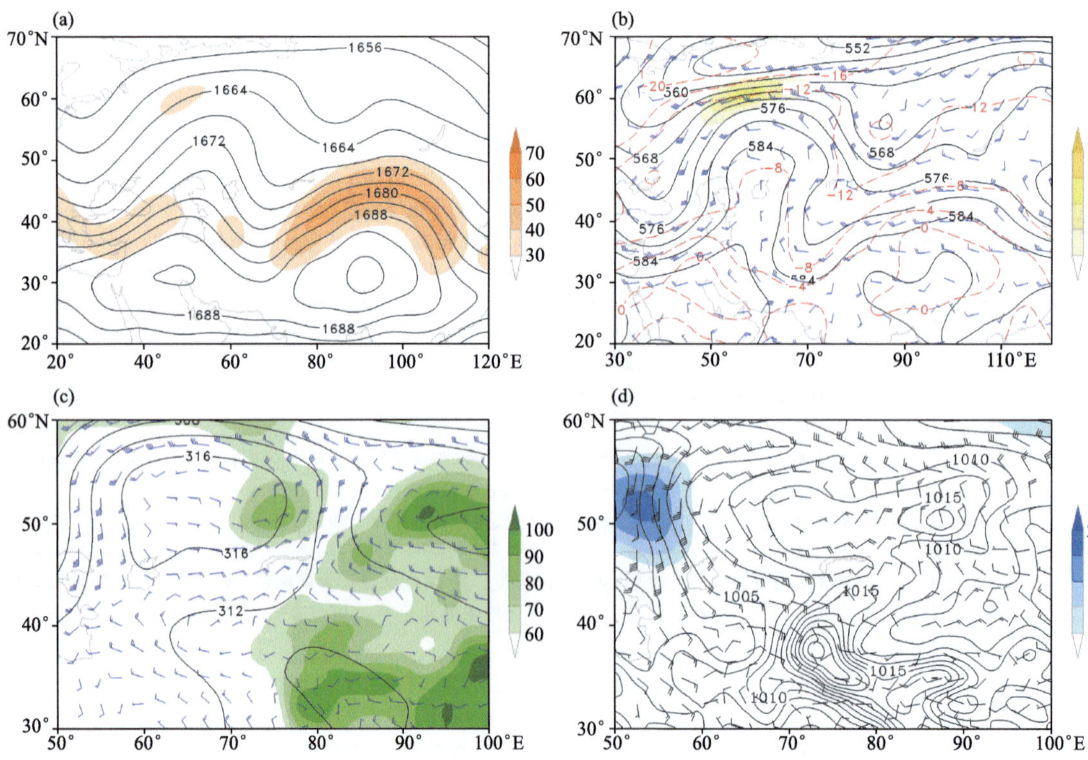

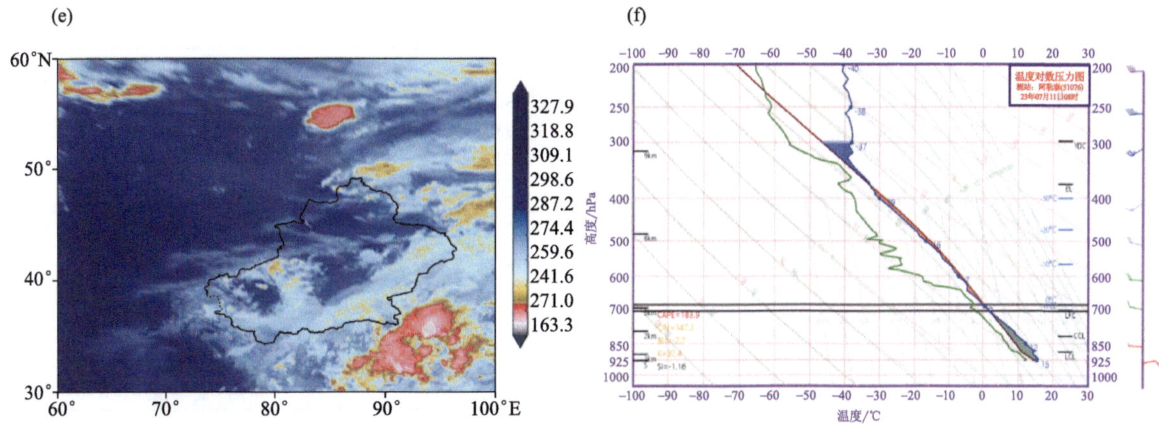

图 3.52　(a)7 月 10 日 08 时 100 hPa 高度场(实线,单位:dagpm),填色区为风速≥30 m/s 的 200 hPa 急流;
(b)500 hPa 高度场(黑实线,单位:dagpm)、风场(填色区,单位:m/s)、温度场(红虚线,单位:℃);
(c)700 hPa 高度场(黑实线,单位:dagpm)、风场(单位:m/s)和相对湿度(填色区,%);
(d)海平面气压(黑实线,单位:hPa)和 850 hPa 风场(填色区,单位:m/s);
(e)7 月 11 日 15 时 FY-4A 红外云图(单位:K);(f)7 月 11 日 08 时阿勒泰站 T-ln$p$ 图

地面:1015 hPa 的冷高压前沿进入新疆(图 3.52d)。

云图:11 日 15 时,在昆仑山北坡有中尺度对流云系发展,云顶亮温最低约为 240 K(图 3.52e)

探空 T-ln$p$:中上层湿度大,离北疆北部暴雨点最近的探空站(阿勒泰站)资料显示,K 指数为 32.4 ℃、SI 指数为−1.16 ℃、CAPE 值为 189.3 J/kg、BLI 指数为−2.7、$T_{850\text{-}500}$ 为 29.0 ℃(图 3.52f)。

3.27　7 月 13 日 14 时至 23 日 20 时全疆高温天气

3.27.1 天气实况综述

天气类型	高温	过程强度	强
天气实况	持续时间:11 d。 高温范围:全疆日最高气温 1725 站≥35 ℃,其中 1456 站≥37 ℃、736 站≥40 ℃、58 站≥45 ℃; 国家级气象站日最高气温 88 站≥35 ℃,其中 81 站≥37 ℃、40 站≥40 ℃、4 站≥45 ℃(图 3.53a)。 单日最大范围:7 月 14 日,全疆日最高气温 1514 站≥35 ℃,其中 1074 站≥37 ℃、252 站≥40 ℃、18 站≥45 ℃,国家级气象站日最高气温 84 站≥35 ℃,其中 61 站≥37 ℃、11 站≥40 ℃、1 站≥45 ℃(图 3.53b)。 高温极值:吐鲁番市高昌区三堡乡站 52.2 ℃(16 日 17 时)。 突破极值:策勒站、库尔勒站、和静站 3 站日最高气温突破 7 月历史极值。		

3.27.2　环流形势

影响系统:500 hPa 伊朗副高、西太副高、新疆脊。

100～200 hPa:南亚高压呈带状分布,200 hPa 新疆受高压脊控制(图 3.54a)。

500 hPa:受高压脊控制,全疆大部分地区出现高温。7 月 13 日至 23 日,500 hPa 新疆地区受新疆脊和伊朗副高控制,14 日西太副高西伸北挺,与伊朗副高连通,584 dagpm 等值线控制南、北疆大部分地区,588 dagpm 等值线控制南疆西部;15 日副热带高压带受热带低压影响断裂,16 日伊朗副高西退,南疆受大陆高压控制,18 日伊朗副高再次东伸,并与新疆脊叠加,21 日副热带高压带再次连通并维持到 23 日。24 日,受中纬度短波东移影响,高温过程结束(图 3.54b)。

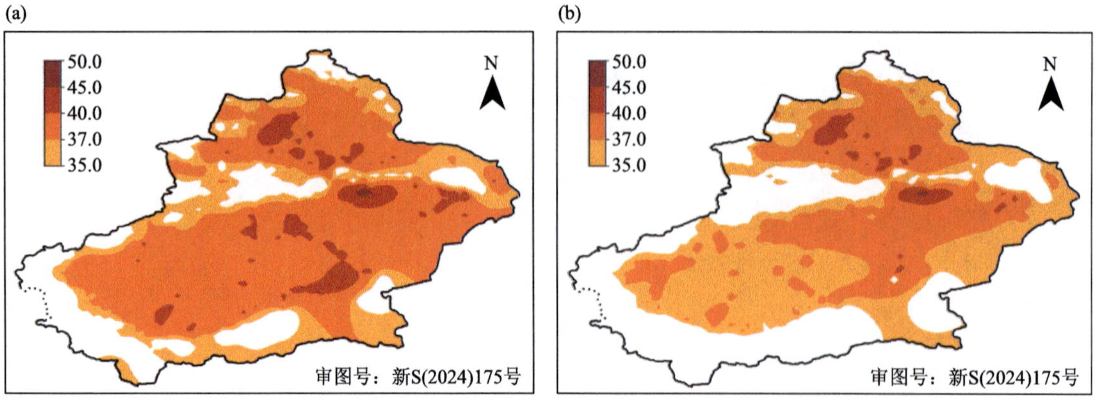

图 3.53 (a)7 月 13 日 14 时至 23 日 20 时过程最高气温(单位:℃);(b)7 月 14 日最高气温(单位:℃)

700～850 hPa:700 hPa 和 850 hPa 新疆上空暖脊强烈发展,700 hPa 北疆气温上升至 12 ℃,东疆上升至 16 ℃,南疆上升至 20 ℃;850 hPa 北疆气温上升至 24 ℃,南疆和东疆上升至 36 ℃(图 3.54c)。

地面:全疆大部分地区受热低压控制,持续降压,最低气压中心出现在 16 日 20 时,为 997.5 hPa(图 3.54d)。

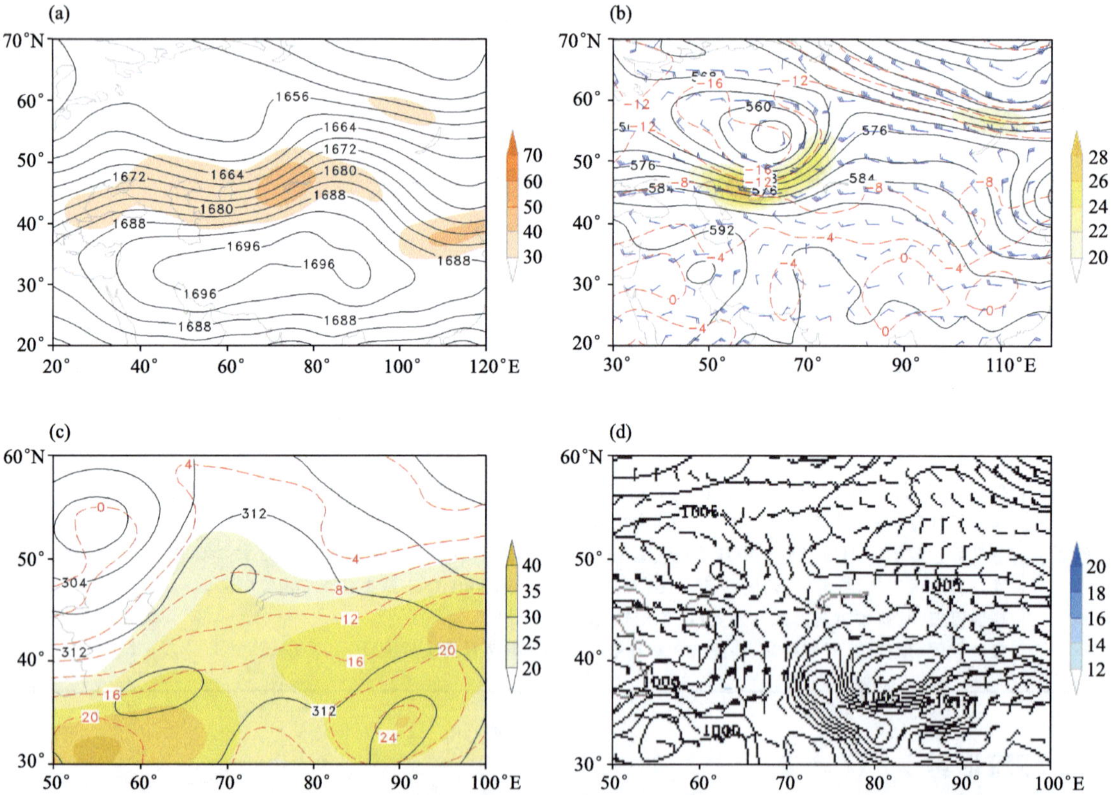

图 3.54 (a)7 月 14 日 20 时 100 hPa 高度场(实线,单位:dagpm),填色区为风速≥30 m/s 的 200 hPa 急流;(b)500 hPa 高度场(黑实线,单位:dagpm)、风场(填色区,单位:m/s)、温度场(红虚线,单位:℃);(c)700 hPa 高度场(黑实线,单位:dagpm)、温度场(红虚线,单位:℃)和 850 hPa 温度场(填色区,单位:℃);(d)海平面气压(黑实线,单位:hPa)和 850 hPa 风场(填色区,单位:m/s)

3.28　7 月 24 日 14 时至 28 日 20 时全疆高温天气

3.28.1　天气实况综述

天气类型	高温	过程强度	中强
天气实况	持续时间:5 d。 高温范围:全疆日最高气温 1524 站≥35 ℃,其中 994 站≥37 ℃、392 站≥40 ℃、45 站≥45 ℃; 国家级气象站日最高气温 86 站≥35 ℃,其中 52 站≥37 ℃、24 站≥40 ℃、5 站≥45 ℃(图 3.55a)。 单日最大范围:7 月 27 日,全疆日最高气温 1435 站≥35 ℃,其中 919 站≥37 ℃、346 站≥40 ℃、35 站≥45 ℃,国家级气象站日最高气温 79 站≥35 ℃,其中 47 站≥37 ℃、22 站≥40 ℃、4 站≥45 ℃(图 3.55b)。 高温极值:吐鲁番市高昌区三堡乡气象站 50.9 ℃(28 日 17:00)。 突破极值:淖毛湖站、巴里坤站、伊吾站 3 站日最高气温突破 7 月历史极值。		

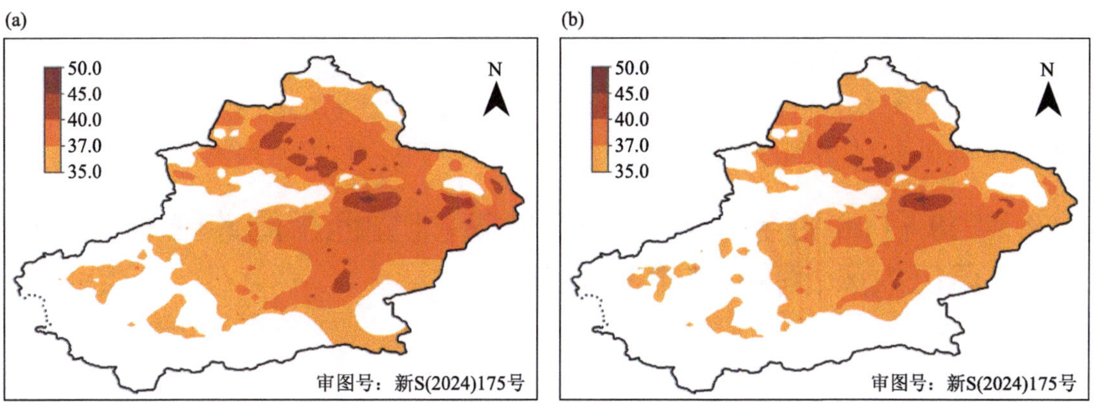

图 3.55　(a)7 月 24 日 14 时至 28 日 20 时过程最高气温(单位:℃);(b)7 月 27 日最高气温(单位:℃)

3.28.2　环流形势

影响系统:500 hPa 伊朗副高、西太副高、新疆脊。

100～200 hPa:南亚高压呈单体型,高压脊主体偏强,200 hPa 新疆受高压脊控制(图 3.56a)。

500 hPa:受高压脊控制,全疆大部分区域出现高温。24 日至 28 日,新疆地区受新疆脊和伊朗副高控制,26 日西太副高西伸北挺,与伊朗副高连通,584 dagpm 等值线控制南北疆大部分区域,588 dagpm 等值线控制南疆西部;27 日副热带高压带受热带低压影响断裂,28 日伊朗副高西退,西西伯利亚低压槽南下东移影响新疆地区,高温天气减弱结束(图 3.56b)。

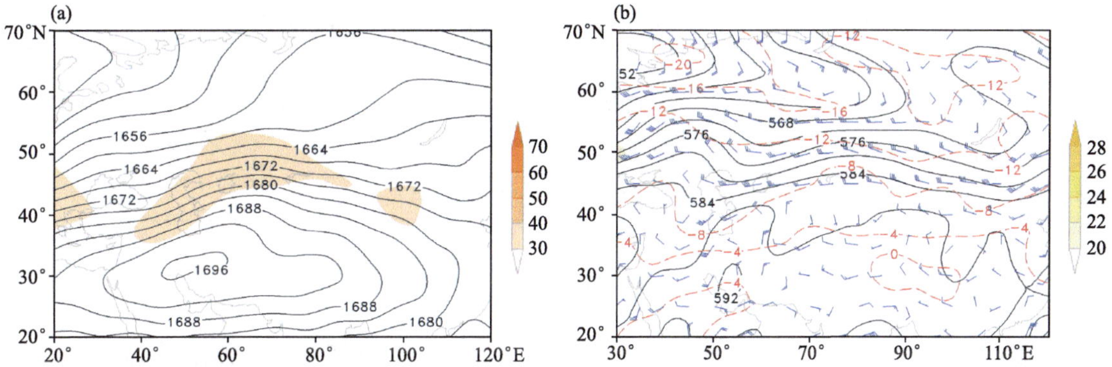

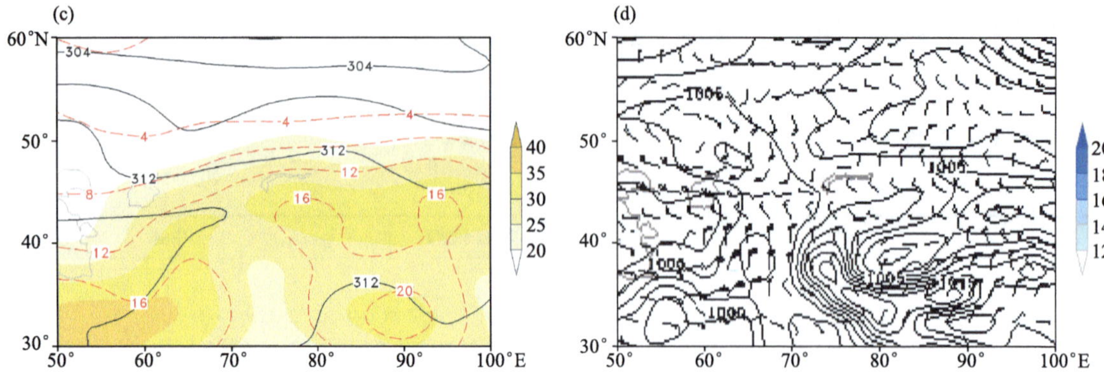

图 3.56 (a)7 月 25 日 20 时 100 hPa 高度场(实线,单位:dagpm),填色区为风速≥30 m/s 的 200 hPa 急流;(b)500 hPa 高度场(黑实线,单位:dagpm)、风场(填色区,单位:m/s)、温度场(红虚线,单位:℃);(c)700 hPa 高度场(黑实线,单位:dagpm)、温度场(红虚线,单位:℃)和 850 hPa 温度场(填色区,单位:℃);(d)海平面气压(黑实线,单位:hPa)和 850 hPa 风场(填色区,单位:m/s)

700～850 hPa:新疆上空暖脊强烈发展,27 日 20 时,700 hPa 北疆气温上升至 12 ℃,东疆上升至 16 ℃,南疆上升至 20 ℃;850 hPa 北疆气温上升至 28 ℃,南疆和东疆上升至 36 ℃(图 3.56c)。

地面:北疆、东疆受低压控制,最低气压中心出现在 27 日 20 时,为 997.5 hPa(图 3.56d)。

3.29 7 月 28 日 08 时至 8 月 1 日 08 时南、北疆西部局地暴雨和短时强降水,风口大风,南疆、东疆沙尘暴

3.29.1 天气实况综述

<table>
<tr><td>天气类型</td><td colspan="2">降雨、大风、沙尘暴</td><td>过程强度</td><td>中度</td></tr>
<tr><td>天气实况</td><td colspan="4">①降雨:全疆大范围出现小雨,其中北疆西部和北部、天山山区、南疆西部、巴州北部、昆仑山北坡和哈密市北部等地的部分区域累计降水量 6.1～55.9 mm,最大累计降雨中心位于阿克苏地区拜城县老虎台木扎提河三级水电站(图 4.57a)。
②风沙:北疆大部分地区、南疆西部、巴州、东疆出现 6～7 级西北风,风口风力 10～11 级、阵风 12 级。南疆东部和东疆的部分地区出现沙尘天气,局部区域沙尘暴。</td></tr>
<tr><td rowspan="3">灾害性天气</td><td>暴雨</td><td colspan="3">暴雨站数:共 19 站,28 日 6 站(伊犁州、博州、阿克苏地区),29 日 5 站(和田地区、巴州),30 日 7 站(克州、和田地区、阿克苏地区、巴州),31 日 1 站(阿克苏地区)。
日最大降雨中心:博州温泉县哈日布呼镇莫托村黑龙沟气象站 33.4 mm(28 日),国家级气象站巴州和静县巴仑台站 21.6 mm(29 日)。
最大小时雨强:区域气象站伊犁州特克斯县库什塔依水库温泉站 27.3 mm/h(28 日 16—17 时),国家级气象站喀什地区巴楚站 11.5 mm/h(31 日 01—02 时)。
短时强降水:16 站(伊犁州 5 站、博州 1 站、喀什地区 2 站、克州 2 站、阿克苏地区 6 站)。</td></tr>
<tr><td>大风</td><td colspan="3">全疆共 801 站出现 8 级以上大风,其中 10 级及以上 106 站。过程极大风速,区域气象站为巴州和静县和静镇黄水沟站 35.4 m/s(29 日 13 时),国家级气象站为哈密市伊州区十三间房站 35.4 m/s(29 日 18 时)(图 4.57b)。</td></tr>
<tr><td>沙尘暴</td><td colspan="3">且末站出现沙尘暴,最小能见度 892 m。</td></tr>
<tr><td>灾情</td><td colspan="4">30 日至 31 日,克州阿克陶县暴雨洪涝造成农作物受灾,部分桥梁、路段受损。</td></tr>
</table>

3.29.2 环流形势

影响系统:200 hPa 西南急流;500 hPa 中亚低压槽;700～850 hPa 切变线;地面冷高压。

100～200 hPa:南亚高压呈双体型,新疆受长波槽前西南急流控制,29 日 20 时 200 hPa 高空西南急流

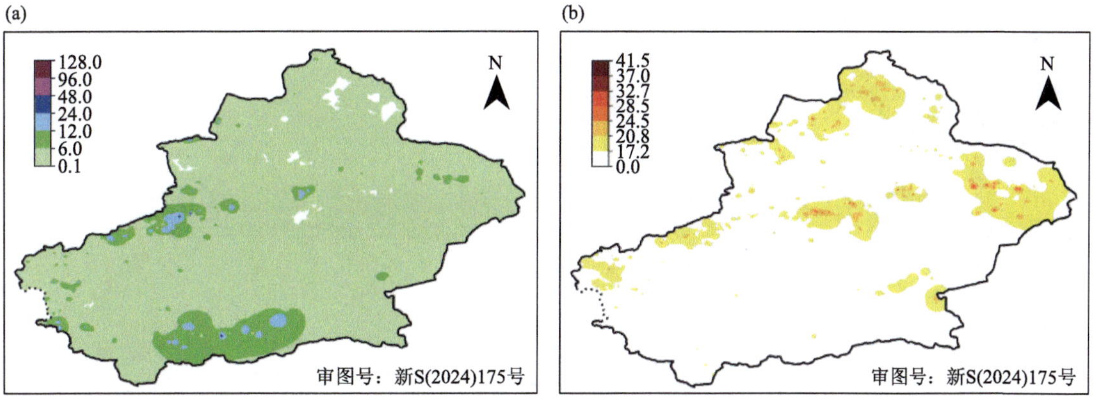

图 3.57　(a)7 月 28 日 08 时至 8 月 1 日 08 时过程累计降水量(单位:mm);(b)过程极大风速(单位:m/s)

轴位于南疆上空,最大风速达 40 m/s(图 3.58a)。

500 hPa:欧亚范围中、高纬度为三槽两脊的经向环流,里海—咸海和新疆为高压脊控制,西西伯利亚至中亚为低值活动区,28 日 08 时西西伯利亚低值系统东南移影响北疆大部分区域和南疆西部,30 日 20 时开始,中纬度短波槽经向度减弱并不断东移,影响南疆和东疆,造成此次降水天气。中低层冷、暖空气交汇剧烈且有不稳定能量,造成西天山山区两侧和南疆西部山区的短时强降水等对流天气(图 3.58b)。

700～850 hPa:700 hPa 南、北疆偏西有西北风与西南风的切变线,850 hPa 南疆西部山区至昆仑山北坡有西北风与东北风的切变线(图 3.58c)。

地面:1010 hPa 的冷高压前沿进入新疆,前期新疆地区有热低压,中心强度 995 hPa,气压梯度大,有利于大风天气(图 3.58d)。

云图:北疆大部分地区有明显的低槽云系,南、北疆西部有多个小尺度对流云团发展,云顶亮温最低约为 210 K(图 3.58e)。

探空 T-ln$p$:离南、北疆西部暴雨点最近的探空站(阿克苏站)资料显示,K 指数为 30.6 ℃、SI 指数为 −1.20 ℃、CAPE 值为 159.3 J/kg、BLI 指数为 −2.4、$T_{850\text{-}500}$ 为 34.0 ℃(图 3.58f)。

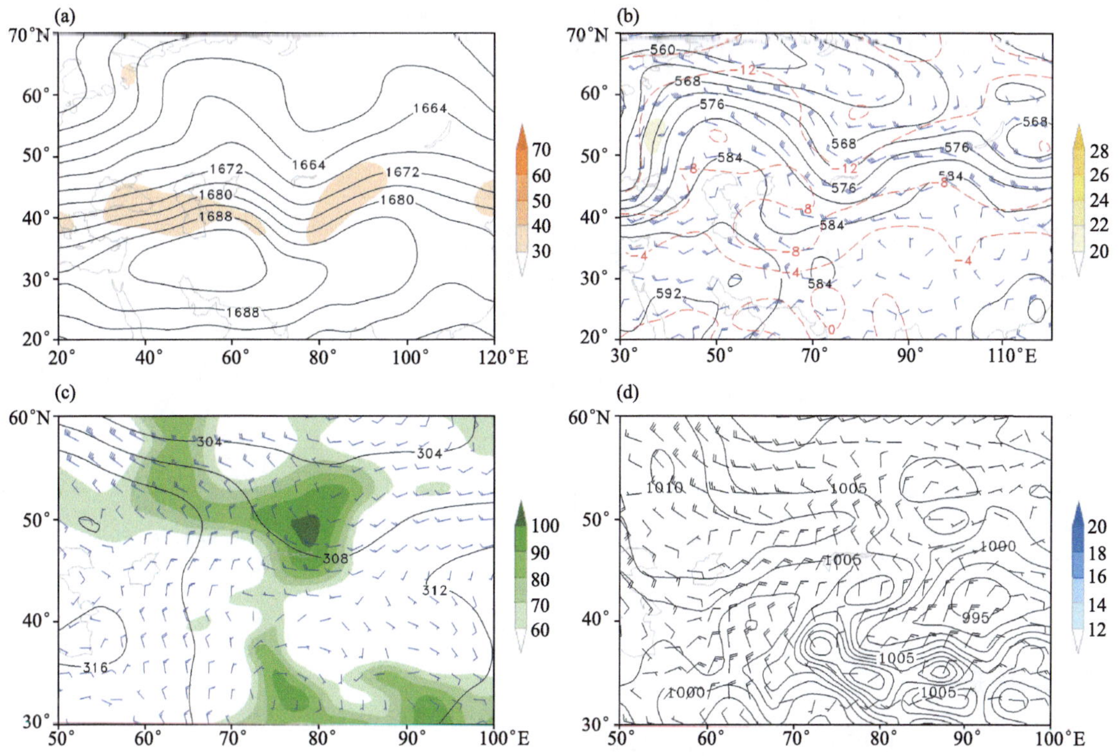

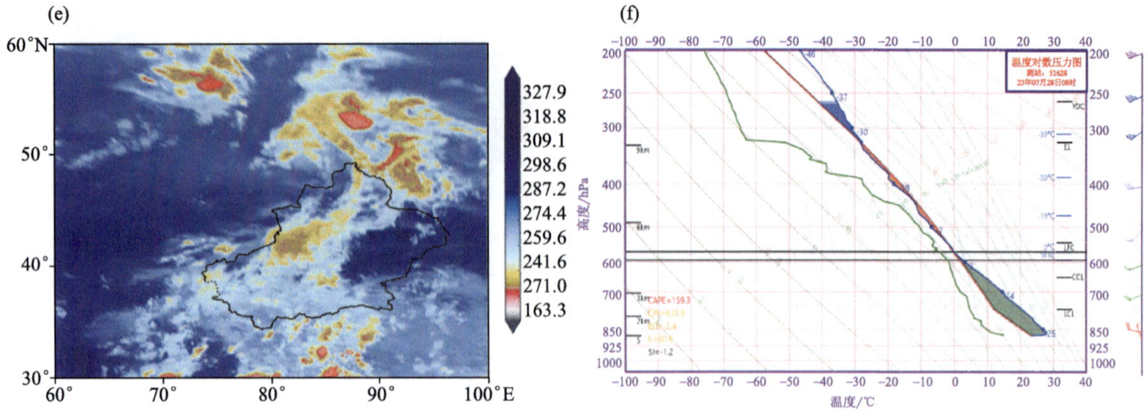

图 3.58 (a)7 月 29 日 08 时 100 hPa 高度场(实线,单位:dagpm),填色区为风速≥30 m/s 的 200 hPa 急流;
(b)500 hPa 高度场(黑实线,单位:dagpm)、风场(填色区,单位:m/s)、温度场(红虚线,单位:℃);
(c)700 hPa 高度场(黑实线,单位:dagpm)、风场(单位:m/s)和相对湿度(填色区,%);
(d)海平面气压(黑实线,单位:hPa)和 850 hPa 风场(填色区,单位:m/s);
(e)7 月 28 日 17 时 FY-4A 红外云图(单位:K);(f)7 月 28 日 08 时阿克苏站 T-ln$p$ 图

3.30 8 月 1 日 08 时至 7 日 20 时全疆高温天气

3.30.1 天气实况综述

天气类型	高温	过程强度	中度
天气实况	持续时间:7 d。 高温范围:全疆日最高气温 1255 站≥35 ℃,其中 701 站≥37 ℃、177 站≥40 ℃、19 站≥45 ℃; 国家级气象站日最高气温 74 站≥35 ℃,其中 36 站≥37 ℃、8 站≥40 ℃、2 站≥45 ℃(图 3.59a)。 单日最大范围:8 月 5 日,全疆日最高气温 961 站≥35 ℃,其中 481 站≥37 ℃、77 站≥40 ℃、14 站≥45 ℃日,国家级气象站日最高气温 35 站≥35 ℃,其中 20 站≥37 ℃、4 站≥40 ℃、1 站≥45 ℃(图 3.59b)。 高温极值:吐鲁番市高昌区芒硝湖气象站 47.5 ℃(7 日 17 时)。 突破极值:岳普湖、阿拉尔、且末突破有气象记录以来高温历史极值。		

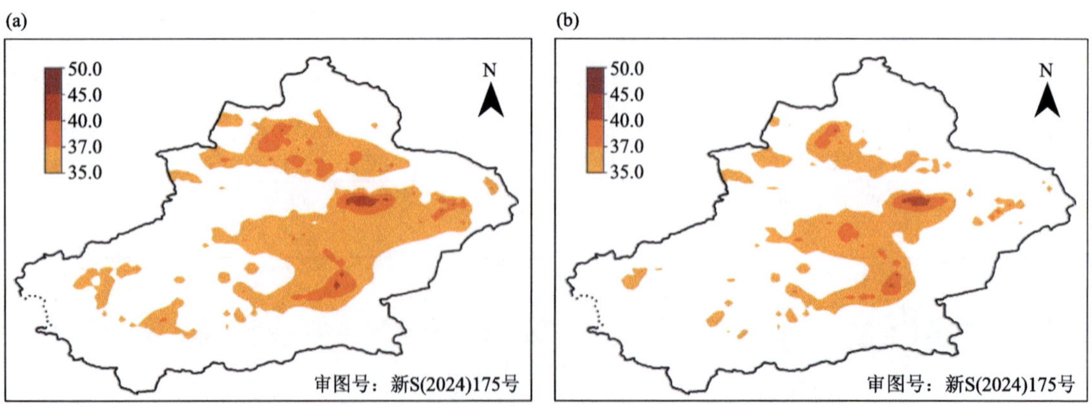

图 3.59 (a)8 月 1 日 08 时至 7 日 20 时过程最高气温(单位:℃);(b)8 月 5 日最高气温(单位:℃)

3.30.2 环流形势

影响系统:500 hPa 伊朗副高、西太副高、新疆脊。

100～200 hPa：南亚高压呈单体型，高压脊主体偏强，200 hPa 新疆受高压脊控制(图 3.60a)。

500 hPa：8 月 1 日至 2 日天山北坡，南疆、东疆大部分区域受高压脊控制，出现高温；3 日中纬度短波槽东移影响北疆、南疆西部，高温有所减弱；4 日西太副高西伸北挺，与伊朗副高连通，584 dagpm 等值线控制天山北坡、南疆和东疆大部分区域；6 日乌拉尔山脊前北风带上多短波槽南下东移，等高面下降且副热带高压带南下，伊朗副高西退，高温天气减弱结束(图 3.60b)。

700～850 hPa：新疆上空暖脊发展，700 hPa 北疆气温上升至 13 ℃，东疆上升至 17 ℃，南疆上升至 20 ℃；850 hPa 北疆气温上升至 29 ℃，南疆和东疆上升至 35 ℃(图 3.60c)。

地面：南疆东部、东疆受低压控制，最低气压中心出现在 3 日 20 时，为 995 hPa(图 3.60d)。

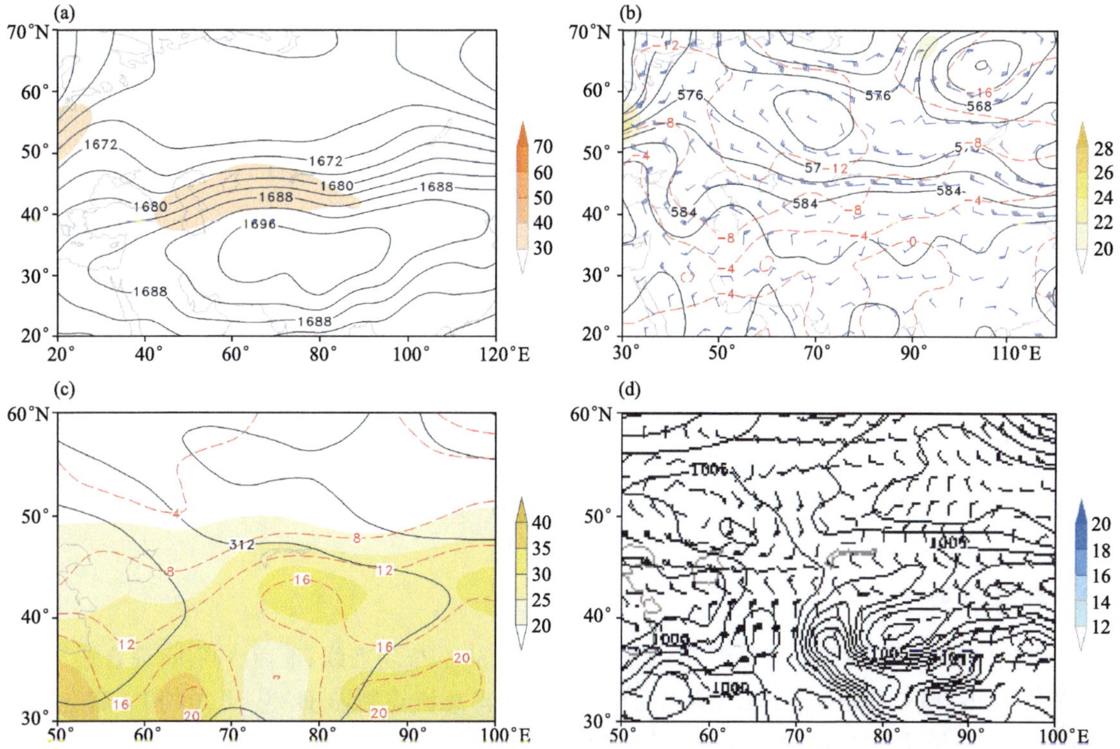

图 3.60　(a)8 月 3 日 20 时 100 hPa 高度场(实线，单位：dagpm)，填色区为风速≥30 m/s 的 200 hPa 急流；(b)500 hPa 高度场(黑实线，单位：dagpm)、风场(填色区，单位：m/s)、温度场(红虚线，单位：℃)；c)700 hPa 高度场(黑实线，单位：dagpm)、温度场(红虚线，单位：℃)和 850 hPa 温度场(填色区，单位：℃)；(d)海平面气压(黑实线，单位：hPa)和 850 hPa 风场(填色区，单位：m/s)

3.31　8 月 7 日 08 时至 10 日 02 时北疆西部、北部暴雨和短时强降水，风口大风

3.31.1 天气实况综述

天气类型	降雨、大风	过程强度	中度
天气实况	①降雨：北疆大部分区域和天山山区、南疆西部、昆仑山北坡、哈密市北部等地小雨，其中北疆西部和北部、南疆西部和昌吉州、巴州等地的部分区域累计降水量 6.1～83.0 mm，最大累计降雨中心位于阿勒泰地区阿勒泰市阿拉哈克镇齐背岭水库气象站(图 3.61a)。 ②大风：北疆大部分地区、南疆西部、阿克苏地区、巴州、吐鲁番市、哈密市出现 5～6 级西北风，风口风力 9～10 级、阵风 11 级。		

续表

灾害天气	暴雨	暴雨站数:共 29 站(其中 1 站大暴雨),7 日 5 站(伊犁州、巴州),8 日 8 站(伊犁州、博州、阿勒泰地区、阿克苏地区),9 日 16 站(伊犁州、塔城地区、昌吉州、阿克苏地区、巴州)。 日最大降雨中心:区域气象站阿勒泰地区阿勒泰市阿拉哈克镇齐背岭水库站(8 日)57.3 mm,国家级气象站伊犁州新源站(7 日)25.1 mm。 最大小时雨强:区域气象站阿勒泰地区阿勒泰市阿拉哈克镇齐背岭水库站 34.4 mm/h(8 日 20—21 时),国家级气象站伊犁州新源站 13.4 mm/h(7 日 17—18 时)。 短时强降水:21 站(伊犁州 1 站、塔城地区 4、阿勒泰地区 14 站、喀什地区 1 站、克州 1 站)。
	大风	全疆共 435 站出现 8 级以上大风,其中 10 级以上 6 站。过程极大风速,区域气象站为阿克苏地区库车市阿格乡康村站 32.2 m/s(9 日 19 时),国家级气象站为哈密市伊州区十三间房站 24.9 m/s(9 日 01 时)(图 3.61b)。
灾情		9 日,阿勒泰地区阿勒泰市暴雨洪涝造成农作物和草场受灾,房屋、基础设施受损。

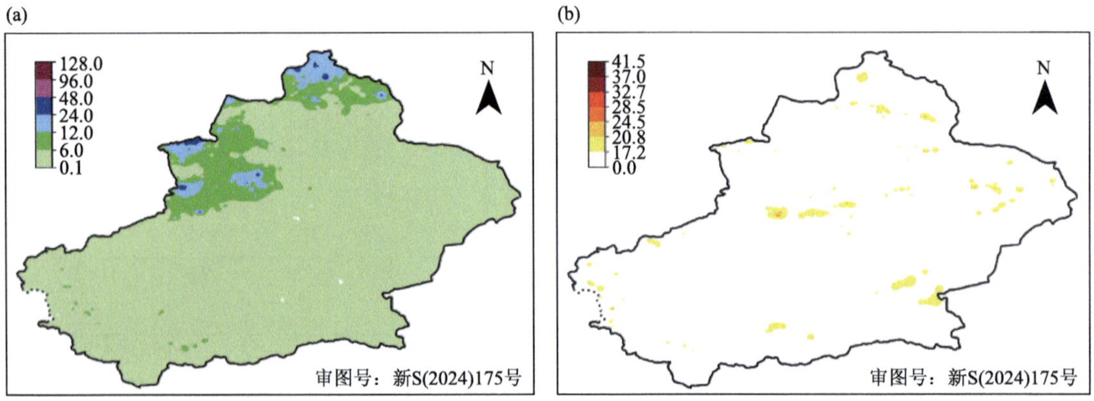

图 3.61 (a)8 月 7 日 08 时至 10 日 02 时过程累计降水量(单位:mm);(b)过程极大风速(单位:m/s)

3.31.2 环流形势

影响系统:500 hPa 西西伯利亚低涡、中亚低槽;700～850 hPa 切变线;地面冷高压、辐合线。

100～200 hPa:南亚高压呈双体型,新疆受长波槽前西南急流控制,8 日 20 时 200 hPa 高空西南急流轴位于北疆西部北部,最大风速达 40 m/s(图 3.62a)。

500 hPa:欧亚范围中、高纬度为两槽一脊的经向环流,伊朗副高向北发展与东欧脊叠加,西西伯利亚至中亚为低涡低槽活动区,新疆东部至蒙古国受高压脊控制,随着上游脊向东北发展,西西伯利亚低槽逆转东移过程中,不断分裂冷空气与中纬度东移的短波槽叠加,影响新疆地区,造成此次北疆大部分区域、南疆西部降水、局地对流天气(图 3.62b)。

700～850 hPa:700 hPa 伊犁州、塔城地区北部存在偏西急流和西南风的切变(图 4.62c),850 hPa 北疆北部存在偏西风和偏东风的切变。

地面:1005 hPa 的冷高压前沿进入北疆偏西偏北地区(图 3.62d),伊犁州、塔城地区北部有西南风与东南风的辐合,阿勒泰地区存在偏西风与偏东风的辐合。

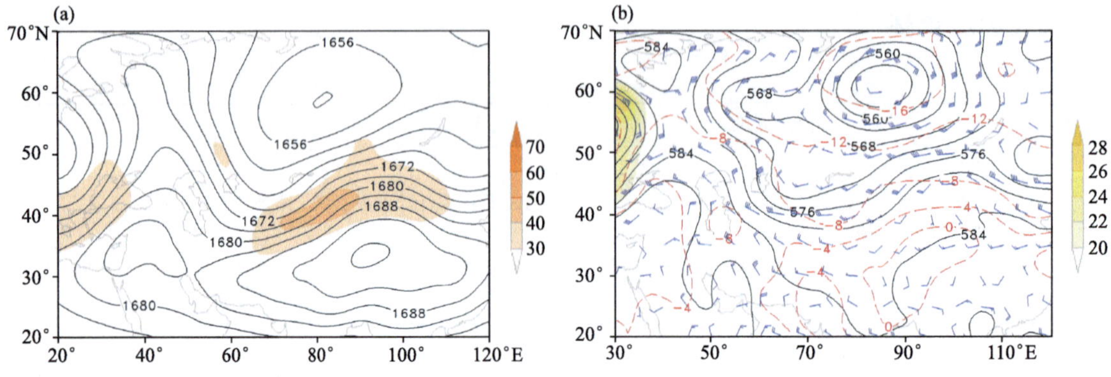

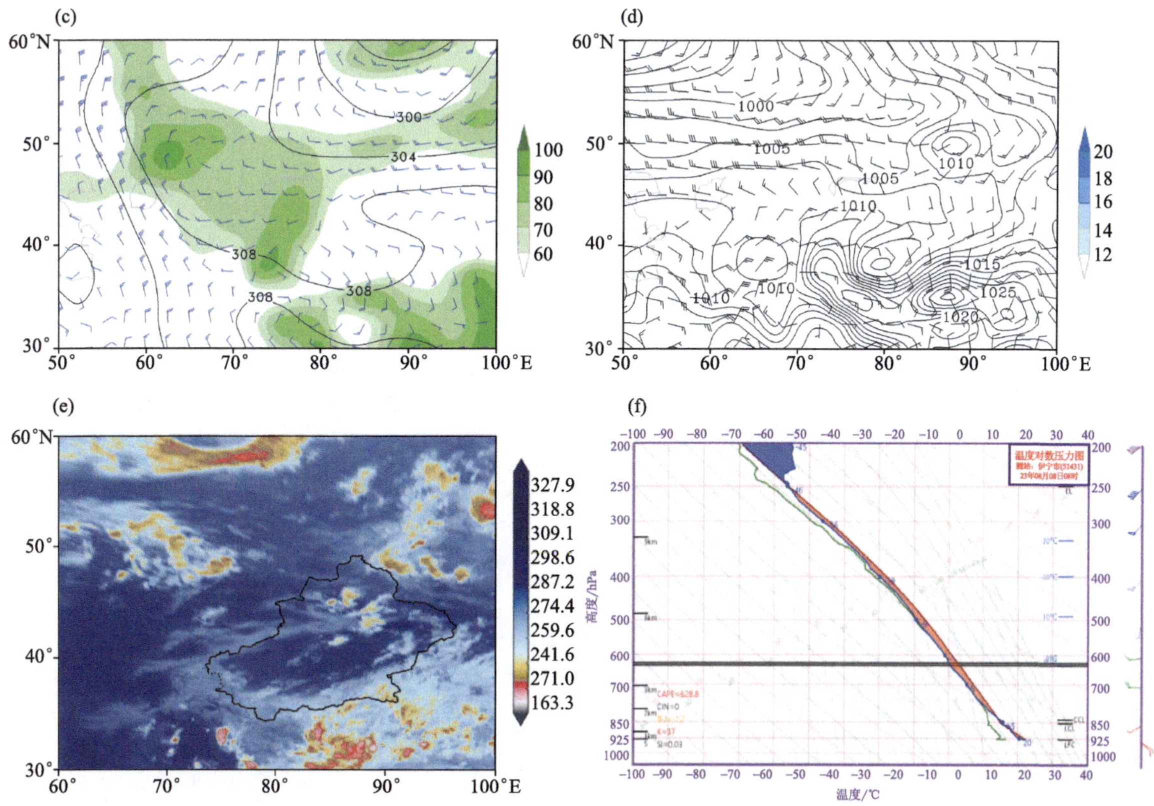

图 3.62　(a)8 月 10 日 08 时 100 hPa 高度场(实线,单位:dagpm),填色区为风速≥30 m/s 的 200 hPa 急流;
(b)500 hPa 高度场(黑实线,单位:dagpm)、风场(填色区,单位:m/s)、温度场(红虚线,单位:℃);
(c)700 hPa 高度场(黑实线,单位:dagpm)、风场(单位:m/s)和相对湿度(填色区,%);
(d)海平面气压(黑实线,单位:hPa)和 850 hPa 风场(填色区,单位:m/s);
(e)8 月 7 日 11 时 FY-4A 红外云图(单位:K);(f)8 月 8 日 08 时伊宁站 T-ln$p$ 图

云图:北疆大部分地区有明显的低槽云系,7 日 11 时北疆西部、北部有多个小尺度对流云团发展,云顶亮温最低约为 220 K(图 3.62e)。

探空 T-ln$p$:低层至中高层(925～400 hPa)湿层深厚,低层存在不稳定层结,对流参数中,离暴雨中心最近的伊宁站 8 日 08 时的探空资料显示,K 指数为 37.0 ℃、SI 指数为 0.03 ℃、CAPE 值为 628.8 J/kg、BLI 指数为 2.2、$T_{850\text{-}500}$ 为 25 ℃(图 3.62f)。

3.32　8 月 11 日 08 时至 16 日 08 时北疆暴雨、风口大风、南疆和东疆局部沙尘暴、克拉玛依市冰雹

3.32.1　天气实况综述

天气类型	降雨、大风、沙尘暴、冰雹	过程强度	强
天气实况	①降雨:北疆和天山山区、巴州、东疆和南疆西部山区、阿克苏地区北部和东部、和田地区山区等地的部分区域出现小雨,其中北疆大部分地区、天山山区、阿克苏地区北部东部、巴州北部、昆仑山北坡和哈密市北部累计降水量 6.1～69.8 mm,最大累计降雨中心位于博州温泉县查干屯格乡北山区气象站(图 3.63a)。 ②风沙:北疆大部分地区、南疆西部、东疆等地出现 5～6 级西北风,风口风力 11～12 级、阵风 13 级,南疆塔里木盆地中东部出现 5～6 级偏东风、阵风 8～9 级。南疆大部分地区、哈密市出现沙尘天气,和田、巴州和哈密市局地出现沙尘暴。		

续表

灾害天气	暴雨	暴雨站数:共 53 站,12 日 7 站(伊犁河谷、博州、塔城地区、阿勒泰地区、克拉玛依市),13 日 27 站(伊犁河谷、塔城、昌吉州、乌鲁木齐市),14 日 7 站(克拉玛依市、阿克苏地区、巴州),15 日 12 站(昌吉州、和田、巴州)。 日最大降雨中心:区域气象站阿克苏地区库车市阿格乡库尔干道路养护站 59.6 mm(14 日),国家级气象站昌吉州阜康站 27.0 mm(13 日)。 最大小时雨强:区域气象站塔城地区沙湾市宁家河水库上游站 40.7 mm/h(12 日 23 时 36 分—13 日 00 时 20 分),国家级气象站塔城地区裕民站 15.5 mm/h(12 日 19 时 35 分—20 时 26 分)。 短时强降水:28 站(伊犁河谷 1 站、博州 1 站、塔城地区 11 站、阿勒泰地区 3 站、克拉玛依市 2 站、石河子市 3 站、乌鲁木齐 1 站,昌吉州 5 站、阿克苏地区 1 站)
	大风	北疆大部分地区、巴州、东疆大部分地区和南疆西部的部分区域共 1089 站出现 8 级以上大风,其中北疆大部分区域、克州、阿克苏地区、巴州、东疆出现 10 级以上大风共 184 站,其中 12 级以上 10 站。过程极大风速,区域气象站为吐鲁番市托克逊县大草湖南站 41.6 m/s(15 日 01 时 06 分),国家级气象站为哈密市伊州区十三间房站 32.7 m/s(15 日 00 时 21 分)(图 3.63b)。
	沙尘暴	策勒、于田、民丰、洛浦、和田、铁干里克、塔中 7 站沙尘暴,且末、若羌、鄯善、红柳河 4 站强尘暴,最小能见度为若羌站 120 m。
	冰雹	12 日傍晚至夜间,克拉玛依市出现冰雹。
灾情		11 日至 12 日,阿勒泰地区吉木乃县出现断续短时强降雨,暴雨洪水造成农作物受灾。 12 日,阿勒泰地区福海县出现强降雨,造成部分路段出现泥石流、人员受灾、牲畜被冲走、道路损坏;克拉玛依市出现冰雹,造成农作物受灾。 13 日至 14 日,塔城托里县出现断续短时强降雨,暴雨洪水造成房屋、水利设施、道路受损,牲畜死亡。

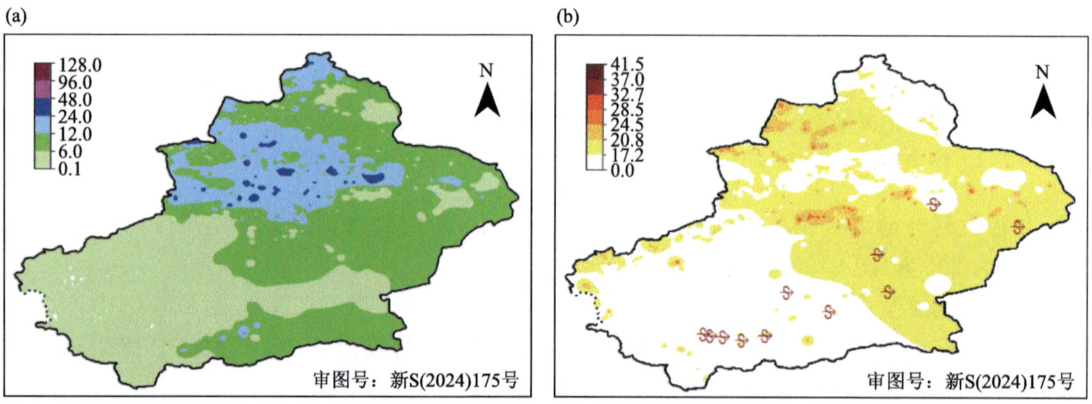

图 3.63 (a)8 月 11 日 08 时至 16 日 08 时过程累计降水量(单位:mm);(b)过程极大风速(单位:m/s)

3.32.2 环流形势

影响系统:200 hPa 西南急流;500 hPa 西西伯利亚低涡;700～850 hPa 切变线。

100～200 hPa:200 hPa 为西南急流,8 月 13 日 08 时 200 hPa 西南急流核最大风速达 58 m/s(图 3.64a)。

500 hPa:欧亚范围中、高纬度呈两脊一槽经向环流,环流经向度大,欧洲、贝加尔湖为高压脊区,西西伯利亚地区为低压槽活动区。11 日,欧洲脊与伊朗副高叠加并向北发展,伸至 70°N,脊前北风带引导冷空气南下至西西伯利亚低压槽,低压槽向南发展加深,伸至 40°N 附近,12 日至 13 日,低压槽不断分裂短波东移北上,主要影响北疆、东疆的降水、大风天气。过程期间,中、低层冷、暖空气交汇剧烈且有不稳定能量,主要造成天山山区及北坡的短时强降水。14 日至 15 日,低槽进一步向南发展加深,伸至 30°N 附近,槽前短波东移,主要造成南疆的降水、大风天气。16 日,西西伯利亚低槽东移北收,新疆受偏西气流影响(图 3.64b)。

700～850 hPa：13 日 08 时 700 hPa 北疆大部分区域的风速明显增大，在北疆西部存在风速辐合区，巴州南部存在风向辐合，14 日 02 时阿克苏地区存在风向辐合；12 日 08 时 850 hPa 在巴州北部存在气旋性辐合，14 时至 20 时天山北坡存在偏北气流（图 3.64c）。

地面：12 日至 13 日，1015 hPa 的冷高压前沿进入新疆西部，弱冷空气断续进入北疆，冷、暖空气交绥，有利于强对流天气的出现。14 日，在南疆西部境外有一高压，中心强度为 1020 hPa，南疆盆地有热低压发展，中心强度为 1005 hPa，有利于冷空气翻山进入南疆西部，造成大风天气（图 3.64d）。

云图：北疆北部有中小尺度对流云系发展，云顶亮温最低为 240 K（图 3.64e）。

探空 T-ln$p$：整层湿度大，离暴雨点最近塔城站的探空资料显示，K 指数为 34.8 ℃、SI 指数为－1.41 ℃、CAPE 值为 1046.6 J/kg、BLI 指数为－3.2、$T_{850\text{-}500}$ 为 26 ℃（图 3.64f）。

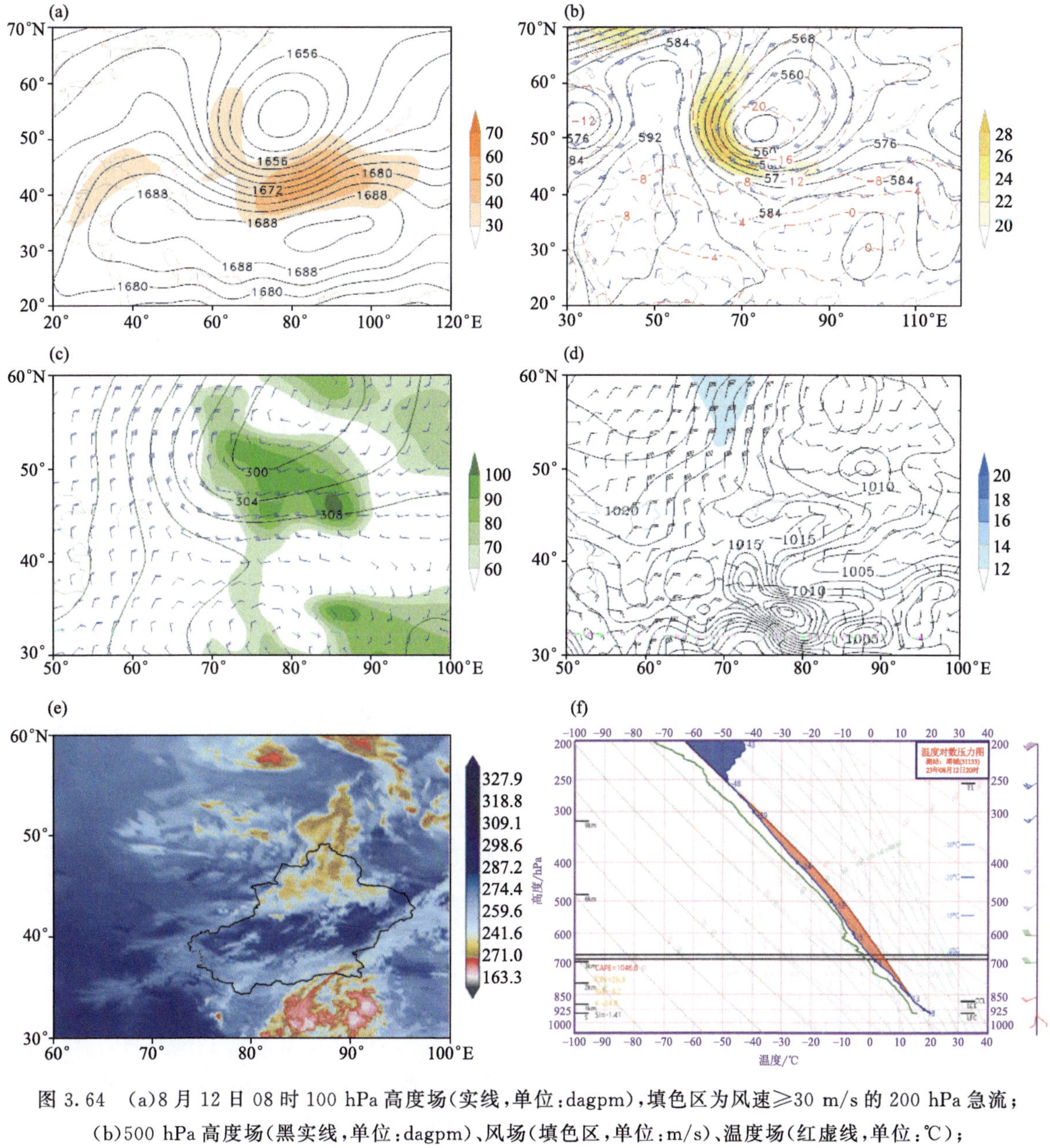

图 3.64　(a)8 月 12 日 08 时 100 hPa 高度场（实线，单位：dagpm），填色区为风速≥30 m/s 的 200 hPa 急流；(b)500 hPa 高度场（黑实线，单位：dagpm）、风场（填色区，单位：m/s）、温度场（红虚线，单位：℃）；(c)700 hPa 高度场（黑实线，单位：dagpm）、风场（单位：m/s）和相对湿度（填色区，%）；(d)海平面气压（黑实线，单位：hPa）和 850 hPa 风场（填色区，单位：m/s）；(e)8 月 12 日 20 时 FY-4A 红外云图（单位：K）；(f)8 月 12 日 20 时塔城站 T-ln$p$ 图

3.33　8 月 28 日 08 时至 31 日 02 时南疆和北疆局地暴雨、风口大风、南疆局地沙尘暴

3.33.1　天气实况综述

天气类型	降雨、大风、沙尘暴	过程强度	中度
天气实况	①降雨:北疆西部和北部、天山山区及北坡、南疆西部、昆仑山北坡、东疆南部出现小雨,其中伊犁河谷、博州西部、塔城地区北部、阿勒泰地区北部山区、喀什地区南部山区、克州山区、和田地区南部山区、巴州山区的部分区域累计降水量 6.1～45.8 mm,最大累计降水中心位于和田地区皮山县杜瓦镇气象站(图 3.65a)。 ②大风:北疆大部分地区、南疆西部、巴州、东疆出现 5～6 级西北风,风口风力 9～10 级、阵风 11～12 级。		
灾害天气	暴雨	暴雨站数:28 日共 29 站(伊犁河谷、塔城地区、喀什地区、克州、和田地区)。 日最大降雨中心:区域气象站和田地区皮山县杜瓦镇站(28 日)45.8 mm,国家级气象站伊犁州昭苏县昭苏站(28 日)20.8 mm。 最大小时雨强:区域气象站和田地区皮山县杜瓦镇站 25.6 mm/h(29 日 00—01 时)。国家级气象站伊犁州昭苏站 4.8 mm/h(28 日 16—17 时)。 短时强降水:1 站(和田地区皮山站)。	
	大风	博州东部、北疆北部、天山北坡及天山山区、南疆西部、巴州南部、东疆共 405 站出现 8 级以上大风,其中 10 级以上 61 站、12 级以上 6 站。过程极大风速,区域气象站为喀什地区伽师县玉代克力克乡英艾日克村站 34.4 m/s(28 日 01 时)、巴楚县三岔口镇 314 国道 1206 km 处 34.4 m/s(30 日 00 时),国家级气象站为博州阿拉山口站 25.9 m/s(28 日 12 时 13 分)(图 3.65b)。	
	沙尘暴	巴楚、麦盖提、民丰、于田 4 站沙尘暴,洛浦、策勒、和田、墨玉 4 站强沙尘暴,最小能见度为墨玉 130 m。	
灾情	8 月 28 日傍晚至夜间,喀什地区巴楚县、麦盖提县出现大风天气,造成人员受灾、农作物受灾。 8 月 28 日夜间,和田地区墨玉县出现大风和强沙尘暴天气,造成人员受灾、农作物受灾。		

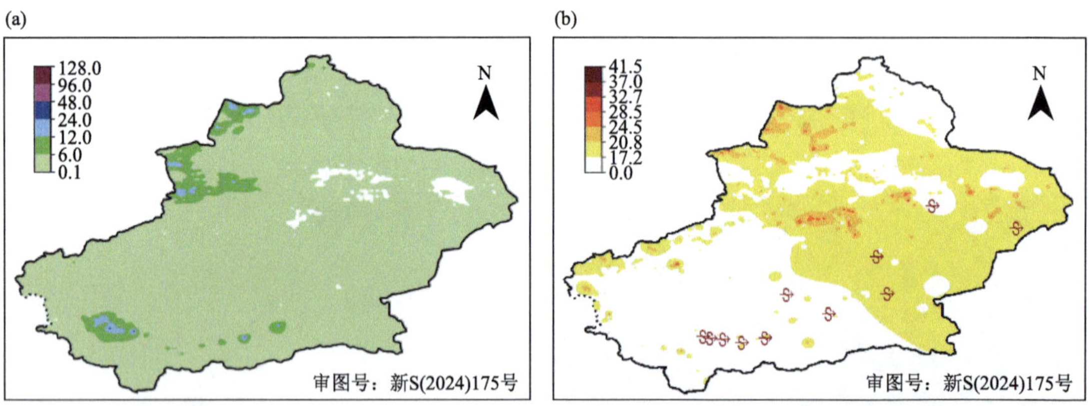

图 3.65　(a)8 月 28 日 08 时至 31 日 02 时过程累计降水量(单位:mm);(b)过程极大风速(单位:m/s)

3.33.2　环流形势

影响系统:200 hPa 西南急流;500 hPa 中亚低涡、中纬度短波槽;700～850 hPa 切变线;地面冷高压。

100～200 hPa:28 日 20 时 200 hPa 西南急流最大风速达 42 m/s(图 3.66a)。

500 hPa:欧亚范围中、高纬度呈两脊一槽,西欧、蒙古国至贝加尔湖一带为高压脊,中亚地区有一深厚的低涡系统,中心强度为 544 dagpm。西欧脊发展,中亚低涡不断分裂短波槽东移,并与中纬度短波汇合,南伸至 30°N 附近,由于下游贝加尔湖强盛高压脊阻挡,期间槽、脊系统变化缓慢,造成此次全疆综合性天气(图 3.66b)。

700～850 hPa：28 日 700 hPa 有相对湿度大值区较长时间影响北疆西部、北部，最强时段 08 时至 14 时北疆西部、北部有西南风和东南风的辐合，伊犁河谷有显著偏西气流，配合地形抬升，有利于伊犁河谷的西部和南部强降水；28 日 08 时 850 hPa 塔城地区北部存在风向辐合区，在阿克苏地区、巴州北部存在气旋性辐合（图 3.66c）。

地面：南疆西部境外的冷高压发展，29 日 08 时中心强度为 1030 hPa，同时塔里木盆地中东部的热低压发展，中心强度为 1010 hPa，气压梯度大，有利于冷空气翻山进入南疆，造成南疆大风、沙尘天气（图 3.66d）。

云图：北疆北部有明显的低槽云系，层状云中有对流云团生成，云顶亮温最低为 240 K（图 3.66e）。

探空 $T\text{-}\ln p$：中低层湿度较大，伊宁站探空资料显示，K 指数为 30.5 ℃、SI 指数为 3.37 ℃、CAPE 值为 11.5 J/kg、BLI 指数为 0.4、$T_{850\text{-}500}$ 为 22.8 ℃（图 3.66f）。

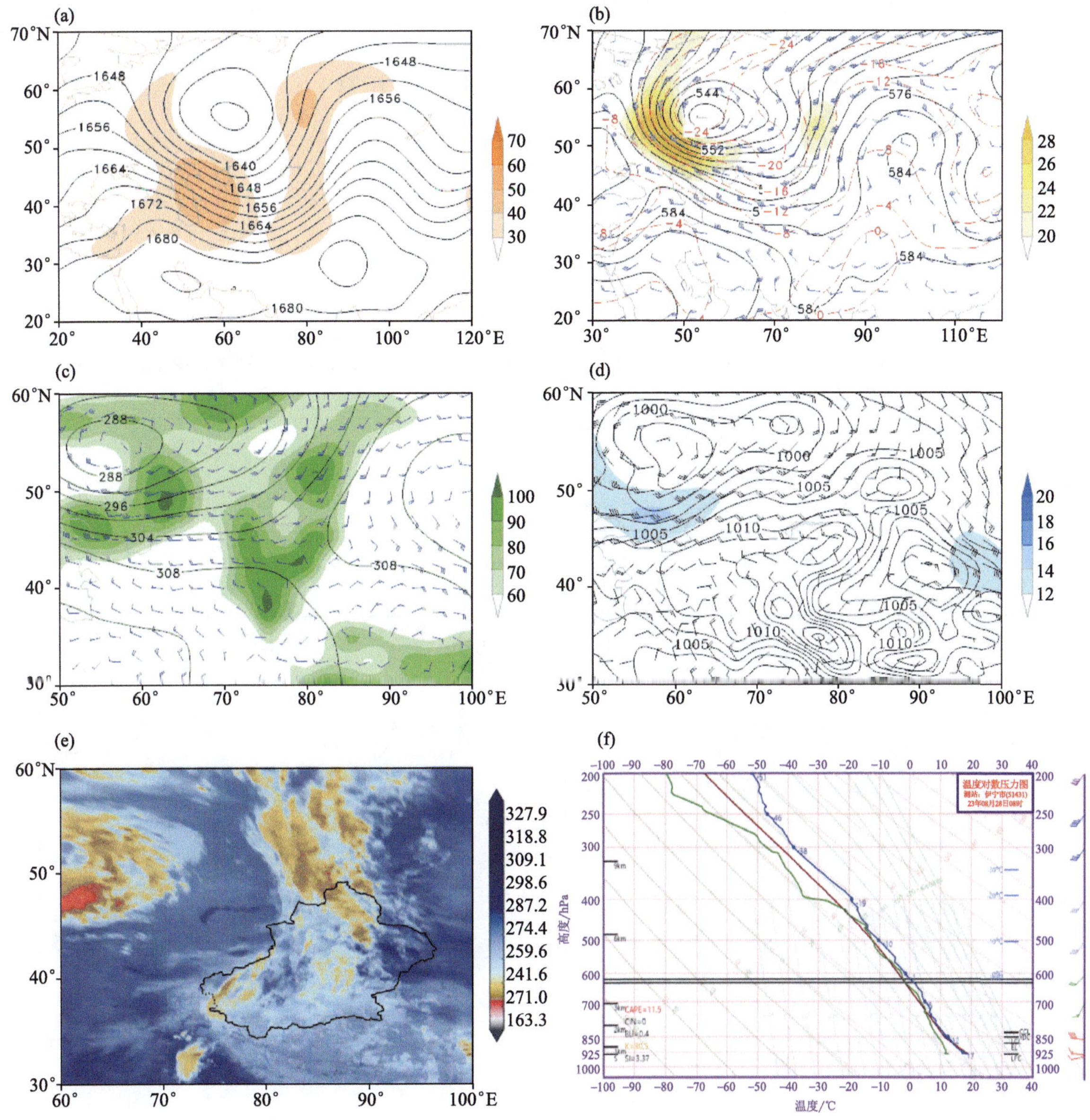

图 3.66 (a)8 月 28 日 20 时 100 hPa 高度场（实线，单位：dagpm），填色区为风速≥30 m/s 的 200 hPa 急流；(b)500 hPa 高度场（黑实线，单位：dagpm）、风场（填色区，单位：m/s）、温度场（红虚线，单位：℃）；(c)700 hPa 高度场（黑实线，单位：dagpm）、风场（单位：m/s）和相对湿度（填色区，%）；(d)海平面气压（黑实线，单位：hPa）和 850 hPa 风场（填色区，单位：m/s）；(e)8 月 28 日 23 时 FY-4A 红外云图（单位：K）；(f)8 月 28 日 08 时伊宁站 $T\text{-}\ln p$ 图

3.34 9 月 3 日 20 时至 6 日 20 时天山山区暴雨、风口大风、南疆局地沙尘暴、喀什地区巴楚县冰雹

3.34.1 天气实况综述

<table>
<tr><td>天气类型</td><td colspan="2">雨雪、大风、沙尘暴、冰雹</td><td>过程强度</td><td>中强</td></tr>
<tr><td>天气实况</td><td colspan="4">①雨雪:北疆西部和北部、天山山区及北坡、南疆西部山区、巴州、东疆小雨或雪,其中北疆西部和北部、天山山区及北坡、南疆西部山区、巴州、哈密市北部山区累计降水量 6.1～49.1 mm,最大累计降雨中心位于博州温泉县哈日布呼镇莫托村黑龙沟气象站(图 3.67a)。
②大风:北疆大部分地区、天山山区、南疆西部、巴州、东疆等地出现 5～6 级西北风,风口风力 11～12 级、阵风 13 级。</td></tr>
<tr><td rowspan="4">灾害性天气</td><td>暴雨</td><td colspan="3">暴雨站数:共 37 站,4 日 35 站(伊犁河谷、博州、塔城地区、巴州),5 日 2 站(昌吉州)。
日最大降雨中心:区域气象站伊犁州霍城县果子沟二台站(5 日)44.1 mm,国家级气象站乌鲁木齐市乌鲁木齐县小渠子站(5 日)30.1 mm。
最大小时雨强:区域气象站伊犁州霍城县小东沟站 22.8 mm/h(4 日 20—21 时),国家级气象站塔城地区额敏站 15.2 mm/h(5 日 15—16 时)。
短时强降水:10 站(伊犁河谷 6 站、博州 3 站、塔城地区 1 站)。</td></tr>
<tr><td>大风</td><td colspan="3">北疆大部分地区、天山山区、南疆西部、巴州、东疆的部分区域共 968 站出现 8 级以上大风,其中 10 级以上共 105 站、12 级以上 8 站。过程极大风速,区域气象站为巴州和静县和静镇黄水沟站 40.5 m/s(5 日 02 时 27 分),国家级气象站为哈密市伊州区十三间房站 35.3 m/s(5 日 08 时 02 分)(图 3.67b)。</td></tr>
<tr><td>沙尘暴</td><td colspan="3">墨玉、民丰、和田、于田、洛浦、策勒、阿克苏、温宿、库尔勒、塔中、若羌、铁干里克 12 站沙尘暴,最小能见度铁干里克 542 m。</td></tr>
<tr><td>冰雹</td><td colspan="3">4 日 20 时 35 分喀什地区巴楚县出现冰雹。</td></tr>
<tr><td>灾情</td><td colspan="4">4 日,喀什地区巴楚县出现冰雹,造成人员和农作物受灾。
4 日至 5 日,巴州轮台县出现大风,造成人员和林果受灾。</td></tr>
</table>

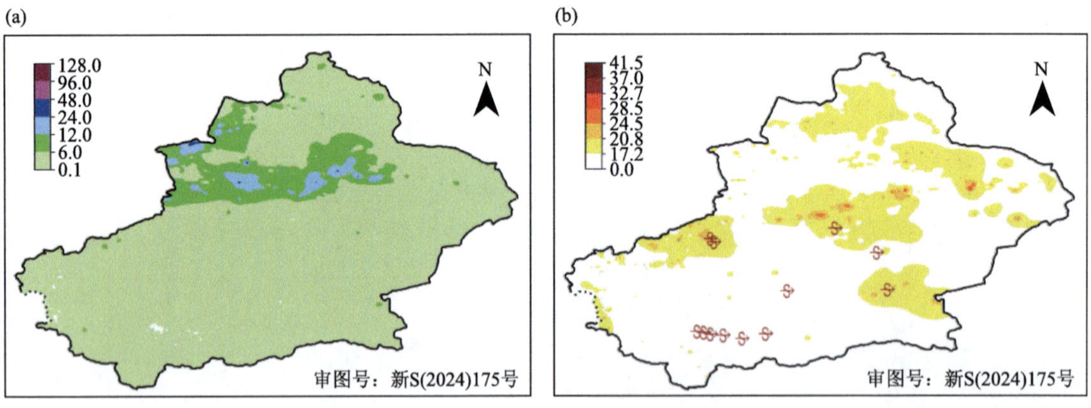

图 3.67 (a)9 月 3 日 20 时至 6 日 20 时过程累计降水量(单位:mm);(b)过程极大风速(单位:m/s)

3.34.2 环流形势

影响系统:200 hPa 西南急流;500 hPa 西西伯利亚低涡;700～850 hPa 切变线;地面冷高压。

100～200 hPa:200 hPa 为西南急流,4 日 08 时 200 hPa 西南急流核最大风速达 52 m/s(图 3.68a)。

500 hPa:欧亚范围中、高纬度呈一槽两脊的经向环流,西西伯利亚地区存在低涡,欧洲、蒙古高原一带为高压脊区。4 日至 5 日,欧洲脊强烈发展,脊前偏北风向西西伯利亚低涡输送冷空气,低涡向南加深发展伸至 35°N 附近,受下游高压脊阻挡,低涡逆时针旋转缓慢东移,其底部不断分裂短波槽东移造成此次

全疆综合性天气。过程期间，中低层冷、暖空气交汇剧烈且有不稳定能量，主要造成天山山区及北坡一带的短时强降水。6 日，低涡减弱东移，新疆受偏西气流控制(图 3.68b)。

700～850 hPa：4 日 700 hPa 北疆西部、北部有较强西南气流，强降水期间风速变大，且有西南风和东南风的辐合，伊犁河谷有显著偏西气流，配合地形抬升，有利于伊犁河谷的强降水，巴州北部有辐合，850 hPa 巴州北部也有明显辐合区，20 时天山北坡存在偏北急流，配合天山地形抬升，有利于天山山区形成强降水(图 3.68c)。

地面：1020 hPa 的冷高压进入北疆偏西地区(图 3.68d)。

云图：伊犁河谷内有中小尺度对流云系发展，云顶亮温最低为 217 K(图 3.68e)。

探空 T-ln$p$：整层湿度较小，伊宁站探空资料显示，K 指数为 22.4 ℃、SI 指数为－1.45 ℃、CAPE 值为 1343.3 J/kg、BLI 指数为－4.6、$T_{850\text{-}500}$ 为 34 ℃(图 3.68f)。

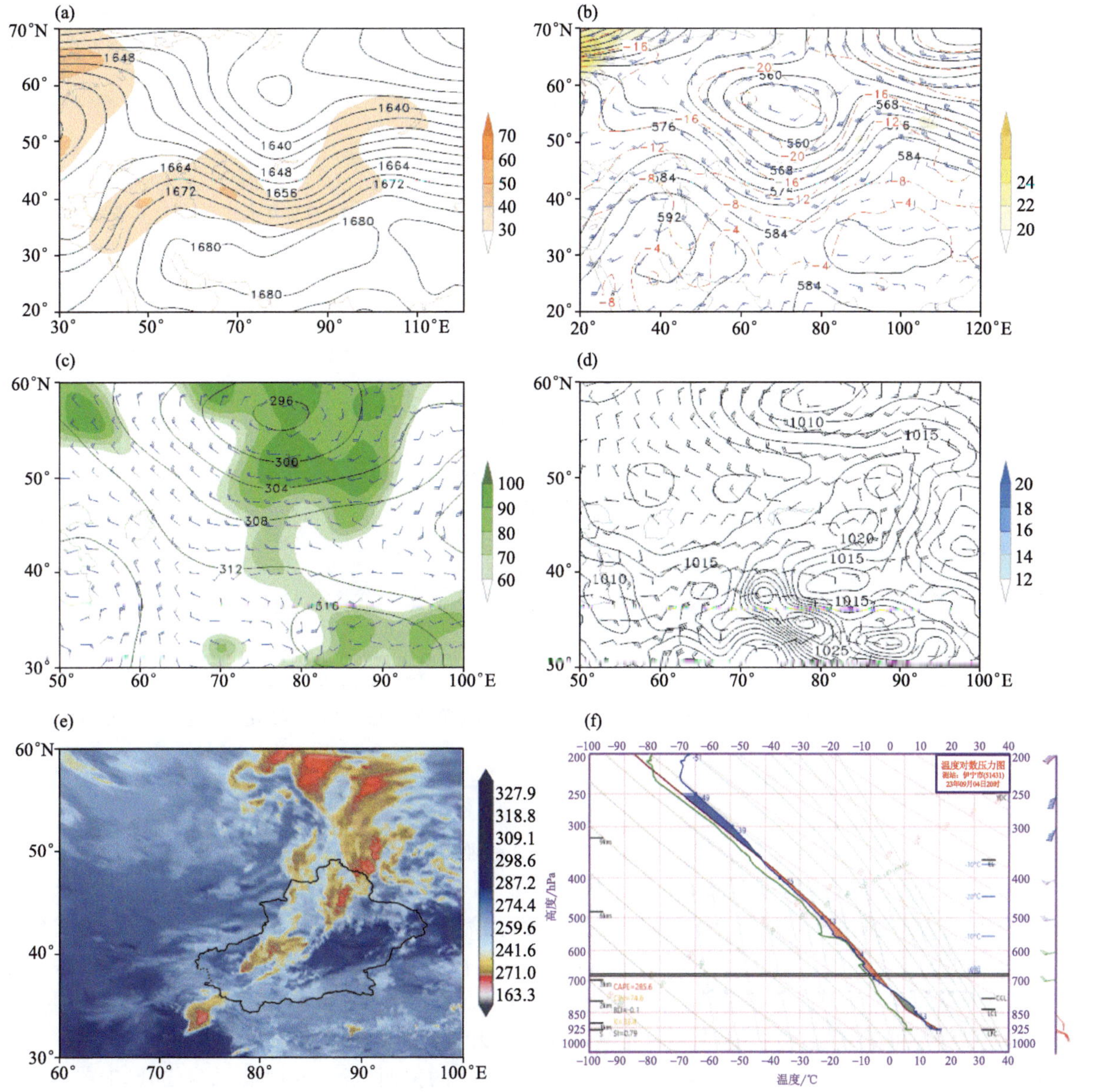

图 3.68　(a)9 月 4 日 20 时 100 hPa 高度场(实线，单位：dagpm)，填色区为风速≥30 m/s 的 200 hPa 急流；(b)500 hPa 高度场(黑实线，单位：dagpm)、风场(填色区，单位：m/s)、温度场(红虚线，单位：℃)；(c)700 hPa 高度场(黑实线，单位：dagpm)、风场(单位：m/s)和相对湿度(填色区，%)；(d)海平面气压(黑实线，单位：hPa)和 850 hPa 风场(填色区，单位：m/s)；(e)9 月 4 日 03 时 FY-4A 红外云图(单位：K)；(f)9 月 3 日 20 时伊宁站 T-ln$p$ 图

3.35 9月12日08时至14日08时北疆西部局地暴雨、风口大风

3.35.1 天气实况综述

天气类型	雨雪、大风	过程强度	中度
天气实况	①雨雪:北疆西部和北部、天山山区及北坡、南疆西部山区、巴州、东疆小雨或雪,其中北疆西部、塔城地区北部、阿勒泰地区北部、天山山区及北坡累计降水量6.1～72.5 mm,最大累计降雨中心位于博州博乐市小营盘镇夏尔西里气象站(图3.69a)。 ②大风:北疆大部分地区、天山山区、南疆西部山区、东疆出现5～6级西北风,风口风力9～10级、阵风11～12级。		
灾害天气	暴雨	暴雨站数:共3站,12日2站(伊犁河谷、博州),13日1站(博州)。 日最大降雨中心:区域气象站博州博乐市小营盘镇夏尔西里站(12日)45.7 mm,国家级气象站石河子市莫索湾站(13日)14.9 mm。 最大小时雨强:区域气象站博州博乐市小营盘镇夏尔西里站12.9 mm/h(13日05—06时),国家级气象站石河子市莫索湾站7.4 mm/h(13日10—11时)。	
	大风	伊犁河谷南部、博州、北疆北部、天山山区及北坡、南疆西部山区、巴州北部、东疆共519站出现8级以上大风,其中10级以上65站、12级以上1站。过程极大风速,区域气象站为吐鲁番市托克逊县大草湖南站32.5 m/s(13日04时),国家级气象站为哈密市伊州区十三间房站29.5 m/s(13日15时)(图3.69b)。	

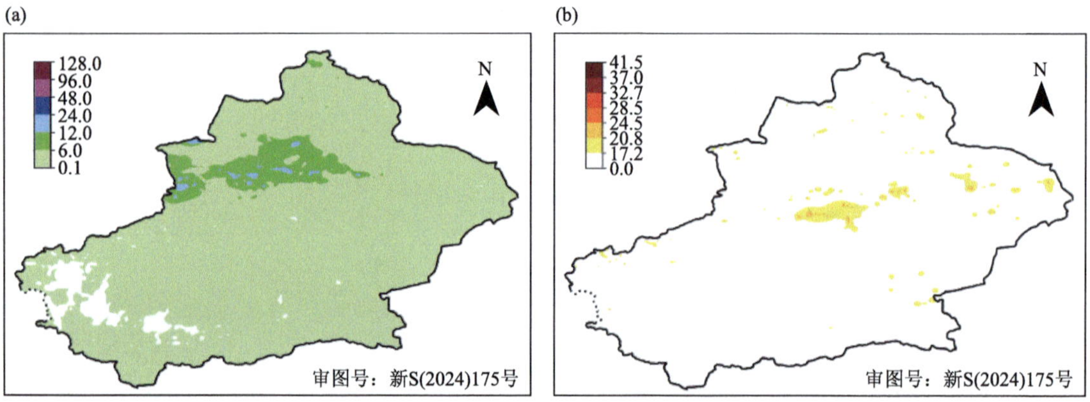

图3.69 (a)9月12日08时至14日08时过程累计降水量(单位:mm);(b)过程极大风速(单位:m/s)

3.35.2 环流形势

影响系统:100～200 hPa偏西急流;500 hPa西西伯利亚低涡;700～850 hPa切变线。

100～200 hPa:200 hPa为偏西急流,13日08时200 hPa偏西气流最大风速达58 m/s(图3.70a)。

500 hPa:欧亚范围为纬向环流,中纬度多短波活动,黑海至巴湖一带、贝加尔湖为宽广的低值系统活动区,新疆受弱高压脊控制。12日至13日,欧洲脊顶东扩,脊前北风带不断向南输送冷空气,黑海至巴湖一带的低涡分裂为两个,分别位于里海、巴湖附近,其中位于巴湖附近的低涡锋区南压,且低涡长期维持,不断分裂短波东移影响新疆,主要造成天山北坡的强降水天气(图3.70b)。

700～850 hPa:13日08时700 hPa在伊犁河谷存在显著的偏西气流,同时有风速辐合,850 hPa在巴州北部存在气旋性辐合(图3.70c)。

地面:1015 hPa的弱高压进入北疆地区(图3.70d)。

云图:伊犁河谷内有中小尺度对流云系发展,云顶亮温最低为215 K(图3.70e)。

探空 T-ln$p$:整层湿度较大,伊宁站探空资料显示,K指数为28.2 ℃、SI指数为2.22 ℃、CAPE值为202.6 J/kg、BLI指数为−0.7、$T_{850\text{-}500}$为23 ℃(图3.70f)。

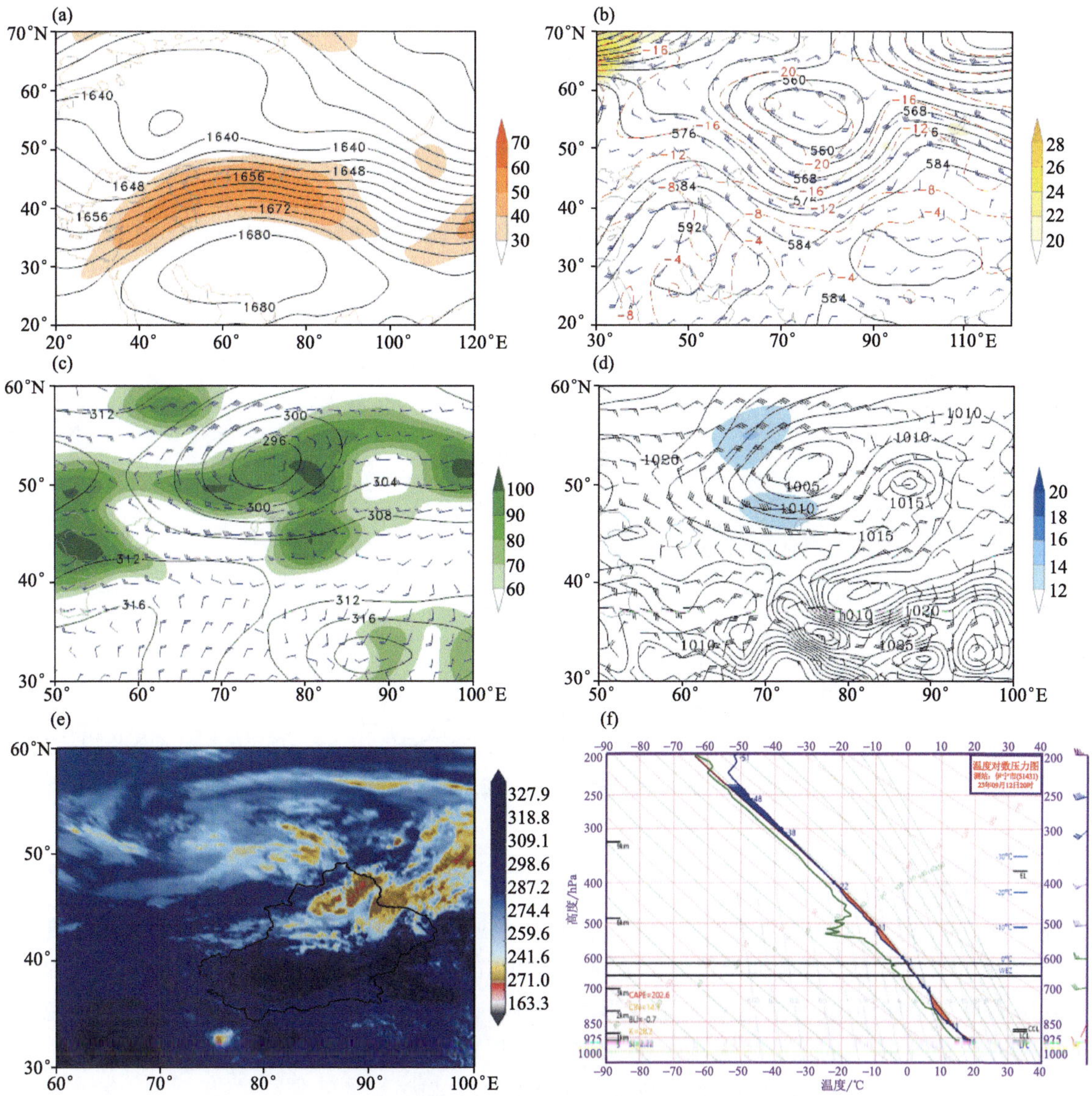

图 3.70　(a)9 月 12 日 08 时 100 hPa 高度场(实线,单位:dagpm),填色区为风速≥30 m/s 的 200 hPa 急流;
(b)500 hP 高度场(黑实线,单位:dagpm)、风场(填色区,单位:m/s)、温度场(红虚线,单位:℃);
(c)700 hPa 高度场(黑实线,单位:dagpm)、风场(单位:m/s)和相对湿度(填色区,%);
(d)海平面气压(黑实线,单位:hPa)和 850 hPa 风场(填色区,单位:m/s);
(e)9 月 13 日 5 时 FY-4A 红外云图(单位:K);(f)9 月 12 日 20 时伊宁站 T-ln$p$ 图

3.36　9 月 14 日 08 时至 16 日 20 时伊犁河谷、天山北坡局地暴雨,风口大风

3.36.1　天气实况综述

天气类型	降雨、大风	过程强度	中度
天气实况	①降雨:北疆大部分地区、天山山区和克州山区、阿克苏地区西部和北部、巴州北部、昆仑山北坡、东疆小雨,其中北疆西部、塔城地区、阿勒泰地区西部和北部、天山山区及北坡、巴州北部累计降水量 6.1~71.3 mm,最大累计降雨中心位于伊犁州霍城县福寿山站和果子沟二台气象站(图 3.71a)。 ②大风:北疆北部、天山山区、南疆西部山区、巴州、东疆出现 5~6 级西北风,风口风力 9~10 级,阵风 11 级。		

续表

<table>
<tr><td rowspan="2">灾害天气</td><td>暴雨</td><td>暴雨站数:15 日共 25 站(伊犁河谷、石河子、昌吉州)。
日最大降雨中心:区域气象站伊犁州霍城县果子沟二台站(15 日)58.9 mm,国家级气象站昌吉州玛纳斯站(15 日)17.3 mm。
最大小时雨强:区域气象站石河子市新疆生产建设兵团第八师 144 团站 17.3 mm/h(15 日 02—03 时),国家级气象站昌吉州玛纳斯站 7.4 mm/h(15 日 03—04 时)。</td></tr>
<tr><td>大风</td><td>北疆北部、天山山区、南疆西部山区、巴州、东疆共 283 站出现 8 级以上大风,其中 10 级以上 20 站。过程极大风速,区域气象站为巴州轮台县阳霞镇水管站 31.4 m/s(15 日 23 时),国家级气象站为哈密市伊州区十三间房站 27.1 m/s(15 日 16 时)(图 3.71b)。</td></tr>
</table>

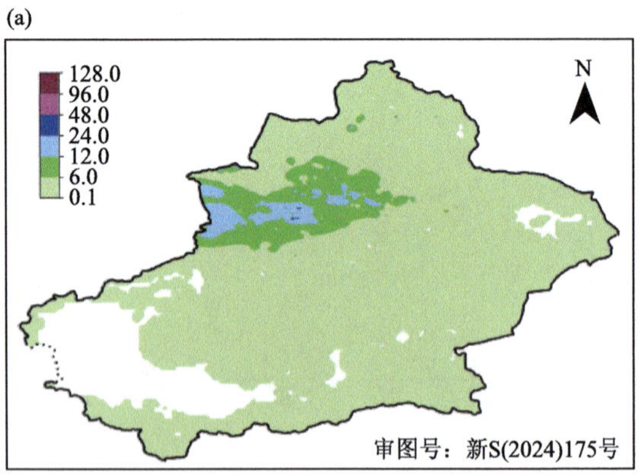

图 3.71 (a)9 月 14 日 08 时至 16 日 20 时过程累计降水量(单位:mm);(b)过程极大风速(单位:m/s)

3.36.2 环流形势

影响系统:100～200 hPa 偏西急流;500 hPa 中西伯利亚低涡;700～850 hPa 切变线;地面冷高压。

100～200 hPa:200 hPa 为偏西急流,15 日 14 时 200 hPa 偏西气流最大风速达 56 m/s(图 3.72a)。

500 hPa:欧亚范围中、高纬度呈 Ω 型阻塞形势,里海—黑海地区为低涡,乌拉尔山地区为阻塞高压,中西伯利亚地区为准东-西向低值系统,阻塞形势整体稳定少动。15 日,受中西伯利亚低涡底部锋区和副热带锋区波动共同影响,造成天山山区两侧的暴雨天气(图 3.72b)。

700～850 hPa:15 日 08 时 700 hPa 北疆西部有偏西显著气流,配合地形抬升,有利于伊犁河谷的强降水,850 hPa 在巴州存在气旋式辐合(图 3.72c)。

地面:1020 hPa 的冷高压进入北疆西部地区(图 3.72d)。

云图:伊犁河谷境内有中小尺度对流云系发展,云顶亮温最低为 240 K(图 3.72e)。

探空 T-ln$p$:整层湿度较大,伊宁站探空资料显示,K 指数为 27.9 ℃、SI 指数为 4.66 ℃、CAPE 值为 107.2 J/kg、BLI 指数为 3.1、$T_{850\text{-}500}$ 为 22 ℃(图 3.72f)。

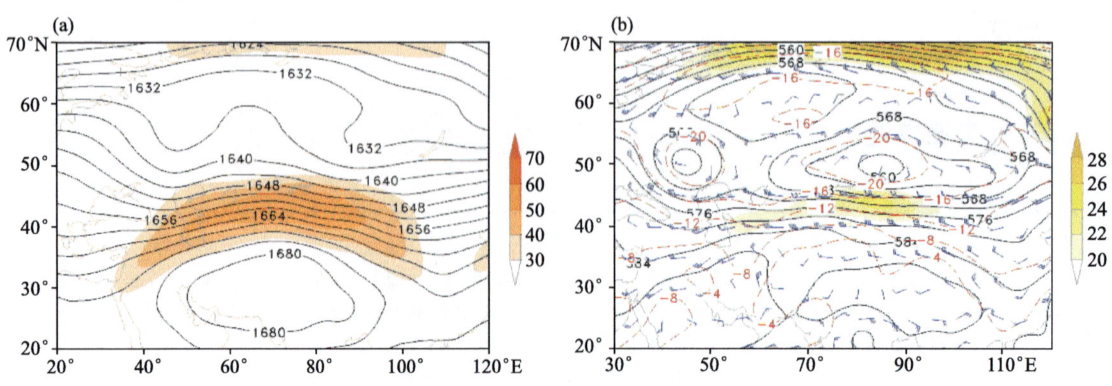

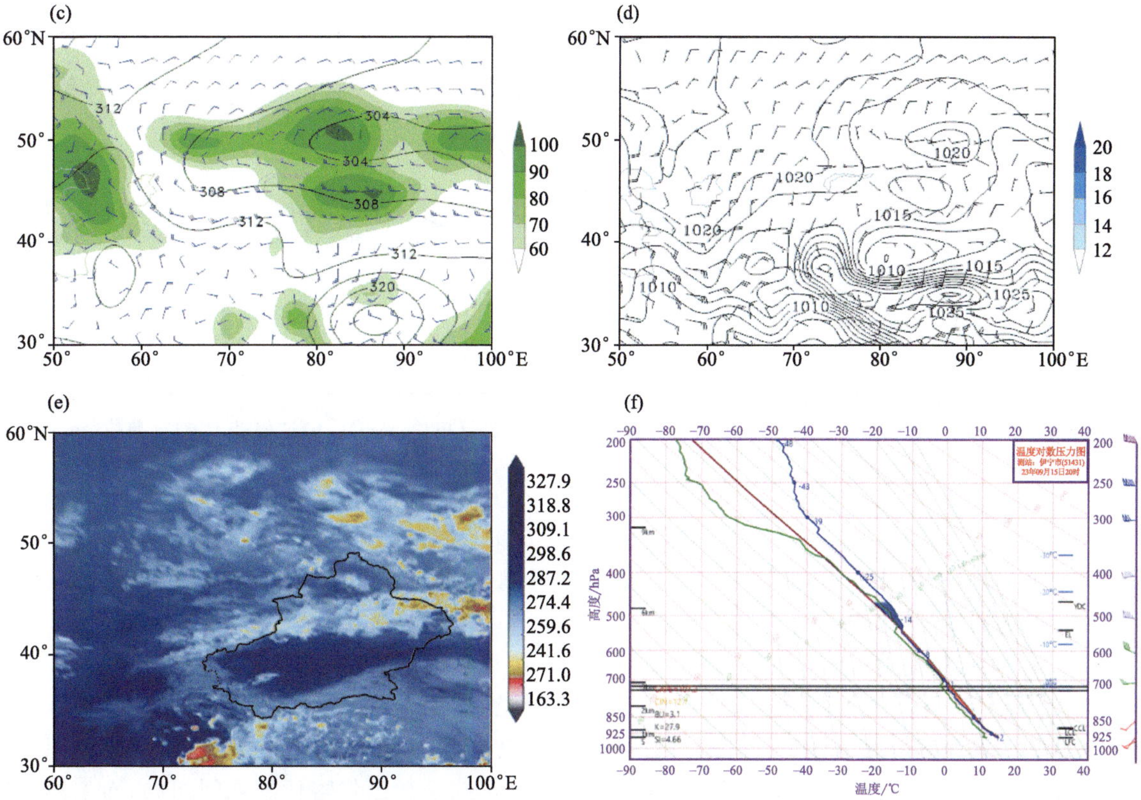

图 3.72　(a)9 月 15 日 08 时 100 hPa 高度场(实线,单位:dagpm),填色区为风速≥30 m/s 的 200 hPa 急流;
(b)500 hPa 高度场(黑实线,单位:dagpm)、风场(填色区,单位:m/s)、温度场(红虚线,单位:℃);
(c)700 hPa 高度场(黑实线,单位:dagpm)、风场(单位:m/s)和相对湿度(填色区,%);
(d)海平面气压(黑实线,单位:hPa)和 850 hPa 风场(填色区,单位:m/s);
(e)9 月 15 日 15 时 FY-4A 红外云图(单位:K);(f)9 月 15 日 20 时伊宁站 T-ln$p$ 图

3.37　9 月 19 日 20 时至 22 日 08 时北疆西部和北部局地暴雨、风口大风

3.37.1　天气实况综述

天气类型	降雨、大风		过程强度	中度
天气实况	①降雨:北疆大部和南疆西部、巴州、哈密市北部等地的部分区域及吐鲁番市局部区域出现小雨,其中伊犁河谷、博州西部、北疆北部、克拉玛依市、巴州北部等地的部分区域和天山山区及北坡、喀什地区、克州山区、和田地区西部、阿克苏地区、哈密市北部等地的局部区域累计降水量 6.1～43.5 mm,最大累计降水中心位于阿勒泰地区福海县阿富铁路气象站(图 3.73a)。 ②大风:北疆大部分地区、南疆西部、巴州、吐鲁番市、哈密市出现 4～5 级西北风,风口风力 9～10 级、阵风 11 级。			
灾害天气	暴雨	暴雨站数:共 10 站,20 日 6 站(伊犁河谷),21 日 4 站(阿勒泰地区 3 站、克拉玛依市 1 站)。 日最大降雨中心:区域气象站阿勒泰地区福海县阿富铁路站 42.1 mm(21 日),国家级气象站克拉玛依市站 20.9 mm(21 日)。 最大小时雨强:区域气象站阿勒泰地区福海县阿富铁路站 31.6 mm/h(21 日 19—20 时),国家级气象站伊犁河谷特克斯县站 12.9 mm/h(20 日 19—20 时)。 短时强降水:共 3 站(伊犁河谷 1 站、阿勒泰地区 2 站)。		
	大风	全疆大部分地区共 539 站出现 8 级以上大风,其中 10 级以上 7 站。过程极大风速,区域气象站为喀什地区塔什库尔干县班迪尔乡下板地水库站 32.9 m/s(21 日 21 时),国家级气象站为哈密市伊州区十三间房站 29.1 m/s(21 日 13 时)(图 3.73b)。		

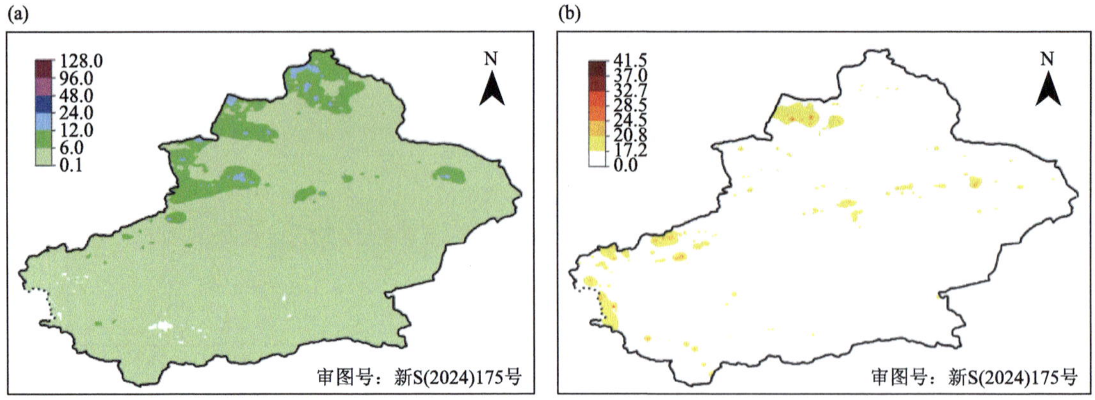

图 3.73 (a)9 月 19 日 20 时至 9 月 22 日 08 时过程累计降水量(单位:mm);(b)过程极大风速(单位:m/s)

3.37.2 环流形势

影响系统:100～200 hPa 偏西急流;500 hPa 中亚低槽(低涡)、中纬度短波槽;700～850 hPa 偏西急流、切变线;地面弱冷高压、辐合线。

100～200 hPa:新疆受长波槽控制,21 日 20 时 200 hPa 偏西急流核最大风速达 60 m/s(图 3.74a)。

500 hPa:欧亚中高纬度为两槽两脊的经向环流,新疆受弱高压脊控制,上游新地岛到中亚为深厚的低压槽。随着欧洲脊向东南衰退,中亚低槽分成两段,北段快速东移,南段南压到中亚(巴尔喀什湖)地区。随着东欧脊进一步衰退,巴尔喀什湖低压槽再次分裂,底部在咸海和巴尔喀什湖之间切涡,而主体快速东移造成本次降水大风天气过程(图 3.74b)。

700～850 hPa:北疆西部、北部存在风向切变和风速辐合,并伴有弱冷平流,造成北疆西部、北部降雨天气(图 3.72c)

地面:前期北疆受暖低压控制,后期随着地面弱冷高压东移,弱冷空气进入北疆,冷、暖气流交汇,造成此次北疆西部、北部降水天气(图 3.74d)。

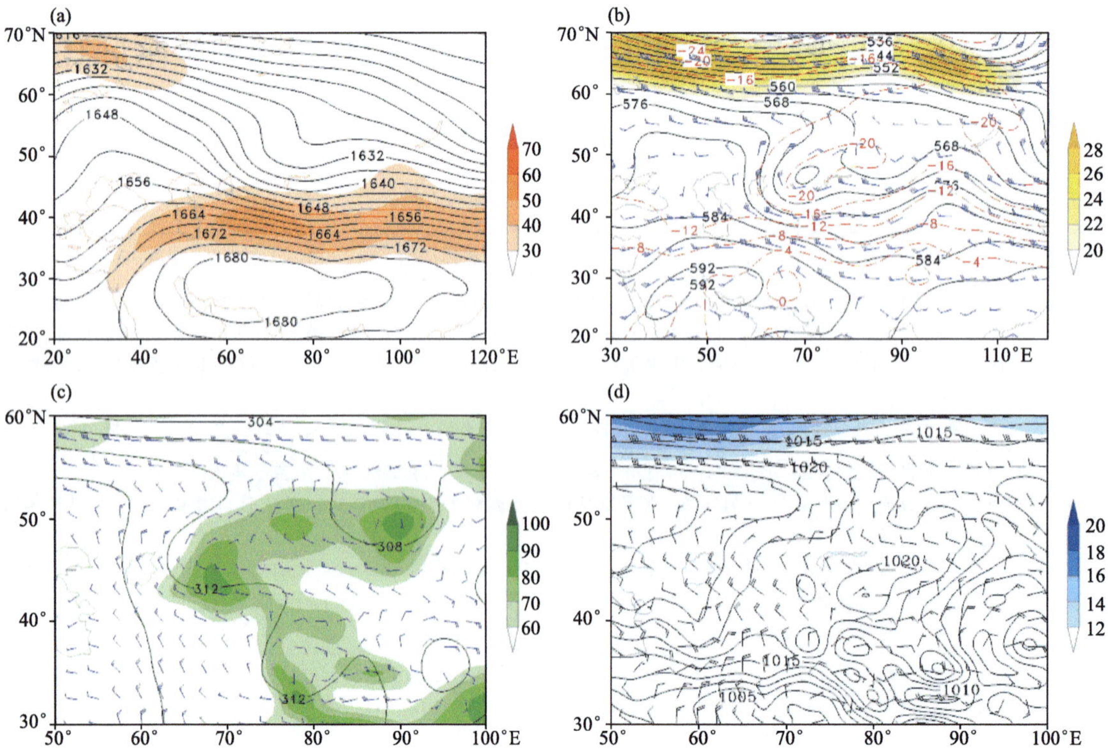

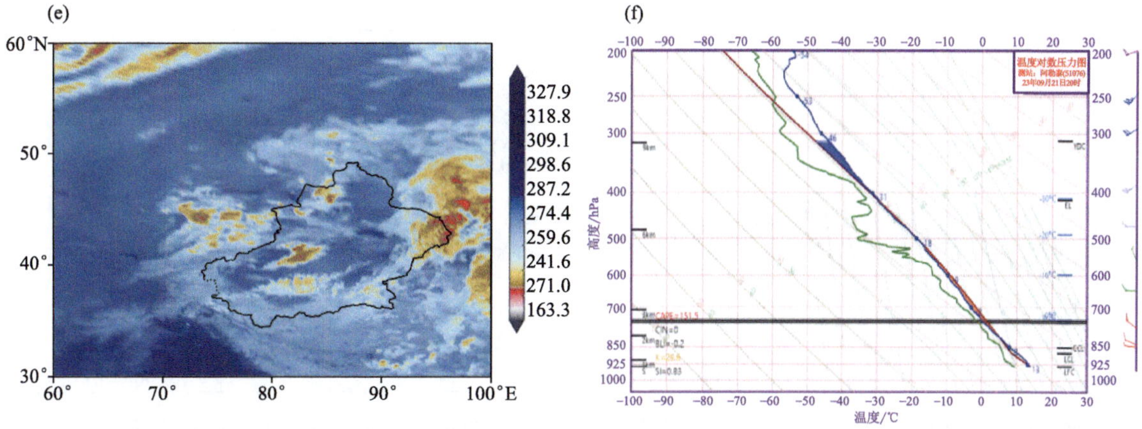

图 3.74　(a)9 月 21 日 20 时 100 hPa 高度场(实线,单位:dagpm),填色区为风速≥30 m/s 的 200 hPa 急流;(b)500 hPa 高度场(黑实线,单位:dagpm)、风场(填色区,单位:m/s)、温度场(红虚线,单位:℃);(c)700 hPa 高度场(黑实线,单位:dagpm)、风场(单位:m/s)和相对湿度(填色区,%);(d)海平面气压(黑实线,单位:hPa)和 850 hPa 风场(填色区,单位:m/s);(e)9 月 21 日 20 时 FY-4A 红外云图(单位:K);(f)9 月 21 日 20 时阿勒泰站 T-ln$p$ 图

云图:哈密市有明显的低槽云系,阿勒泰地区福海县上游有对流云团生成并逐渐向东移动,云顶亮温最低约 210 K(图 3.74e)。

探空 T-ln$p$:中低层湿(500～850 hPa),低层(700～850 hPa)存在不稳定层结,对流参数中,离暴雨中心最近的阿勒泰站 21 日 20 时的探空资料显示,K 指数为 29.6 ℃、SI 指数为 0.83 ℃、CAPE 值为 151.5 J/kg、BLI 指数为－0.2、$T_{850\text{-}500}$ 为 26 ℃(图 3.74f)。

3.38　9 月 22 日 08 时至 23 日 20 时北疆西部和北部、南疆西部局地暴雨,风口大风

3.38.1　天气实况综述

<table>
<tr><td>天气类型</td><td colspan="2">降雨、大风</td><td>过程强度</td><td>中度</td></tr>
<tr><td>天气实况</td><td colspan="4">①降雨:北疆大部分地区、天山山区、南疆西部和巴州、哈密市等地的部分区域出现降水,其中北疆西部和北部、天山山区、喀什地区、克州山区、阿克苏地区、巴州北部、昆仑山北坡、哈密市北部等地的部分区域累计降水量 6.1～48.7 mm,最大累计降水中心为阿克苏地区沙雅县努尔巴克乡气象站(图 3.75a)。
②大风:全疆大部分区域出现 4～5 级西北风,风口风力 9～10 级、阵风 11 级。</td></tr>
<tr><td rowspan="2">灾害天气</td><td>暴雨</td><td colspan="3">暴雨站数:共 18 站,22 日 18 站(伊犁河谷 8 站、喀什地区 4 站、和田地区 5 站、阿克苏地区 1 站)。
日最大降雨中心:区域气象站和田地区皮山县桑株镇坡斯喀村站 39.4 mm(22 日),国家级气象站喀什地区英吉沙县站 16.7 mm(22 日)。
最大小时雨强:区域气象站喀什地区英吉沙县克孜勒乡 5 村山区站 26.9 mm/h(22 日 21—22 时),国家级气象站喀什地区英吉沙县站 13.2 mm/h(22 日 18—19 时)。
短时强降水:共 3 站(喀什地区 2 站、和田地区 1 站)。</td></tr>
<tr><td>大风</td><td colspan="3">北疆西部和北部、克拉玛依市、南疆西部、和田地区、巴州、东疆等地共 344 站出现 8 级以上大风,其中 10 及以上 5 站。过程极大风速,区域气象站为喀什地区塔什库尔干县塔干乡站 31.8 m/s(22 日 21 时),国家级气象站为喀什地区图尔尕特站 25.7 m/s(22 日 18 时)(图 3.75b)。</td></tr>
</table>

3.38.2　环流形势

影响系统:100～200 hPa 偏西急流;500 hPa 中亚低槽、中纬度短波槽;700～850 hPa 低空急流、切变线;地面冷高压、冷锋、暖低压、辐合线。

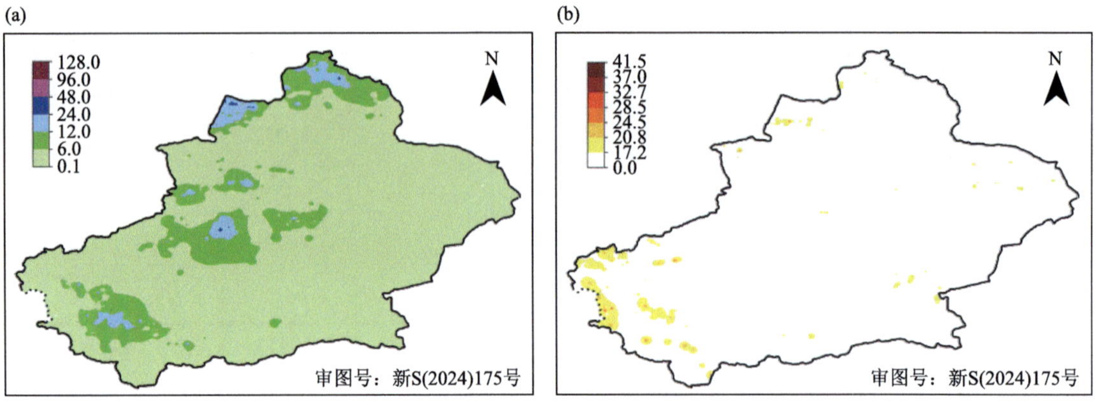

图 3.75 (a)9 月 22 日 08 时至 23 日 20 时过程累计降水量(单位:mm);(b)过程极大风速(单位:m/s)

100～200 hPa:新疆处于长波槽底部,23 日 08 时 200 hPa 偏西急流核最大风速达 56 m/s(图 3.76a)。

500 hPa:欧亚范围中、高纬度呈两槽两脊的经向环流,欧洲地区和贝加尔湖附近为高压脊区,西西伯利亚至中亚地区沿线和东亚沿岸为低值系统活动区。22 日 20 时,欧洲脊发展,脊前北风带向中亚地区输送冷空气,极锋锋区南压,中亚低槽东移南下,与中纬度中亚地区分裂的短波槽叠加,造成新疆此次以降水为主的天气(图 3.76b)。

700～850 hPa:北疆北部 700 hPa(风速 16～22 m/s)和 850 hPa 有低空急流(风速 12～16 m/s),并伴有冷平流。北疆北部西北风与偏西风切变,南疆西北风与偏东风切变,风速也存在切变,配合地形强迫抬升,造成北疆西部北部和南疆西部局部区域的强降雨天气(图 3.76c)。

地面:22 日 20 时地面高压中心位于新疆境外的巴湖以南,低压中心位于西藏,新疆气压场上北高南低,存在等压线密集带,造成大风天气(图 3.76d)。

云图:西天山及两侧有深厚的低槽云系,云顶亮温最低约 210 K(图 3.76e)。

探空 T-ln$p$:中低层湿(400～850 hPa),低层(700～850 hPa)存在不稳定层结,对流参数中,离暴雨中心最近的阿克苏站 23 日 08 时的探空资料显示,K 指数为 25.6 ℃、SI 指数为－0.07 ℃、CAPE 值为 213.3 J/kg、BLI 指数为－0.8、$T_{850-500}$ 为 28 ℃(图 3.76f)。

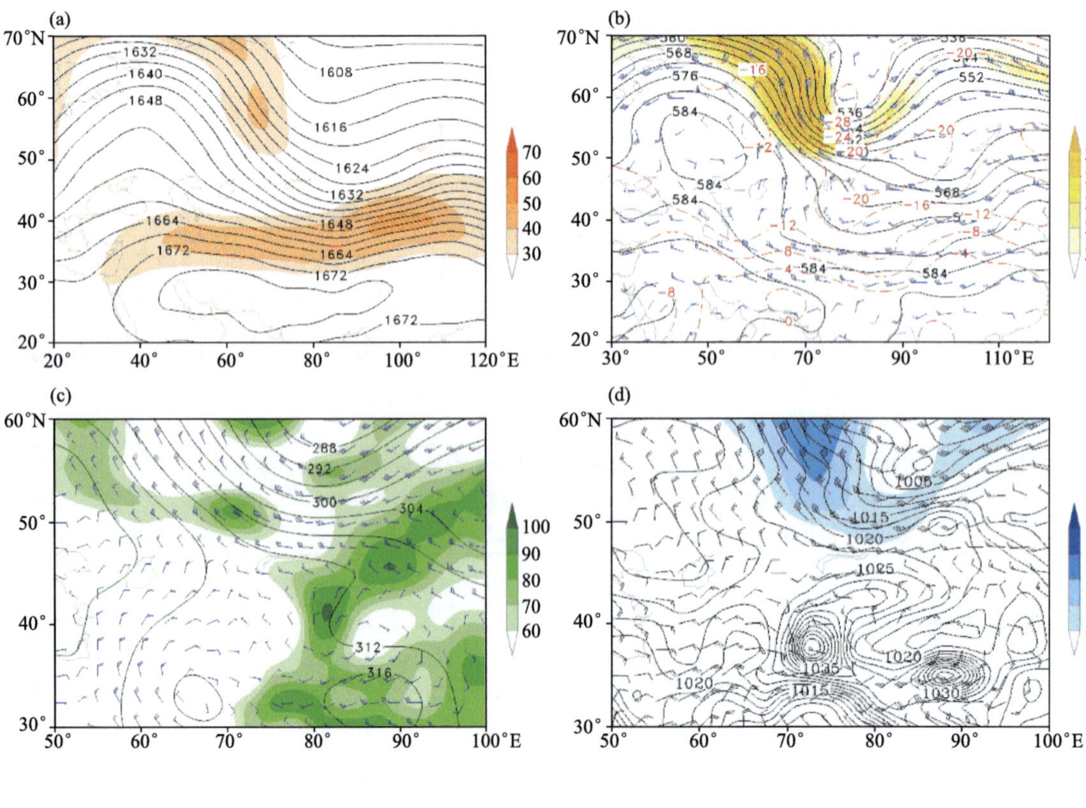

(e)

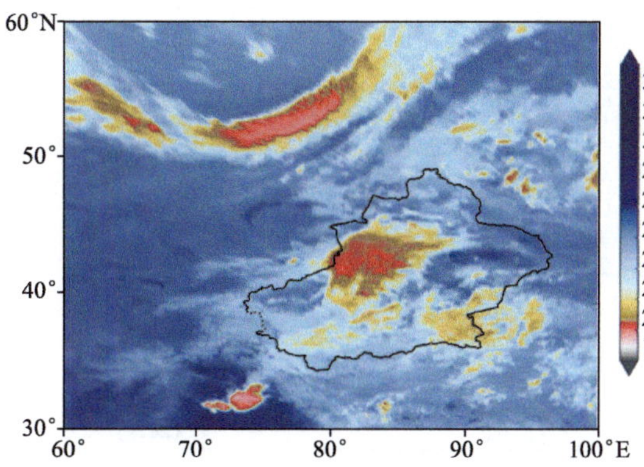

(f)

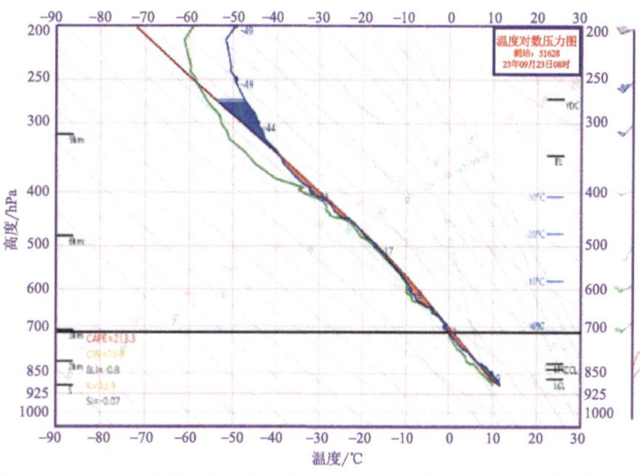

图 3.76　(a)9 月 23 日 08 时 100 hPa 高度场(实线,单位:dagpm),填色区为风速≥30 m/s 的 200 hPa 急流;(b)500 hPa 高度场(黑实线,单位:dagpm)、风场(填色区,单位:m/s)、温度场(红虚线,单位:℃);(c)700 hPa 高度场(黑实线,单位:dagpm)、风场(单位:m/s)和相对湿度(填色区,%);(d)海平面气压(黑实线,单位:hPa)和 850 hPa 风场(填色区,单位:m/s);(e)9 月 22 日 20 时 FY-4A 红外云图(单位:K);(f)9 月 23 日 08 时阿克苏站 T-ln$p$ 图

3.39　9 月 23 日 20 时至 25 日 17 时北疆西部和北部、天山北坡、东疆局地暴雨,风口大风

3.39.1　天气实况综述

<table>
<tr><td>天气类型</td><td colspan="2">雨雪、大风</td><td>过程强度</td><td>中度</td></tr>
<tr><td>天气实况</td><td colspan="4">①雨雪:北疆大部分地区和南疆西部山区、阿克苏地区、和田地区南部山区、巴州、吐鲁番市北部、哈密市等地的部分区域出现小雨或雪,其中北疆北部、天山北坡等地的部分区域和天山山区、巴州北部、吐鲁番市北部、哈密市等地的局部区域累计降水量 6.1～51.4 mm,最大累计降水中心位于吐鲁番市高昌区恰勒坎渠首气象站(图 3.77a)。
②大风:北疆大部分地区、巴州、吐鲁番市、哈密市出现 5 级左右西北风,风口风力 10～11 级,阵风 11～12 级。</td></tr>
<tr><td rowspan="3">灾害天气</td><td>暴雨</td><td colspan="3">暴雨站数:共 32 站,其中 23 日 31 站(塔城地区 15 站、阿勒泰地区 9 站、石河子市 3 站、乌鲁木齐市 1 站、吐鲁番市 1 站、哈密市 2 站),24 日 1 站(吐鲁番市)。
日最大降雨中心:区域气象站塔城地区额敏县喀拉也木勒乡布拉克托别村站 38.0 mm(23 日),国家级气象站塔城地区裕民站 22.7 mm(23 日)。
最大小时雨强:区域气象站为昌吉州木垒县英格堡乡站 11.9 mm/h(24 日 14—15 时),国家级气象站为石河子市炮台站 8.0 mm/h(24 日 15—16 时)。</td></tr>
<tr><td>暴雪</td><td colspan="3">暴雪站数:共 5 站。24 日 3 站(阿勒泰地区 3 站,其中 1 站大暴雪),25 日 2 站(伊犁河谷 1 站、昌吉州 1 站)。
日最大降雪中心:固态站阿勒泰地区哈巴河县萨尔布拉克镇大萨子站 27.9 mm(24 日),国家级气象站乌鲁木齐市乌鲁木齐县牧试站 3.0 mm(24 日)。
最大小时雪强:固态站阿勒泰地区阿勒泰市野雪公园 1 号站 5.1 mm/h(24 日 10—11 时),国家级气象站乌鲁木齐市乌鲁木齐县小渠子站 1.1 mm/h(24 日 23 时—25 日 00 时)。</td></tr>
<tr><td>大风</td><td colspan="3">北疆大部分地区、巴州、吐鲁番市、哈密市等地共 428 站出现 8 级以上大风,其中 10 及以上 9 站;过程极大风速,区域气象站为巴州和静县巴伦台镇巴音沟村站为 35.7 m/s(24 日 18 时),国家级气象站为哈密市伊州区十三间房站 26.1 m/s(24 日 23 时)(图 3.77b)。</td></tr>
</table>

3.39.2　环流形势

影响系统:100～200 hPa 偏西急流;500 hPa 西西伯利亚低槽、中纬度短波槽;700～850 hPa 低空急流、切变线;地面冷高压。

100～200 hPa:新疆处于长波槽底部,24 日 08 时 200 hPa 偏西急流核最大风速达 58 m/s(图 3.78a)。

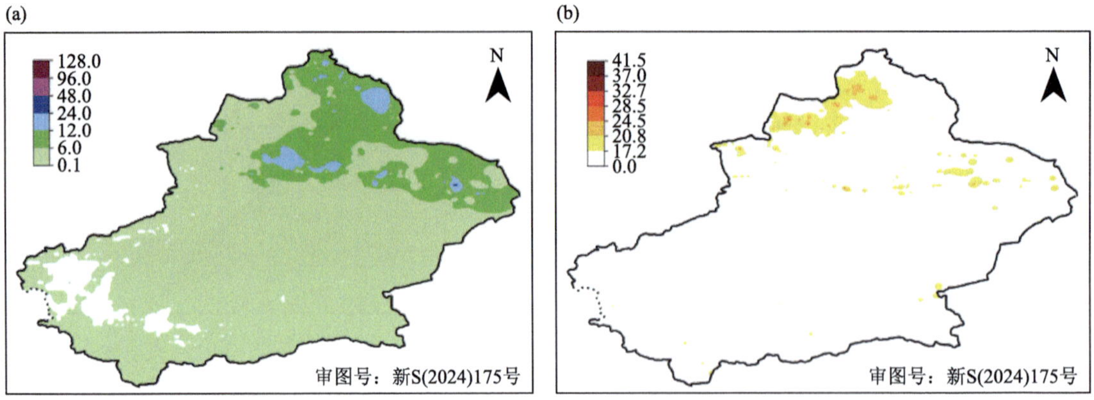

图 3.77　(a)9 月 23 日 20 时至 25 日 17 时过程累计降水量(单位:mm);(b)过程极大风速(单位:m/s)

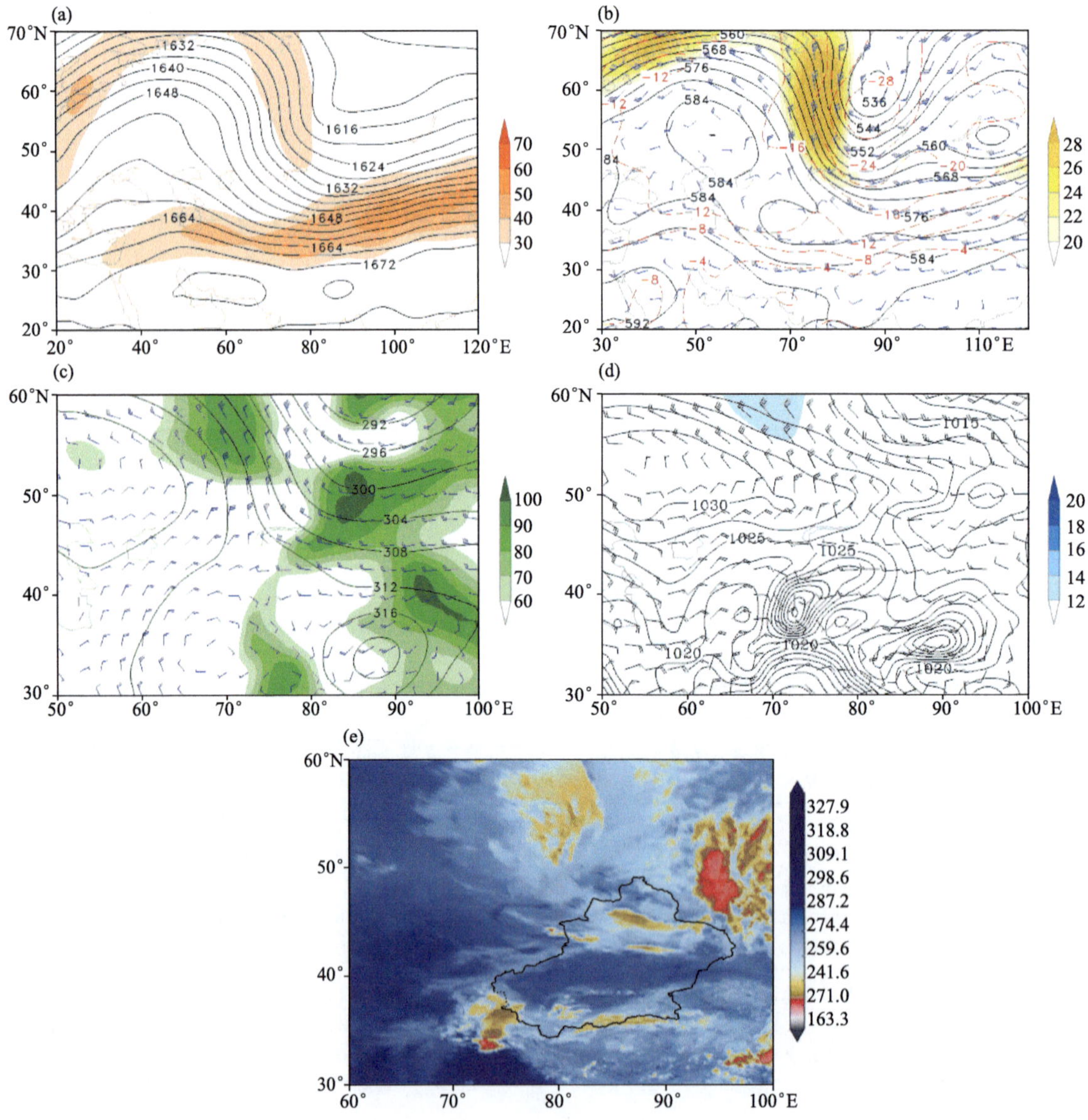

图 3.78　(a)9 月 24 日 08 时 100 hPa 高度场(实线,单位:dagpm),填色区为风速≥30 m/s 的 200 hPa 急流;
(b)500 hPa 高度场(黑实线,单位:dagpm)、风场(填色区,单位:m/s)、温度场(红虚线,单位:℃);
(c)700 hPa 高度场(黑实线,单位:dagpm)、风场(单位:m/s)和相对湿度(填色区,%);
(d)海平面气压(黑实线,单位:hPa)和 850 hPa 风场(填色区,单位:m/s);
(e)9 月 24 日 15 时 FY-4A 红外云图(单位:K)

500 hPa:欧亚范围中高纬度呈三槽两脊的环流型,西西伯利亚地区为低压槽,东欧和贝加尔湖地区为高压脊区,环流经向度大。24 日东欧脊顶受冷空气侵袭,高压脊南压东扩,推动西西伯利亚低槽南压至新疆北部,在东移过程中低槽底部锋区扫过北疆大部分区域、天山山区、东疆,造成此次天气过程(图 3.78b)。

700～850 hPa:24 日 08 时新疆北部 700 hPa 有低空西风急流(风速＞16 m/s),并存在西北风和偏西风切变,并伴有弱冷平流。850 hPa 有西北风和偏西风切变(图 3.78c)。

云图:北疆大部分区域有带状的中低云系,云顶亮温最低约 230 K(图 3.78e)。

地面:地面高压在伊犁河谷以西,中心强度达 1025 hPa,气压梯度较大,有利于冷、暖空气的交汇和大风的出现(图 3.78d)。

3.40　9 月 25 日 17 时至 27 日 20 时阿勒泰地区暴雨雪、风口大风

3.40.1　天气实况综述

天气类型	雨雪、大风、霜冻	过程强度	强
天气实况	①雨雪:北疆北部、阿克苏地区西部和北部、南疆西部山区、巴州北部山区、昆仑山北坡、哈密市等地的部分区域出现小雨或雪,其中阿勒泰地区大部和塔城地区北部、阿克苏地区西部和北部山区、哈密市等地的局部区域累计降水量 6.1～76.1 mm,最大累计降水中心位于阿勒泰地区富蕴县蒙库铁矿气象站(图 3.79a)。 ②大风:北疆北部、克拉玛依市、阿克苏地区、南疆西部山区、巴州北部、昆仑山北坡、哈密市等地出现 5～6 级西北风,风口风力 9～10 级、阵风 11 级。		
灾害性天气	暴雨	暴雨站数:共 61 站,其中 25 日 59 站(阿勒泰地区 58 站、巴州 1 站,其中大暴雨 2 站),26 日 2 站(阿勒泰地区)。 日最大降雨中心:区域气象站阿勒泰地区富蕴县蒙库铁矿站 54.3 mm(25 日),国家级气象站阿勒泰地区布尔津县站 34.5 mm(25 日)。 最大小时雨强:区域气象站巴州轮台县塔尔拉克乡魏冬沟站 17.2 mm/h(26 日 19—20 时),国家级气象站阿勒泰地区富蕴县站 5.2 mm/h(26 日 19—20 时)。	
	暴雪	暴雪站数:共 16 站,其中 25 日 11 站(阿勒泰地区 11 站,其中大暴雪 3 站),26 日 5 站(阿勒泰地区 5 站,其中 1 站大暴雪)。 日最大降雪中心:固态站阿勒泰地区布尔津县禾木乡吉克普林站 32.2 mm(25 日),国家级气象站为昌吉州奇台县北塔山站 8.9 mm(26 日)。 最大小时雪强:固态站阿勒泰地区富蕴县滑雪 2 号站 5.1 mm/h(26 日 22—23 时),国家级气象站为昌吉州奇台县北塔山站 3.8 mm/h(27 日 04—05 时)。	
	大风	北疆北部、克拉玛依市、阿克苏地区、南疆西部山区、巴州北部、昆仑山北坡、哈密市等地共 214 站出现 8 级及以上大风,其中塔城地区、阿勒泰地区、克拉玛依市、喀什地区、巴州等地共 67 站风力 9～10 级,塔城地区和布克赛尔县,克拉玛依市克拉玛依区共 2 站风力 11 级。过程极大风速,区域气象站为克拉玛依市克拉玛依区金矿站 30.1 m/s(27 日 06 时),国家级气象站为塔城地区和布克赛尔县站 25.4 m/s(26 日 18 时)(图 3.79b)。	
	霜冻	阿勒泰地区的部分区域出现霜冻。	
	灾情	9 月 25 日至 27 日,阿勒泰地区富蕴县出现霜冻,造成农作物受灾。	

3.40.2　环流形势

影响系统:100～200 hPa 偏西急流;500 hPa 中西伯利亚低涡、中纬度波动;700～850 hPa 低空急流、切变线;地面暖低压、地面冷高压、冷锋。

100～200 hPa:新疆受长波槽控制,26 日 14 时 200 hPa 偏西急流核最大风速达 58 m/s(图 3.80a)。

500 hPa:欧亚范围内为经向环流,欧洲大部分区域为宽广的高压脊控制,脊顶东北伸至贝加尔湖以北地区,加之下游贝加尔湖低值系统阻挡,使得新疆北侧的强低涡移速缓慢,欧洲脊顶有冷空气沿西北风带

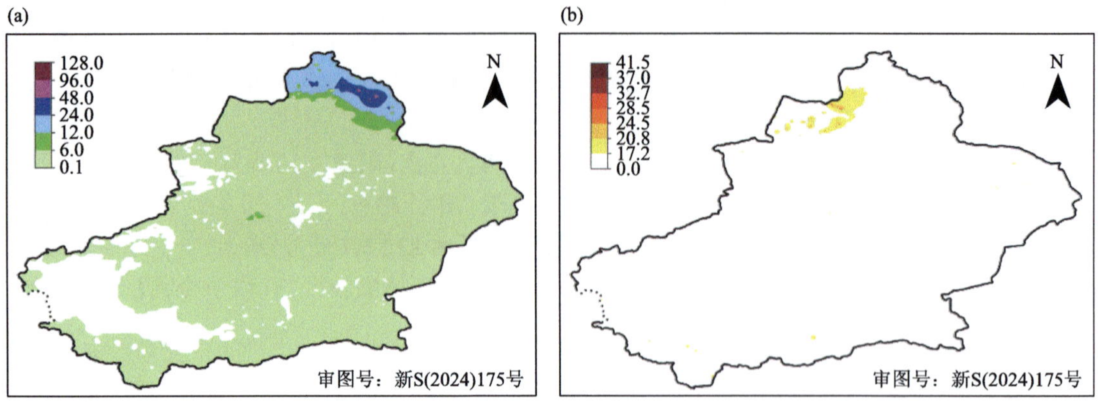

图 3.79 (a)9 月 25 日 17 时至 27 日 20 时过程累计降水量(单位：mm)；(b)过程极大风速(单位：m/s)

东南下，补充到滞留在新疆北侧的低涡中，使低涡加强并在底部不断分裂出短波东移，低涡逆时针旋转并长时间滞留，造成阿勒泰地区的强降水天气过程(图 3.80b)。

700～850 hPa：26 日 14 时，700 hPa 阿勒泰地区附近有低空急流(风速＞16 m/s)，且存在西北风与偏西风切变，并伴有弱冷平流。850 hPa 有西北风与偏西风切变，风速也存在切变，配合暖低压，造成阿勒泰地区的暴雨雪天气(图 3.80c)。

地面：25 日夜间至 26 日夜间，阿勒泰地区受暖低压影响，低压中心强度为 1017.5 hPa；27 日白天，阿勒泰地区北部境外的冷高压东南下至阿勒泰地区东部，中心强度为 1030 hPa，冷高压前沿伴随冷锋(图 3.80d)。

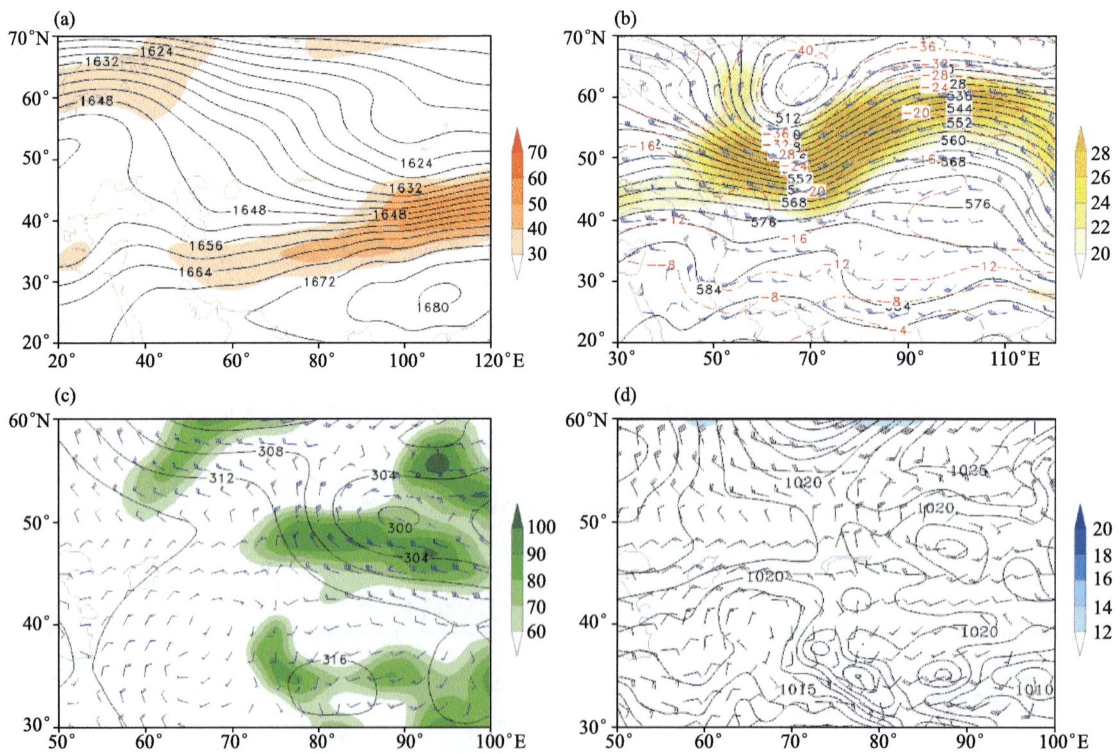

图 3.80 (a)9 月 26 日 14 时 100 hPa 高度场(实线，单位：dagpm)，填色区为风速≥30 m/s 的 200 hPa 急流；
(b)500 hPa 高度场(黑实线，单位：dagpm)、风场(填色区，单位：m/s)、温度场(红虚线，单位：℃)；
(c)700 hPa 高度场(黑实线，单位：dagpm)、风场(单位：m/s)和相对湿度(填色区，%)；
(d)海平面气压(黑实线，单位：hPa)和 850 hPa 风场(填色区，单位：m/s)

3.41　10 月 13 日 20 时至 17 日 20 时北疆大部分区域、东疆寒潮霜冻，风口大风

3.41.1　天气实况综述

<table>
<tr><td>天气类型</td><td colspan="2">雨雪、降温、大风、霜冻</td><td>过程强度</td><td>中度</td></tr>
<tr><td>天气实况</td><td colspan="4">①雨雪：北疆大部分区域、天山山区和南疆西部山区、昆仑山北坡、东疆等地的局部区域出现小雨或雪，其中伊犁河谷、博州西部、北疆北部、天山山区及北坡等地的部分区域和南疆西部山区、和田地区南部山区、哈密市局地累计降水量 6.1～27.3 mm；最大累计降雨中心为博州温泉县查干屯格乡北山区气象站 27.3 mm，最大降雪中心为伊犁河谷尼勒克县科蒙乡莫托沟气象站 14.3 mm(图 3.81a)。
②降温：北疆大部分区域、天山山区、南疆西部山区、巴州、哈密市等地的部分区域最低气温下降超过 8 ℃，出现寒潮，北疆西部和北部、昌吉州东部、天山山区、南疆西部的局部区域下降 10～11.9 ℃，出现强寒潮，伊犁河谷局地下降 12～15 ℃，出现特强寒潮。
③大风：北疆大部分区域、天山山区、南疆西部、昆仑山北坡、东疆等地的部分区域出现 5 级左右西北风，风口风力 10～11 级、阵风 12 级。</td></tr>
<tr><td rowspan="5">灾害天气</td><td>暴雨</td><td colspan="3">暴雨站数：14 日 1 站(博州)。
日最大降雨中心：区域气象站博州温泉县查干屯格乡北山区站 27.1 mm(14 日)，国家级气象站塔城地区额敏县站 13.7 mm(14 日)。
最大小时雨强：区域气象站阿勒泰地区布尔津县阔斯特克镇站 5.4 mm/h(16 日 14—15 时)，国家级气象站塔城地区额敏县站 2.9 mm/h(14 日 19—20 时)。</td></tr>
<tr><td>暴雪</td><td colspan="3">暴雪站数：14 日 1 站(伊犁河谷)。
日最大降雪中心：固态站伊犁州尼勒克县科蒙乡莫托沟站 14.3 mm(14 日)，国家级气象站巴州和静县巴音布鲁克站 0.7 mm(14 日)。
最大小时雪强：固态站博州博乐市夏尔西里东站 3.3 mm/h(15 日 04—05 时)，国家级气象站巴州和静县巴音布鲁克站 0.6 mm/h(15 日 03—04 时)。</td></tr>
<tr><td>寒潮</td><td colspan="3">寒潮站数：128 站・次(强寒潮 32 站・次、特强寒潮 24 站・次)。14 日北疆西部北部、昌吉州东部共 67 站(强寒潮 18 站，特强寒潮 23 站)；15 日北疆西部北部、天山山区、南疆西部共 48 站(强寒潮 8 站)；16 日博州、克拉玛依市、昌吉州、巴州北部山区、和田地区共 21 站(强寒潮 2 站)；17 日塔城地区北部、阿勒泰地区北部山区、和田地区、巴州共 11 站(强寒潮 4 站、特强寒潮 1 站)(图 3.81b)。
日最大降温中心：区域气象站伊犁州巩留县阿克图别克镇萨尔布群沟站降温 14.3 ℃(14 日)，国家级气象站巴州和静县巴音布鲁克站降温 8.1 ℃(15 日)。
过程最低气温：区域气象站喀什地区叶城县哈巴克达坂站－19.7 ℃(16 日 09 时)，国家级气象站乌鲁木齐市乌鲁木齐县大西沟站－10.7 ℃(17 日 05 时)(图 3.81c)。</td></tr>
<tr><td>大风</td><td colspan="3">全疆大部分地区共 306 站出现 8 级及以上大风，其中 96 站风力 9～10 级；塔城地区托里县、额敏县，和田地区洛浦县，巴州和静县，吐鲁番市托克逊县，哈密市伊州区共 6 站风力 11～12 级。过程极大风速，区域气象站为塔城地区托里县铁厂沟镇站 33.4 m/s(14 日 18 时)，国家级气象站为哈密市伊州区十三间房站 29.9 m/s(15 日 18 时)(图 3.81d)。</td></tr>
<tr><td>霜冻</td><td colspan="3">北疆大部分区域出现不同程度的霜冻。</td></tr>
</table>

(a)

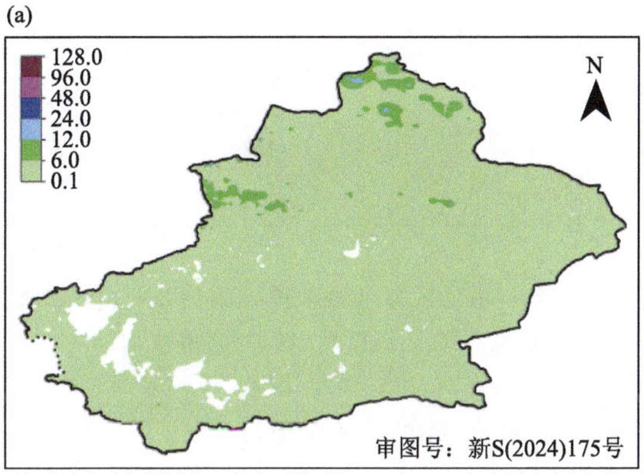

(b)

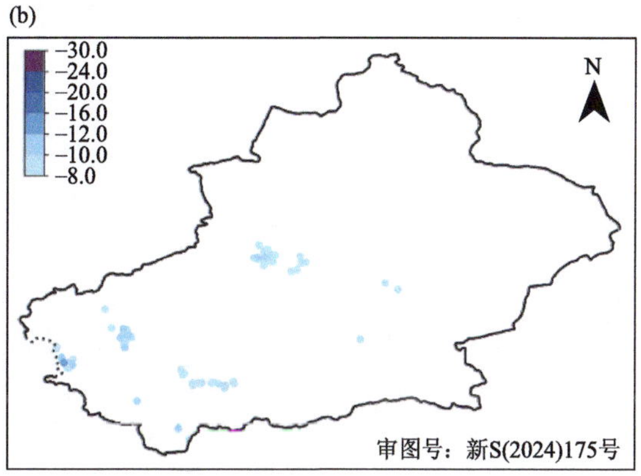

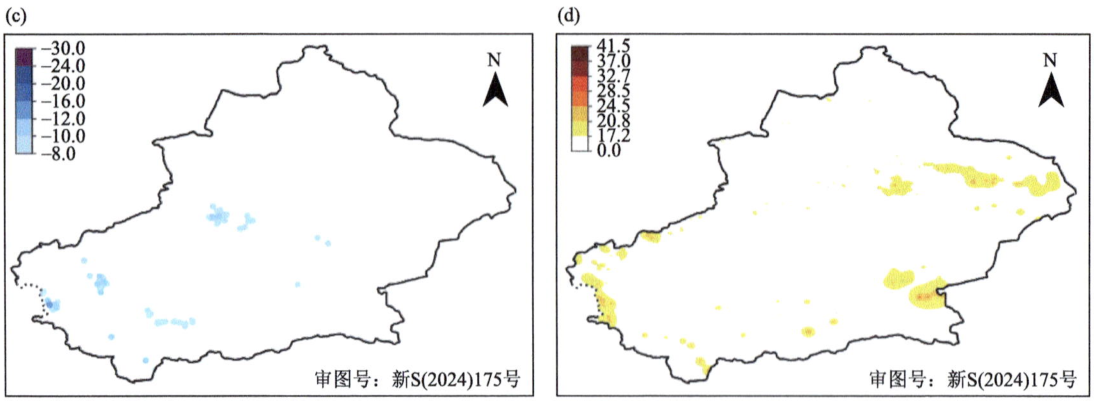

图 3.81　(a)10 月 13 日 20 时至 17 日 20 时过程累计降水量(单位:mm);(b)过程 24 h 变温(单位:℃);(c)过程最低气温(单位:℃);(d)过程极大风速(单位:m/s)

3.41.2　环流形势

影响系统:100～200 hPa 偏西急流;500 hPa 西西伯利亚低槽、中纬度短波槽;700～850 hPa 切变线;地面冷高压、冷锋、暖低压。

100～200 hPa:新疆受长波槽控制,16 日 08 时 200 hPa 偏西急流核最大风速达 52 m/s(图 3.82a)。

500 hPa:欧亚范围内为两槽两脊的经向环流形势,欧洲中西部为高压脊控制、中亚地区为低涡活动区,贝加尔湖至新疆为高压脊控制,新地岛至西西伯利亚地区冷空气堆积。欧洲中西部高压脊东移南下和里海—咸海脊同位相叠加,北方冷空气沿脊前北风带南下,促使下游低值系统加深加强并东移南下,低值系统底部锋区和西风急流上波动共同影响,造成新疆此次降水、大风、寒潮天气过程(图 3.82b)。

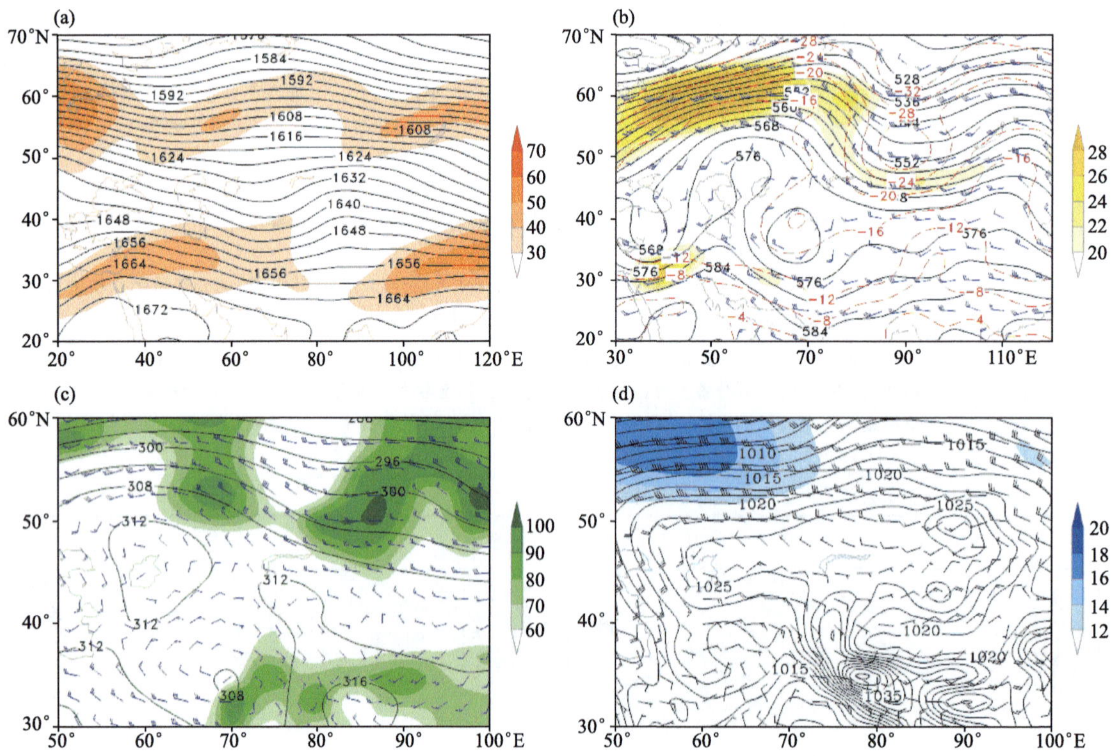

图 3.82　(a)10 月 13 日 20 时 100 hPa 高度场(实线,单位:dagpm),填色区为风速≥30 m/s 的 200 hPa 急流;(b)500 hPa 高度场(黑实线,单位:dagpm)、风场(填色区,单位:m/s)、温度场(红虚线,单位:℃);(c)700 hPa 高度场(黑实线,单位:dagpm)、风场(单位:m/s)和相对湿度(填色区,%);(d)海平面气压(黑实线,单位:hPa)和 850 hPa 风场(填色区,单位:m/s)

700～850 hPa：低层有西北风与偏西风切变和风速辐合，并伴有冷平流（图 3.82c）。

地面：冷高压与冷锋沿西北偏西路径东移，造成降温；南疆持续受暖低压影响，南、北气压梯度大造成大风天气（图 3.82d）。

3.42 10 月 29 日 08 时至 31 日 20 时北疆西部和北部暴雨雪、大风

3.42.1 天气实况综述

天气类型	雨雪、大风		过程强度	中强
天气实况	①雨雪：塔城地区北部、阿勒泰地区和伊犁河谷、博州、克拉玛依市等地的部分区域及天山山区及北坡、南疆西部山区、昆仑山北坡、哈密市北部等地的局部区域小雨或雨夹雪转雪，其中塔城地区北部、阿勒泰地区、天山山区等地的部分区域和昌吉州东部、昆仑山北坡局地累计降水量 6.1～111.4 mm，最大累计降水中心位于阿勒泰地区阿勒泰市拉斯特乡小东沟鹊吉克桥气象站（图 3.83a）。 ②风：北疆西部北部、南疆西部、东疆出现 6 级左右偏西风或偏东风，风口风力 11～12 级、阵风 13 级。			
灾害天气	暴雪	暴雪站数：共 31 站暴雪（13 站大暴雪），其中 29 日 13 站（4 站大暴雪，阿勒泰地区），30 日 10 站暴雪（3 站大暴雪，阿勒泰地区），31 日 8 站暴雪（6 站大暴雪，阿勒泰地区）。 日最大降雪中心：固态站哈巴河县萨尔布拉克镇大萨子气象站（31 日）54.3 mm。 最大小时雪强：固态站阿勒泰地区哈巴河县萨尔布拉克镇大萨子站 8.3 mm/h（31 日 18—19 时），国家级气象站阿勒泰地区青河站 3.3 mm/h（29 日 18—19 时）。		
	暴雨	暴雨站数：共 16 站，29 日 7 站（塔城地区、阿勒泰地区），30 日 3 站（阿勒泰地区），31 日 6 站（阿勒泰地区）。 日最大降雨中心：区域气象站阿勒泰地区阿勒泰市拉斯特乡小东沟鹊吉克桥站 46.9 mm（31 日），国家级气象站塔城地区塔城站 29.7 mm（29 日）。 最大小时雨强：区域气象站阿勒泰地区阿勒泰市拉斯特乡小东沟鹊吉克桥站 10.2 mm/h（31 日 18—19 时），国家级气象站塔城地区裕民站 5mm/h（30 日 05—06 时）和阿勒泰地区阿勒泰站 5 mm/h（31 日 01—02 时）。		
	大风	伊犁河谷、博州、天山山区、塔城地区北部、阿勒泰地区西部、克州山区、巴州山区哈密市局地共 392 站出现 8 级以上大风，其中 10 级以上 71 站、12 级以上 5 站。过程极大风速，区域气象站为塔城地区托里县多拉特乡加尔巴斯洪沟站 37.1 m/s（31 日 19 时），国家级气象站为博州阿拉山口站 26.8 m/s（31 日 18 时）（图 3.83b）。		

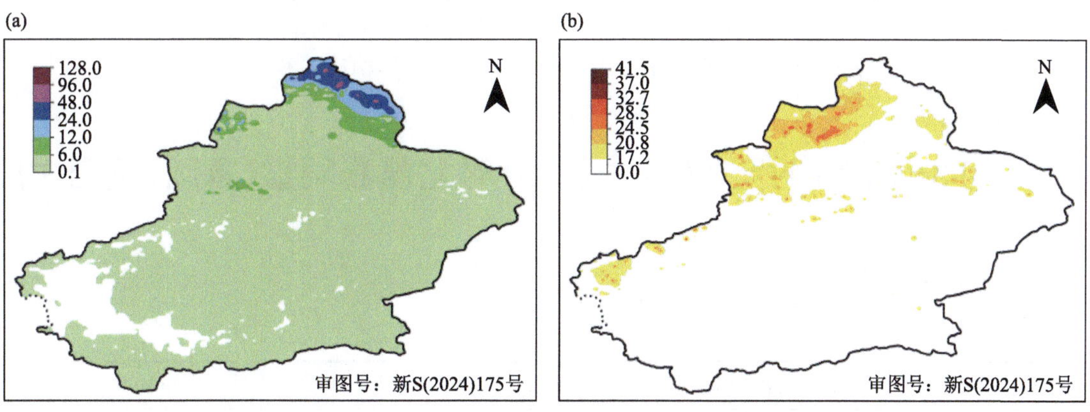

图 3.83 （a）10 月 29 日 08 时至 31 日 20 时过程累计降水量（单位：mm）；（b）过程极大风速（单位：m/s）

3.42.2 环流形势

影响系统：100～200 hPa 偏西急流；500 hPa 西伯利亚低涡、锋区、短波槽；700～850 hPa 暖式切变线；地面冷高压、冷锋。

100～200 hPa:新疆受极涡底部锋区控制,30 日 20 时 200 hPa 偏西急流核最大风速达 50 m/s(图 3.84a)。

500 hPa:过程前期 500 hPa 欧亚范围高纬度为两脊两槽,中纬度为纬向环流且上游多短波活动,新疆地区北部处于西伯利亚低涡底后部西北气流控制下,29 日 08 时,北疆北部受西北风锋区加强影响,锋区上短波东移造成此次北疆北部暖区强降水天气(图 3.84b)。

700～850 hPa:850 hPa 为温度脊控制并出现暖式切变线(图 3.84c)。

地面:地面降压升温,中心强度为 1030 hPa 的冷高压沿西方路径进入北疆(图 3.84d)。

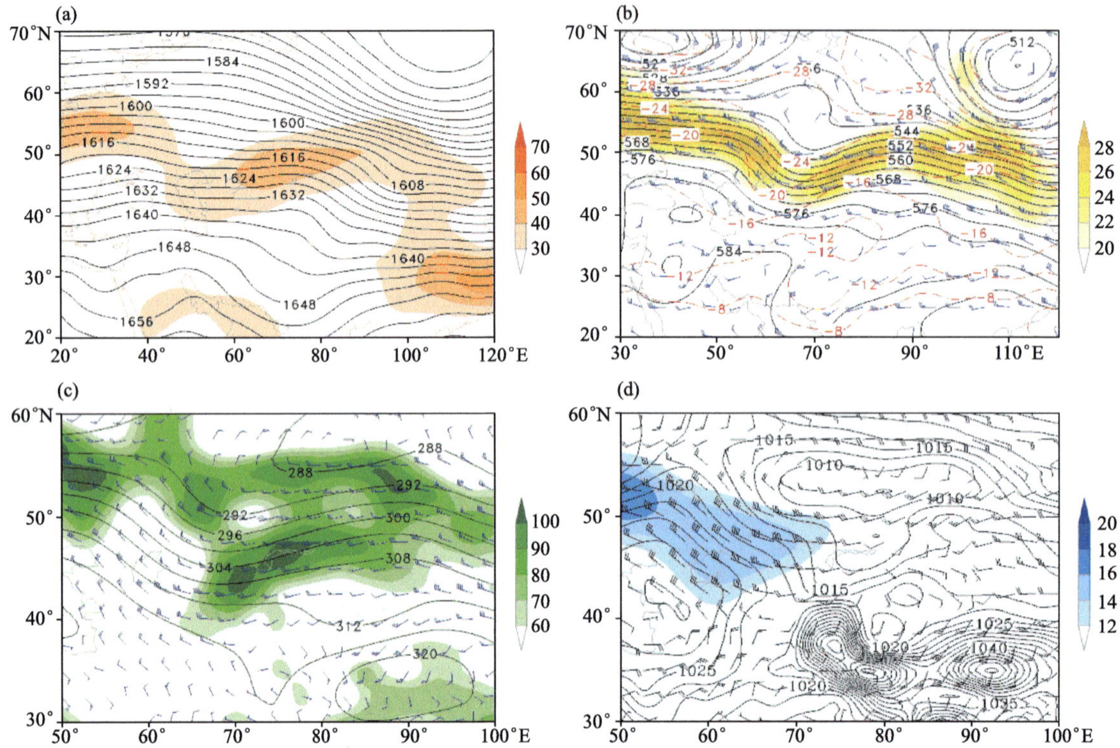

图 3.84 (a)10 月 30 日 20 时 100 hPa 高度场(实线,单位:dagpm),填色区为风速≥30 m/s 的 200 hPa 急流;(b)500 hPa 高度场(黑实线,单位:dagpm)、风场(填色区,单位:m/s)、温度场(红虚线,单位:℃);(c)700 hPa 高度场(黑实线,单位:dagpm)、风场(单位:m/s)和相对湿度(填色区,%);(d)海平面气压(黑实线,单位:hPa)和 850 hPa 风场(填色区,单位:m/s)

3.43 10 月 31 日 20 时至 11 月 5 日 10 时北疆暴雨雪、寒潮,风口大风

3.43.1 天气实况综述

天气类型	雨雪、降温、大风	过程强度	中强
天气实况	①雨雪:北疆大部分区域、天山山区和南疆西部山区、昆仑山北坡、东疆等地的部分区域出现小雨或雨转雪或雪,其中伊犁河谷、北疆北部、天山山区及北坡等地的部分区域和喀什地区南部山区、和田地区南部山区、哈密市局地累计降水量 6.1～60.4 mm,最大累计降水中心位于阿勒泰地区富蕴县富蕴站旧址站(图 3.85a)。 ②降温:北疆大部分区域、天山山区、南疆西部山区、巴州、哈密市的最低气温下降 8～10 ℃,全疆共 461 站出现寒潮,其中北疆北部、天山北坡 61 站特强寒潮。 ③风:北疆大部分区域、克州、和田地区、阿克苏地区、巴州北部、吐鲁番市、哈密市出现 8 级左右西北风,风口风力 11～12 级、局地阵风 13 级。		

续表

灾害性天气	暴雪	暴雪站数：共 34 站暴雪（3 站大暴雪），其中 31 日 8 站暴雪（阿勒泰地区、昌吉州、乌鲁木齐市），1 日 2 站暴雪（阿勒泰地区），2 日 24 站暴雪（3 站大暴雪，阿勒泰地区）。 日最大降雪中心：固态站阿勒泰地区哈巴河县萨尔布拉克镇加郎阿什村站 28.9 mm（2 日），国家级气象站阿勒泰地区哈巴河站 31.3 mm（2 日）。 最大小时雪强：固态站阿勒泰地区阿勒泰市野雪公园 1 站 9.4 mm/h（10 月 31 日 21—22 时），国家级气象站阿勒泰地区富蕴站 7.1 mm/h（11 月 2 日 09—10 时）。 突破极值：11 月 1 日，昌吉州木垒站（25.6 mm）、阿勒泰地区吉木乃站（18.5 mm）、布尔津站（14.5 mm）日降水量破 11 月历史极值。
	暴雨	暴雨站数：31 日 1 站（伊犁河谷）。 日最大降雨中心：区域气象站伊犁州新源县吐尔根乡 25.5 mm（31 日），国家级气象站伊犁州新源站 15.2 mm（31 日）。 最大小时雨强：区域气象站伊犁州巩留县吉尔格朗乡沙尕村站 7.7 mm/h（1 日 00—01 时），国家级气象站昌吉州奇台站 4.3 mm/h（1 日 05—06 时）。
	寒潮	寒潮站数：461 站・次（强寒潮 89 站・次、特强寒潮 64 站・次），1 日伊犁河谷、塔城地区北部、昌吉州共 16 站；2 日北疆大部分区域、哈密市南疆西部共 20 站（强寒潮 2 站、特强寒潮 1 站）；4 日北疆北部、天山山区、阿克苏地区、和田地区、哈密市共 319 站（强寒潮 75 站、特强寒潮 68 站）；5 日博州、阿勒泰地区、克拉玛依市、巴州、吐鲁番市、哈密市共 24 站（强寒潮 3 站、特强寒潮 1 站）（图 3.85b）。 日最大降温中心：区域气象站阿勒泰地区哈巴河县铁热克提乡那仁牧场站降温 21.4 ℃（4 日）、阿勒泰地区青河县克孜勒萨依水库站降温 21.4 ℃（4 日）；国家级气象站阿勒泰地区青河站降温 17.2 ℃（4 日）。 过程最低气温：区域气象站阿勒泰地区青河县喀拉布拉套山站最低气温−30.0 ℃（5 日 00 时 37 分），国家级气象站阿勒泰地区青河站−18.4 ℃（5 日 08 时 18 分）（图 3.85c）。
	大风	伊犁河谷、博州、塔城地区北部、克拉玛依市、阿勒泰地区、乌鲁木齐市、昌吉州东部、克州、阿克苏地区西部、巴州、吐鲁番市、哈密市等地共 944 站出现 8 级以上大风。过程极大风速，区域气象站为吐鲁番市鄯善县鄯木公路站 40.9 m/s（4 日 14 时），国家级气象站为哈密市十三间房站 32.5 m/s（1 日 09 时）（图 3.85d）。
	霜冻	阿勒泰地区的部分区域出现霜冻。
灾情	10 日 31 日至 11 月 3 日阿勒泰地区富蕴县持续性强降水造成蔬菜大棚、棚圈倒塌。	

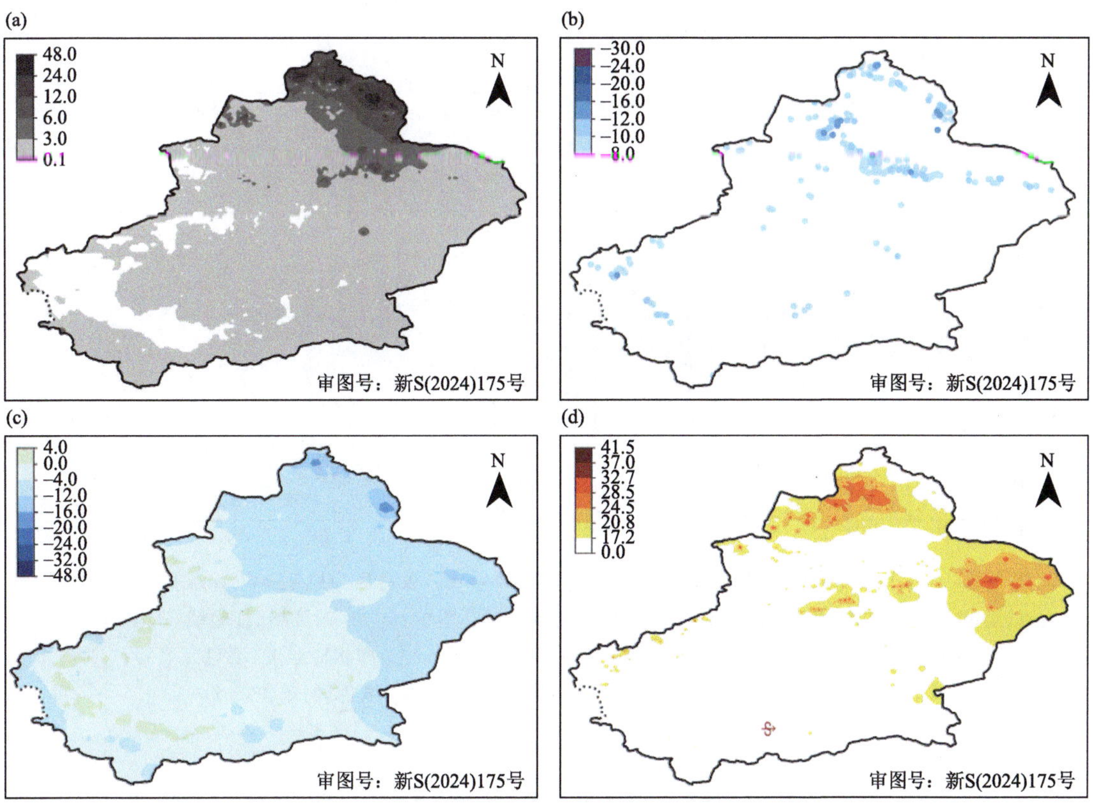

图 3.85　(a)10 月 31 日 20 时至 11 月 5 日 10 时过程累计降水量（单位：mm）；(b)过程 24 h 变温（单位：℃）；(c)过程最低气温（单位：℃）；(d)过程极大风速（单位：m/s）

3.43.2 环流形势

影响系统:100～200 hPa 偏西急流;500 hPa 中亚低槽;700～850 hPa 北疆偏西急流;地面冷高压、冷锋。

100～200 hPa:新疆受极涡底部极锋锋区控制,1 月 12 日 20 时 200 hPa 偏西急流核最大风速达 60 m/s(图 3.86a)。

500 hPa:欧亚范围高纬度为两槽两脊的经向环流,乌拉尔山及其以北受高压脊控制,中纬度多短波槽活动,31 日夜间阿勒泰地区东部仍然受前期锋区影响,出现暖区暴雪,同时 31 日至 1 日,随着中亚低槽东移北疆大部分区域自西向东也出现降水。2 日,欧洲脊前北风带引导冷空气南下补充并向东推进,前期位于新地岛的低值系统东移逆时针旋转南下,其底部锋区迅速加强,继续造成北疆强降水降温天气;3 日开始,低值系统逐渐东移,北疆降水趋于结束(图 3.86b)。

700～850 hPa:11 月 1 日 08 时 700 hPa 北疆西风急流最大风速达 16 m/s,850 hPa 最大风速也达 16 m/s(图 3.86c)。

地面:中心强度为 1032.5 hPa 的地面冷高压东移至哈密市北部,造成东疆降水以及南疆东灌大风和降温天气(图 3.86d)。

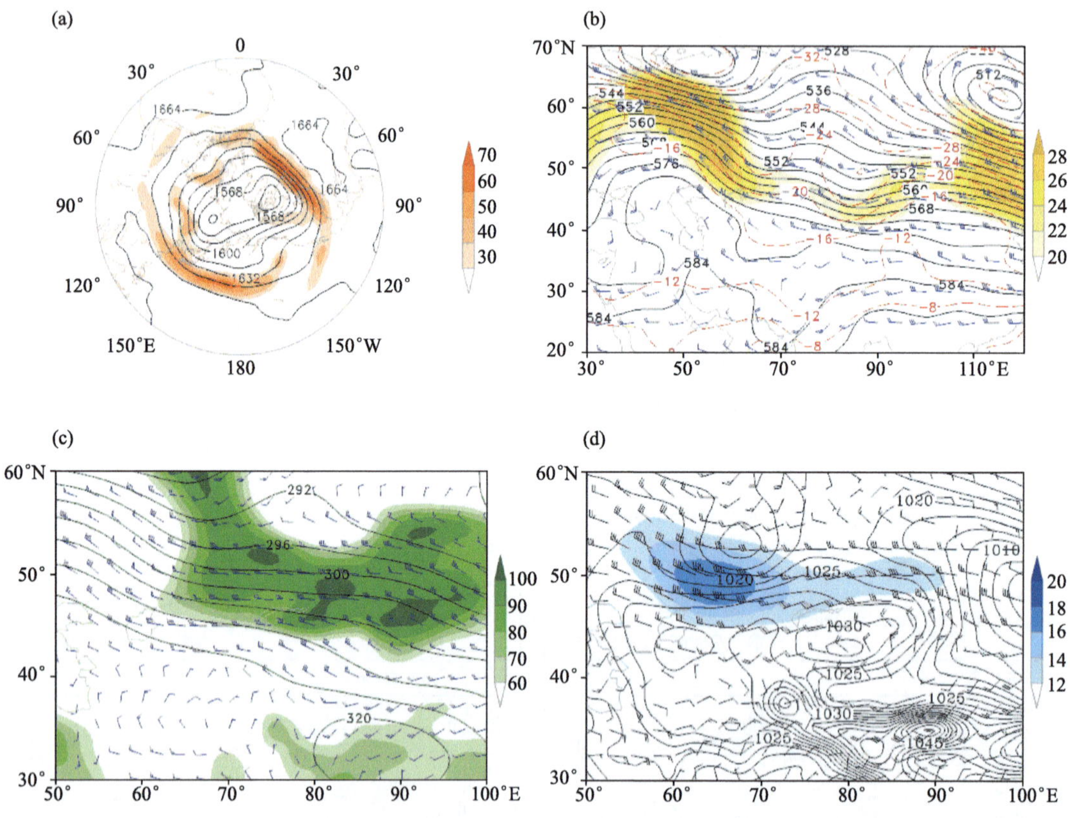

图 3.86 (a)11 月 1 日 08 时 100 hPa 高度场(实线,单位:dagpm),填色区为风速≥30 m/s 的 200 hPa 急流;(b)500 hPa 高度场(黑实线,单位:dagpm)、风场(填色区,单位:m/s)、温度场(红虚线,单位:℃);(c)700 hPa 高度场(黑实线,单位:dagpm)、风场(单位:m/s)和相对湿度(填色区,%);(d)海平面气压(黑实线,单位:hPa)和 850 hPa 风场(填色区,单位:m/s)

3.44　12 月 3 日 14 时至 5 日 20 时北疆西部和北部局部暴雪、风口大风

3.44.1　天气实况综述

<table>
<tr><td>天气类型</td><td colspan="2">降雪、大风</td><td>过程强度</td><td>中度</td></tr>
<tr><td>天气实况</td><td colspan="4">①降雪：北疆大部分地区和天山山区、哈密市等地的部分区域小雪或雨夹雪，其中伊犁河谷、塔城地区、阿勒泰地区、石河子市、乌鲁木齐市、昌吉州、巴州北部山区等地的部分区域共 98 站累计降雪量 3.2～42.3 mm，最大累计降雪中心位于阿勒泰市拉斯特乡小东沟鹊吉克桥气象站（图 3.87a）。
②大风：北疆大部分地区、天山山区、南疆西部山区、巴州、东疆出现 5～6 级西北风，风口风力 10～11 级、阵风 12～13 级。</td></tr>
<tr><td rowspan="2">灾害天气</td><td>暴雪</td><td colspan="3">暴雪站数：共 19 站（2 站大暴雪），其中 3 日 13 站暴雪（2 站大暴雪，阿勒泰地区）；4 日 6 站（伊犁河谷、阿勒泰地区）。
日最大降雪中心：固态站阿勒泰市拉斯特乡小东沟鹊吉克桥站 33.6 mm（3 日），国家级气象站塔城地区塔城站 10.4 mm（3 日）。
最大小时雪强：固态站塔城地区托里县老风口站 6.4 mm/h（4 日 11—12 时），国家级气象站塔城地区裕民站 4.0 mm/h（4 日 06—07 时）。</td></tr>
<tr><td>大风</td><td colspan="3">北疆西部和北部、天山山区、南疆西部山区、东疆共 398 站出现 8 级以上大风，其中 10 级以上 81 站，12 级以上大风 7 站。过程极大风速，区域气象站为博州温泉县哈日布呼镇莫托村黑龙沟站 37.4 m/s（4 日 14 时），国家级气象站为塔城地区和布克赛尔站 27.7 m/s（4 日 14 时）（图 3.87 b）。</td></tr>
</table>

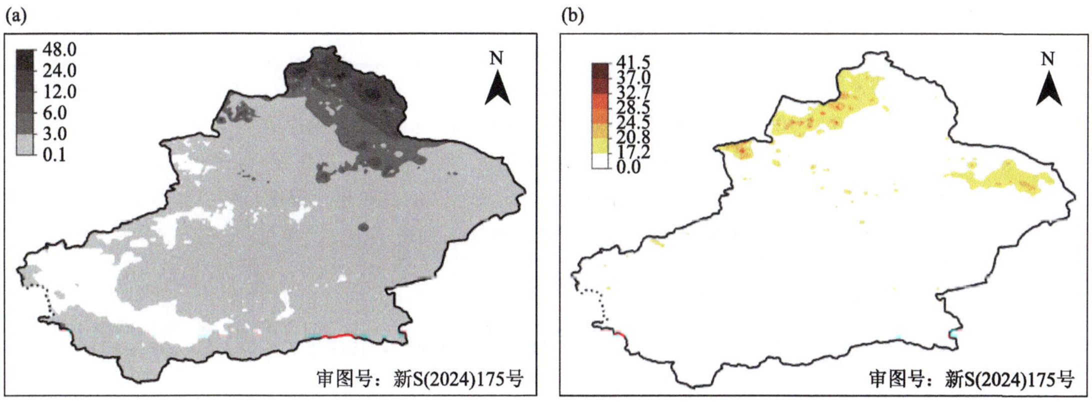

图 3.87　(a)12 月 3 日 14 时至 5 日 20 时过程累计降水量（单位：mm）；(b)过程极大风速（单位：m/s）

3.44.2　环流形势

影响系统：100～200 hPa 低涡底部锋区；500 hPa 西西伯利亚低涡、中纬度短波；700～850 hPa 切变线；地面暖低压、冷高压和冷锋。

100～200 hPa：新疆受极涡锋区控制，4 日 08 时 200 hPa 偏西气流最大风速达 56 m/s（图 3.88a）。

500 hPa：欧亚范围中、高纬度为两槽两脊的经向环流，西西伯利亚一带、贝加尔湖为低值系统活动区，欧洲东部、蒙古高原一带为高压脊区。3 日白天，欧洲东部的高压脊为长脊，脊前强北风带将极地冷空气补充至西西伯利亚低涡，低涡发展，且底部锋区与中纬度短波有所结合，锋区较强。3 日夜间到 4 日，东欧脊发展，推动低涡东移，强锋区南压，造成此次暖区降雪天气。5 日，北疆北部、东疆受西北气流控制（图 3.88b）。

700～850 hPa：4 日 02 时至 08 时 700 hPa 北疆有偏西急流（16～24 m/s），北疆西部有风速辐合及偏西急流，配合地形抬升，有利于伊犁河谷的东部强降雪；3 日 20 时 850 hPa 阿勒泰地区存在偏西风和东南风的辐合，配合阿尔泰山地形抬升，有利于形成阿勒泰地区的暖区暴雪（图 3.88c）。

地面:3 日 14 时,巴湖北部暖低压,中心强度为 990 hPa,夜间低压东移,影响北疆地区,受此影响,造成北疆北部的暖区降水。4 日 14 时,巴湖一带冷高压发展并东移,中心强度为 1030 hPa,东移过程中有所加强,最强为 1035 hPa,冷高压前沿伴随冷锋,气压梯度较大,造成北疆、东疆的大风天气(图 3.88d)。

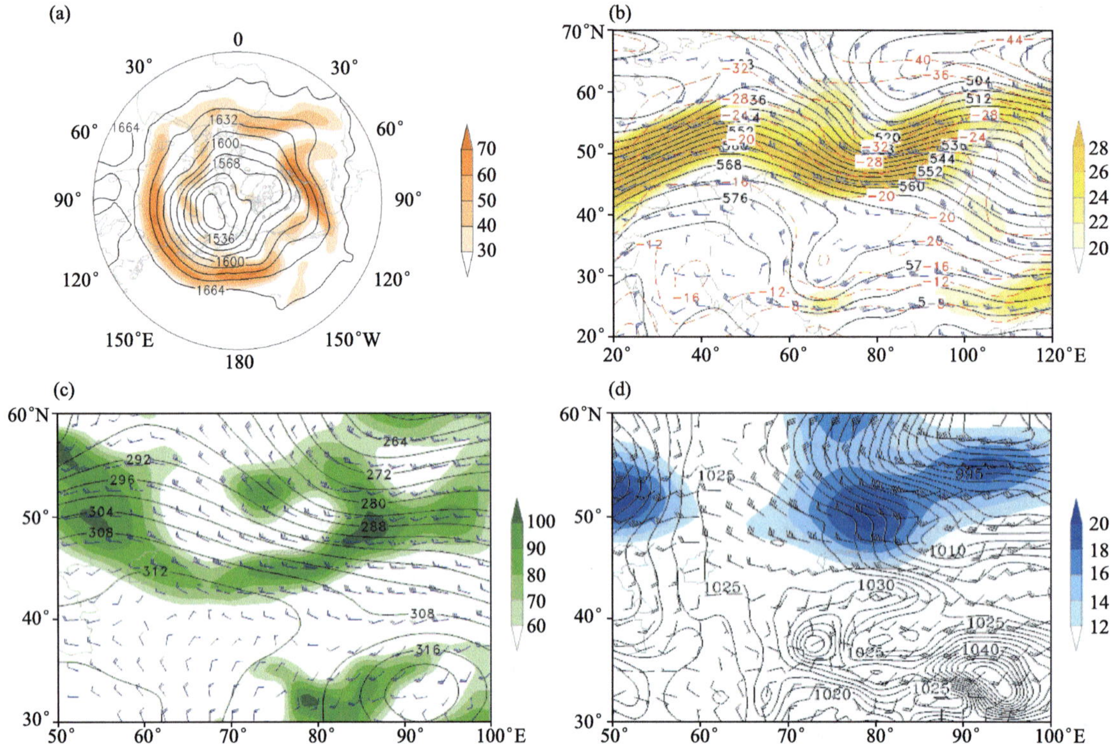

图 3.88　(a)12 月 4 日 08 时 100 hPa 高度场(实线,单位:dagpm),填色区为风速≥30 m/s 的 200 hPa 急流;(b)500 hPa 高度场(黑实线,单位:dagpm)、风场(填色区,单位:m/s)、温度场(红虚线,单位:℃);(c)700 hPa 高度场(黑实线,单位:dagpm)、风场(单位:m/s)和相对湿度(填色区,%);(d)海平面气压(黑实线,单位:hPa)和 850 hPa 风场(填色区,单位:m/s)

3.45　12 月 8 日 20 时至 11 日 08 时全疆寒潮、北疆西部暴雪、风口大风

3.45.1　天气实况综述

<table>
<tr><td>天气类型</td><td colspan="2">降雪、降温、大风</td><td>过程强度</td><td>中度</td></tr>
<tr><td>天气实况</td><td colspan="4">①降雪:北疆大部分地区、天山山区和哈密市等地的部分区域小雪或雨夹雪,其中伊犁河谷和塔城地区北部、克拉玛依市、石河子市、乌鲁木齐市、哈密市北部山区等地的局部区域共 59 站累计降雪量 3.2～28.3 mm,最大累计降雪中心位于伊犁州霍城县大西沟乡麻子沟气象站(图 3.89a)。
②降温:全疆大部分地区气温下降 5～8 ℃;北疆西部和北部、天山北坡及天山山区、南疆西部、巴州南部、哈密市北部下降 8～10 ℃,出现寒潮,伊犁河谷、塔城地区北部、阿勒泰地区西部、克拉玛依市下降超过 10 ℃,出现强寒潮。
③大风:北疆大部分地区、天山山区、南疆西部、昆仑山北坡、东疆出现 5～6 级西北风,风口风力 9～10 级、阵风 11 级。</td></tr>
<tr><td>灾害天气</td><td>暴雪</td><td colspan="3">暴雪站数:9 日共 13 站(伊犁河谷)。
日最大降雪中心:固态站伊犁州霍城县芦草沟镇大东沟站 23.0 mm(9 日),国家级气象站伊犁州霍城站 17.1 mm(9 日)。
最大小时雪强:固态站伊犁州霍尔果斯市站 2.6 mm/h(9 日 08—09 时),国家级气象站伊犁州霍城站 1.5 mm/h(9 日 11—12 时)。</td></tr>
</table>

续表

灾害天气	寒潮	寒潮站数：共 138 站・次，(强寒潮 56 站・次、特强寒潮 31 站・次)，9 日喀什地区、克州地区、阿克苏地区、巴州地区共 16 站(强寒潮 3 站、特强寒潮 2 站)，10 日伊犁河谷、博州、塔城地区北部、阿勒泰地区、克拉玛依市、昌吉州、巴州共 79 站(强寒潮 37 站、特强寒潮 25 站)，11 日石河子市、喀什地区、克州、和田地区、阿克苏地区、巴州共 43 站(强寒潮 16 站、特强寒潮 4 站)(图 3.89b)。 日最大降温中心：区域气象站克拉玛依市白碱滩区白克快速路交通气象站降温 20.6 ℃，国家级气象站塔城地区裕民站降温 9.5 ℃。 过程最低气温：区域气象站阿勒泰地区阿勒泰市野雪公园站－35.4 ℃，国家级气象站阿勒泰地区青河站－25.1 ℃(图 3.89c)。
	大风	北疆西部和北部、天山山区、南疆西部山区、阿克苏地区北部、巴州北部山区、东疆等地共 162 站出现 8 级以上大风，其中 10 级以上 21 站。过程极大风速，区域气象站为巴州和静县巴仑台镇备战采矿区站 31.5 m/s(10 日 04:00)，国家级气象站为哈密市伊州区十三间房站 27.3 m/s(9 日 20 时)(图 3.89d)。

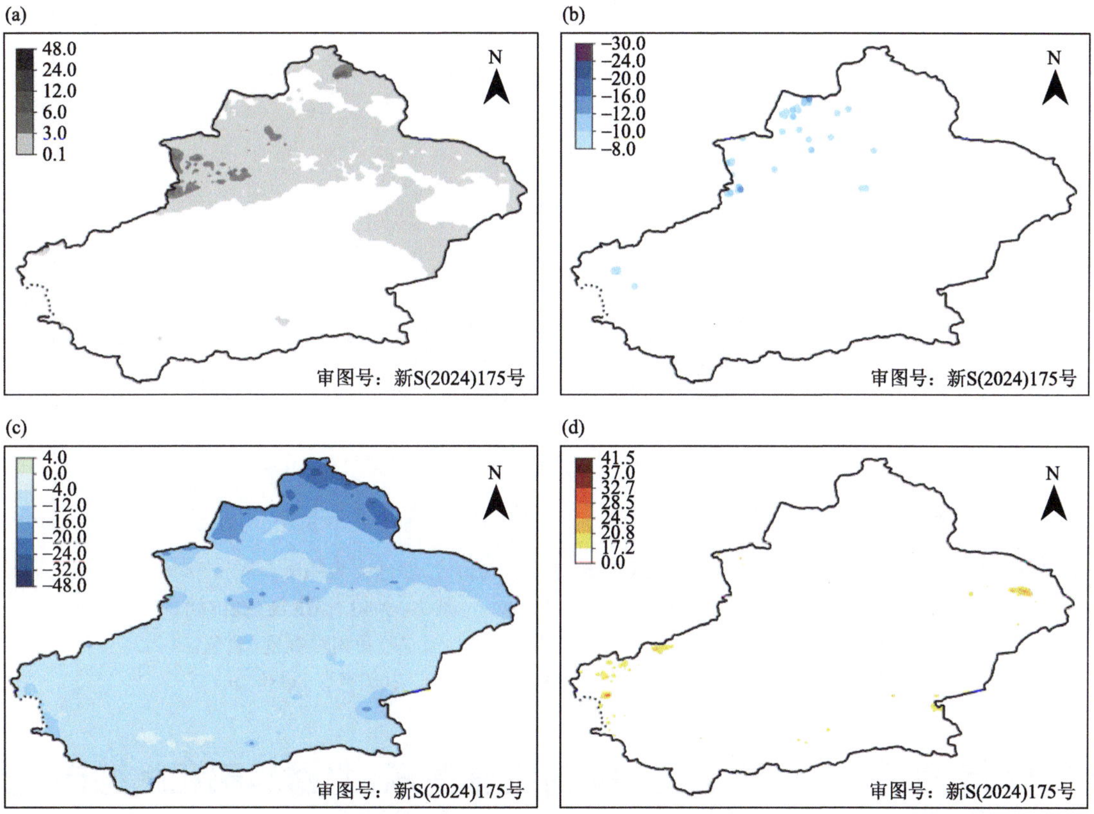

图 3.89　(a)12 月 8 日 20 时至 11 日 08 时过程累计降水量(单位：mm)；(b)过程 24 h 变温(单位：℃)；(c)过程最低气温(单位：℃)；(d)过程极大风速(单位：m/s)

3.45.2　环流形势

影响系统：100～200 hPa 极涡底部锋区；500 hPa 西伯利亚低涡；700～850 hPa 偏西急流；地面冷高压、冷锋。

100～200 hPa：新疆受极涡底部锋区控制，9 日 08 时 200 hPa 偏西气流最大风速达 48 m/s(图 3.90a)。

500 hPa：欧亚范围为一槽一脊的经向环流，欧洲地区为高压脊，西伯利亚至贝加尔湖地区为低值系统活动区，欧洲脊发展，脊顶逆时针旋转，脊前北风带建立，最大风速为 30 m/s。后期上游高压脊顶受冷空气侵袭，部分衰退，推动西伯利亚低涡东移，锋区南压，造成北疆降雪降温大风天气(图 3.90b)。

700～850 hPa：新疆受西伯利亚低涡底部锋区影响，12 日 08 时偏西急流最大风速达 20 m/s(图 3.90c)。

地面:冷高压沿西北路径移动,8日乌拉尔山北部有冷高压,高压中心强度为1050 hPa,蒙古高压中心强度为1040 hPa ,9日乌拉尔山北部的冷高压分裂出小高压东移南下影响北疆地区,并与蒙古高压合并,蒙古高压中心强度增强至1050 hPa,11日蒙古高压继续发展增强,中心强度为1055 hPa,南疆西部有暖低压发展,中心强度为1017.5 hPa,冷高压前沿伴随冷锋,气压梯度较大,造成南、北疆风口的大风天气(图3.90d)。

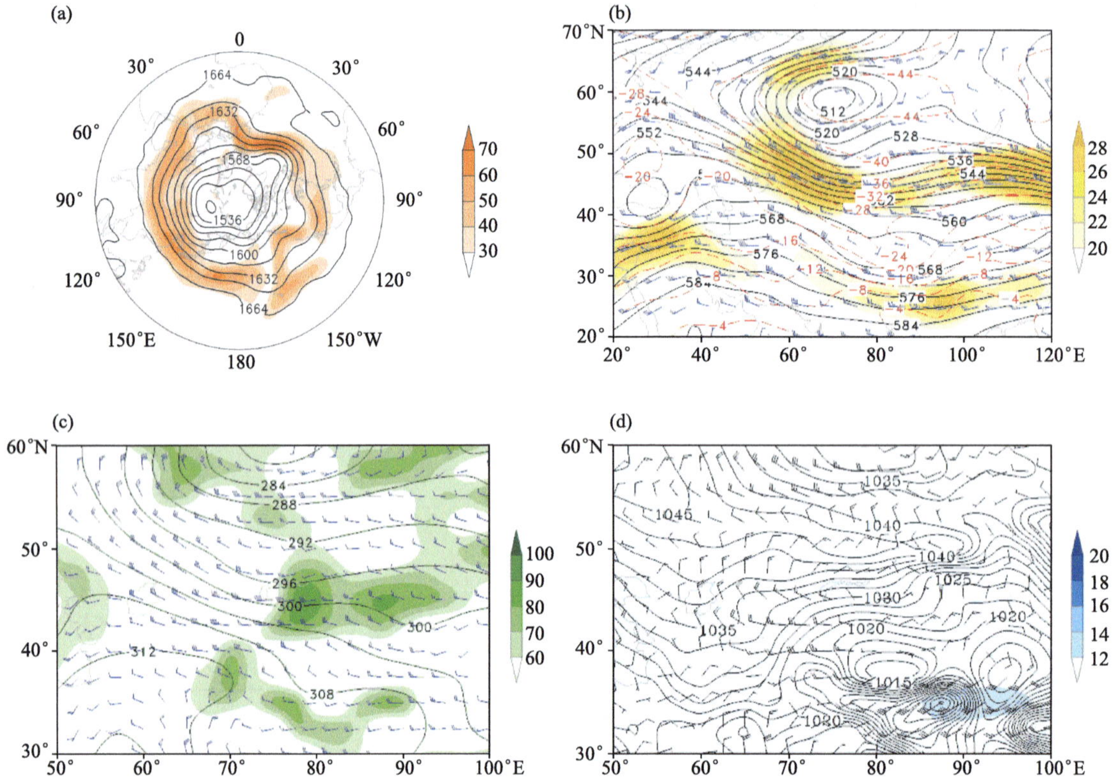

图3.90 (a)12月9日20时100 hPa高度场(实线,单位:dagpm),填色区为风速≥30 m/s的200 hPa急流;(b)500 hPa高度场(黑实线,单位:dagpm)、风场(填色区,单位:m/s)、温度场(红虚线,单位:℃);(c)700 hPa高度场(黑实线,单位:dagpm)、风场(单位:m/s)和相对湿度(填色区,%);(d)海平面气压(黑实线,单位:hPa)和850 hPa风场(填色区,单位:m/s)

3.46 12月11日14时至15日14时全疆寒潮、北疆西部和哈密市局地暴雪、风口大风

3.46.1 天气实况综述

天气类型	降雪、降温、大风、沙尘暴	过程强度	中强
天气实况	①降雪:北疆大部、天山山区和南疆西部山区、阿克苏地区北部、巴州、东疆等地的部分区域出现小雪,北疆西部和北部的部分区域和乌鲁木齐市、克州山区、阿克苏地区北部、哈密市北部等地的局部区域累计降水量3.1~30.2 mm,最大累计降水中心位于伊犁州霍城县芦草沟镇大东沟气象站(图3.91a)。 ②降温:南、北疆共1508站最低气温下降超过8 ℃,出现寒潮;其中共413站最低气温下降10~11.9 ℃,出现强寒潮;共517站最低气温下降超过12 ℃,其中79站下降超过16 ℃,出现特强寒潮。 ③大风:全疆大部分区域出现5级左右西北风,风口风力12~13级、阵风14级。		

续表

灾害性天气	寒潮	寒潮站数：1508 站・次(强寒潮 413 站・次、特强寒潮 517 站・次)。13 日北疆西部北部、天山山区共 715 站(强寒潮 215 站、特强寒潮 322 站)；14 日天山山区及北坡和北疆西部和北部、南疆西部、和田地区、巴州、哈密市的局部区域共 686 站(强寒潮 170 站、特强寒潮 180 站)；15 日和田地区、巴州、吐鲁番市、哈密市共 43 站(强寒潮 28 站、特强寒潮 15 站)(图 3.91b)。 日最大降温中心：区域气象站阿勒泰地区青河县阿格达拉镇阿魏灌区站降温 21.6 ℃(13 日)，国家级气象站乌鲁木齐市乌鲁木齐县大西沟站降温 18.0 ℃(13 日)。 过程最低气温：区域气象站阿勒泰地区富蕴县吐尔洪乡站－19.7 ℃(14 日 10 时)，国家级气象站阿勒泰地区青河县站－37.1 ℃(15 日 08 时)(图 3.91c)。
	暴雪	暴雪站数：共 12 站，其中 11 日 10 站(伊犁河谷)，12 日 2 站(乌鲁木齐市 1 站、哈密市 1 站)。 日最大降雪中心：固态站为伊犁州霍城县芦草沟镇大东沟站，降雪量 23.3 mm(11 日)，国家级气象站为伊犁河谷察布查尔县站 20.5 mm(11 日，突破本站 12 月最大日降雪量历史极值)。 最大小时雪强：固态站为伊犁州新源县独库高速拉尔墩达坂站 3.3 mm/h(15 日 04—05 时)，国家级气象站为巴州库尔勒市站 1.8 mm/h(14 日 07—08 时)。
	大风	全疆共 506 站出现 8 级以上大风，其中 10 级以上 50 站、12 级以上 11 站。过程极大风速，区域气象站为克州阿图什市阿湖乡托格拉克村站 43.6 m/s(12 日 23 时)，国家级气象站为哈密市伊州区十三间房站 37.8 m/s(13 日 09 时)(图 3.91d)。
	沙尘暴	塔中站、若羌站共 2 站强沙尘暴，最小能见度出现在塔中站，为 367 m。
	灾情	12 月 12 日至 15 日，克州阿图什市、阿合奇县出现大风，造成房屋、设施农业大棚等受灾。

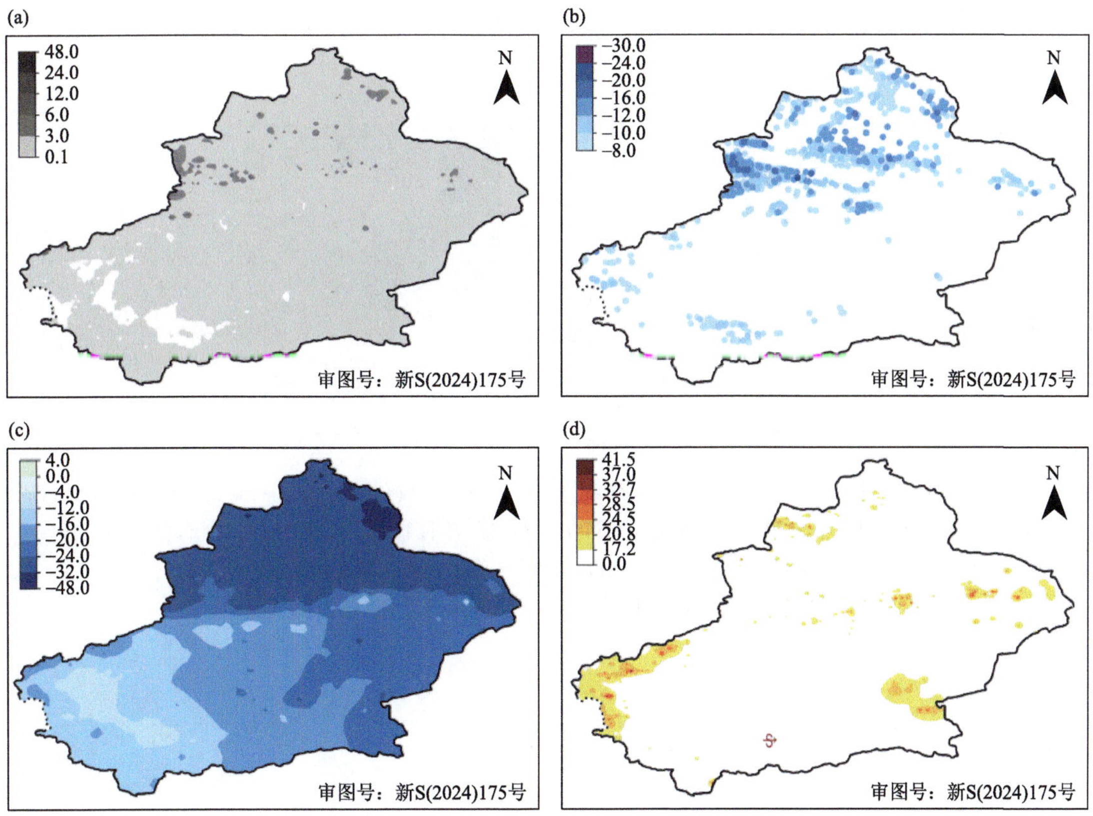

图 3.91 (a)12 月 11 日 14 时至 15 日 14 时过程累计降水量(单位：mm)；(b)过程 24 h 变温(单位：℃)；(c)过程最低气温(单位：℃)；(d)过程极大风速(单位：m/s)

3.46.2 环流形势

影响系统：100～200 hPa 偏西急流；500 hPa 北方横槽、中纬度短波槽；700～850 hPa 切变线、偏北急流、偏西急流；地面冷高压、冷锋、暖低压。

100～200 hPa:新疆受长波槽控制,13 日 08 时 200 hPa 偏西急流核最大风速达 74 m/s(图 3.92a)。

500 hPa:欧亚范围中高纬度为两槽一脊的经向环流,欧洲西部、西伯利亚地区为低值系统活动区,欧洲东部为高压脊控制,11 日 20 时,脊顶伸入极区,引导极区冷空气南下堆积在西西伯利亚地区,随着脊区逐渐南下,推动脊前冷空气东移南下,造成西伯利亚横槽东移南压过程中逐渐转竖,新疆地区受横槽中聚积的冷空气影响,造成此次寒潮、降雪、大风天气(图 3.92b)。

700～850 hPa:低层有偏北风与偏西风切变,风速也存在切变,并伴有强冷平流(图 3.92c)。

地面:12 日 08 时位于乌拉尔山附近的高压(中心强度:1062.5 hPa)以西北路径逐渐进入新疆地区,高压前锋区横扫北疆大部分地区,14 日 14 时高压中心位于阿勒泰地区北部,强度为 1067.5 hPa。冷高压前部冷锋较强,且存在强的气压梯度,造成大风天气(图 3.92d)。

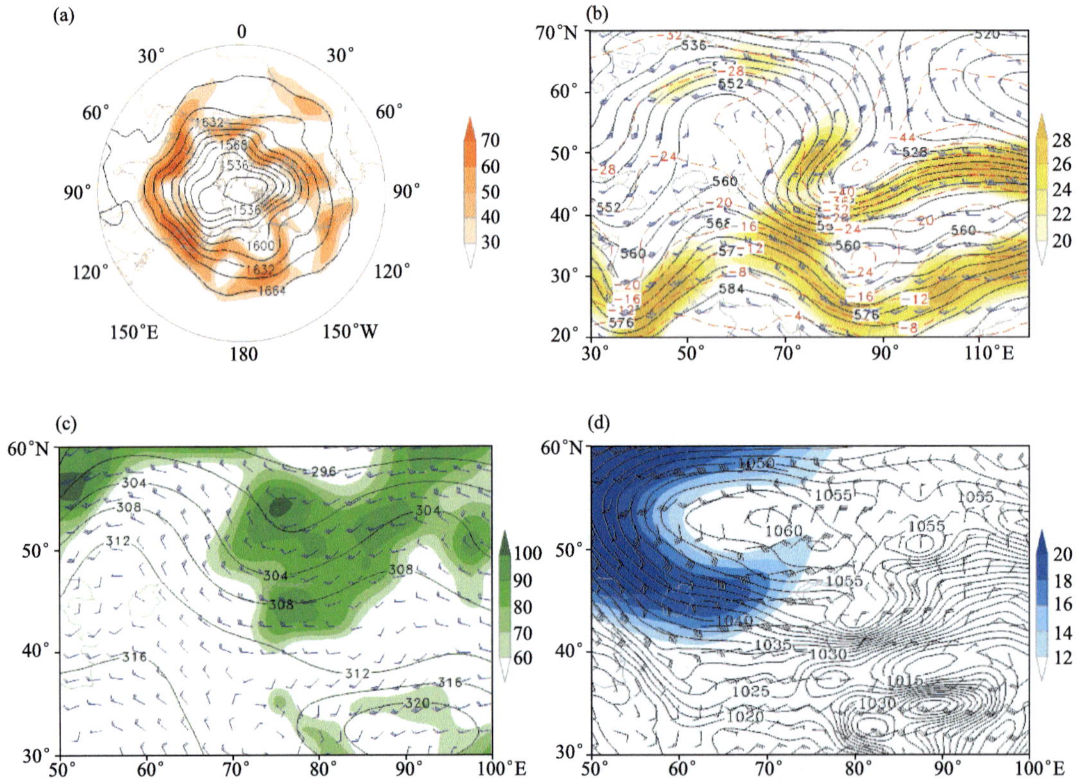

图 3.92 (a)12 月 13 日 08 时 100 hPa 高度场(实线,单位:dagpm),填色区为风速≥30 m/s 的 200 hPa 急流;(b)500 hPa 高度场(黑实线,单位:dagpm)、风场(填色区,单位:m/s)、温度场(红虚线,单位:℃);(c)700 hPa 高度场(黑实线,单位:dagpm)、风场(单位:m/s)和相对湿度(填色区,%);(d)海平面气压(黑实线,单位:hPa)和 850 hPa 风场(填色区,单位:m/s)

第 4 章　2023 年中弱和弱天气过程

4.1　1 月 1 日 05 时至 3 日 08 时北疆西部和北部降雪

天气类型	降雪	过程强度	弱
天气实况	北疆西部和北部、克拉玛依市等地的部分区域和天山山区局地微到小雪，塔城地区北部、阿勒泰地区中东部、伊犁河谷局地累计降雪量 3.1～10.8 mm，过程累计降雪中心位于阿勒泰地区福海县沙尔布拉克牧办气象站(图 4.1a)。		

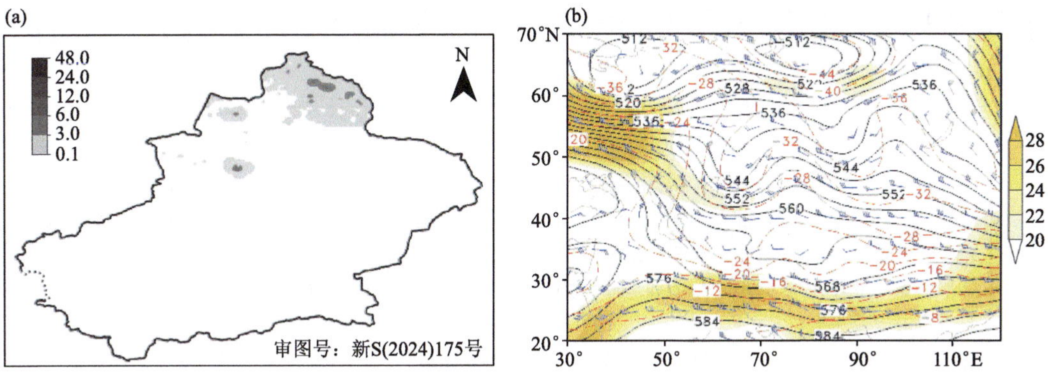

图 4.1　(a)1 月 1 日 05 时至 3 日 08 时过程累计降水量(单位：mm)；(b)1 月 2 日 08 时 500 hPa 高度场(黑实线，单位：dagpm)、风场(填色区，单位：m/s)、温度场(红虚线，单位：℃)

4.2　1 月 3 日 08 时至 5 日 08 时北疆大部分区域降雪大风、大山北坡阴雾

<table>
<tr><td>天气类型</td><td colspan="2">降雪、大风、雾</td><td>过程强度</td><td>中弱</td></tr>
<tr><td>天气实况</td><td colspan="4">①降雪：北疆西部和北部、天山山区、哈密市北部和克州山区、巴州南部山区等地局地微到小雪，其中伊犁河谷、塔城地区北部、阿勒泰地区等地的部分区域累计降雪量 3.1～26.4 mm，最大累计降雪中心位于阿勒泰地区布尔津县禾木乡禾木售票站(图 4.2a)。
②风：北疆大部分地区、喀什地区、克州、巴州、哈密市出现 5 级左右西北风或偏东风，风口风力 12～13 级。
③雾：伊犁河谷西部、博州东部、天山北坡、阿勒泰地区出现大雾。</td></tr>
<tr><td rowspan="3">灾害天气</td><td>暴雪</td><td colspan="3">3 日 3 站暴雪，出现在阿勒泰地区布尔津县禾木乡禾木售票站(22.7 mm)、阿勒泰地区阿勒泰市拉斯特乡园林场站(13.0 mm)、塔城地区塔城市二工镇铁列克提村站(22.3 mm)，最大小时雪强为巴州且末县阿羌镇站 4.7 mm/h(4 日 12—13 时)。</td></tr>
<tr><td>大风</td><td colspan="3">伊犁河谷、博州、塔城地区、阿勒泰地区、乌鲁木齐市、昌吉州、喀什地区南部、克州、和田地区、巴州、哈密市共 243 站出现 8 级以上大风，其中 10 级以上 36 站。过程极大风速，区域气象站为博州温泉县哈夏林场站 38.1 m/s(5 日 05 时)，国家级气象站为塔城地区和布克赛尔站 22.0 m/s(4 日 15 时)。</td></tr>
<tr><td>大雾</td><td colspan="3">21 站大雾(能见度≤1000 m)，其中 2 站浓雾(能见度≤500 m)。伊犁州 3 站(伊宁、特克斯、伊宁县)，博州 2 站(精河、阿拉山口)，塔城地区 5 站(塔城、沙湾、额敏、裕民、乌苏)，阿勒泰地区 2 站(富蕴、吉木乃)，石河子市 1 站(石河子)，乌鲁木齐 3 站(小渠子、牧试站、乌鲁木齐)，昌吉州 5 站(昌吉、蔡家湖、奇台、阜康、呼图壁)。最小能见度出现在昌吉州奇台站(3 日 10 时)，为 387 m。</td></tr>
</table>

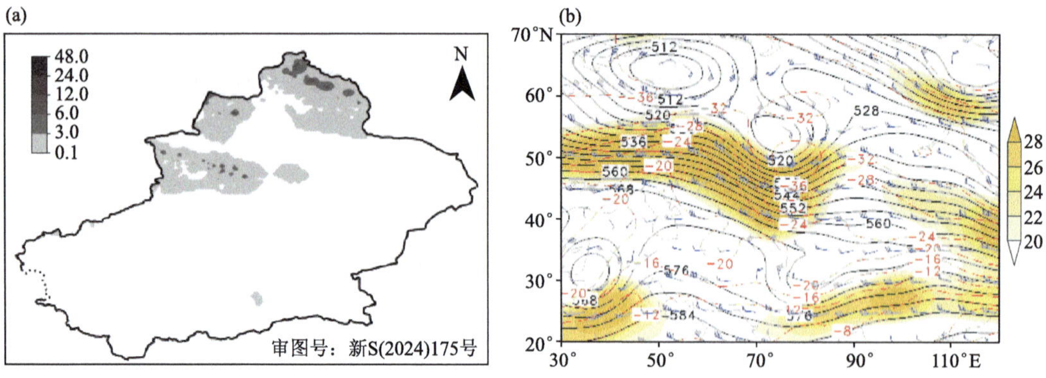

图 4.2 (a)1 月 3 日 08 时至 5 日 08 时过程累计降水量(单位:mm);(b)1 月 4 日 08 时 500 hPa 高度场(黑实线,单位:dagpm)、风场(填色区,单位:m/s)、温度场(红虚线,单位:℃)

4.3 1 月 5 日 08 时至 8 日 02 时北疆北部局地暴雪、北疆区域性偏东风

天气类型	降雪、大风		过程强度	中弱
天气实况	①降雪:塔城地区北部、阿勒泰地区大部分区域和伊犁河谷山区、博州西部、天山山区、哈密市北部等地的局部区域微到小雪,其中塔城地区北部、阿勒泰地区西部和北部、天山山区等地的局部累计降雪量 3.2～34.2 mm,最大累计降雪中心位于阿勒泰地区布尔津县禾木乡禾木售票站(图 4.3a)。 ②风:5 日至 6 日,塔城地区北部、阿勒泰地区西部、乌鲁木齐市、昌吉州、哈密市等地的部分区域出现 5～6 级偏东风,风口风力 10～11 级。			
灾害天气	暴雪	3 站暴雪,5 日 1 站出现在阿勒泰地区布尔津县禾木乡禾木售票站(12.1 mm),6 日 2 站出现在阿勒泰地区布尔津县禾木乡站(18.2 mm)、禾木售票站(18.1 mm),最大小时雪强为阿勒泰地区布尔津县禾木乡站 2.7 mm/h(7 日 00—01 时)。		
	大风	塔城地区北部、阿勒泰地区西部、乌鲁木齐市、昌吉州、哈密市等地的部分区域共 102 站出现 8 级以上偏东大风,其中 10 级以上 9 站。过程极大风速,区域气象站为阿勒泰地区布尔津镇阿克吐别克 30.3 m/s(6 日 12 时),国家级气象站为阿勒泰地区吉木乃站 18.7 m/s(6 日 09 时)。		

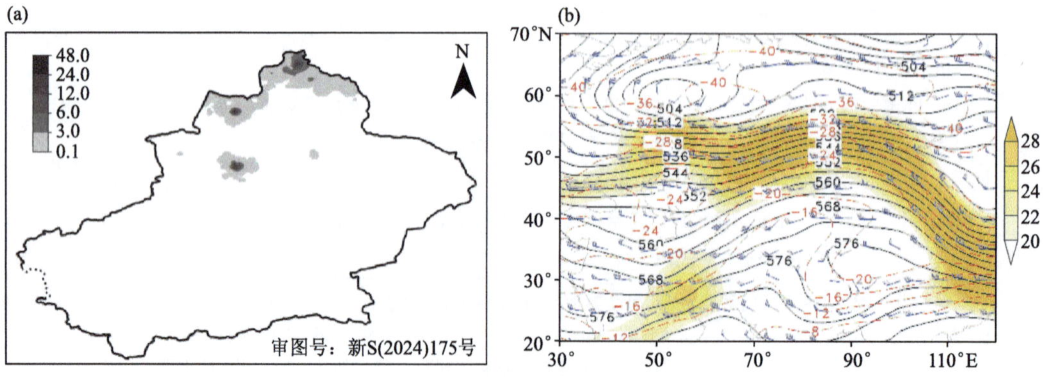

图 4.3 (a)1 月 5 日 08 时至 8 日 02 时过程累计降水量(单位:mm);(b)1 月 6 日 08 时 500 hPa 高度场(黑实线,单位:dagpm)、风场(填色区,单位:m/s)、温度场(红虚线,单位:℃)

4.4　1 月 20 日 23 时至 23 日 02 时北疆大部分地区、东疆大风

天气类型	降雪、大风	过程强度	中弱
天气实况	①降雪：北疆北部、天山北坡、天山山区的部分区域和哈密市北部的局部区域微到小雪，其中乌鲁木齐市、昌吉州的大部分区域和塔城地区北部、阿勒泰地区西部的部分区域累计降雪量 3.1～9.9 mm，最大累计降雪中心位于乌鲁木齐市乌鲁木齐县照壁山大峡谷气象站(图 4.4a)。 ②风：北疆、东疆大部分区域出现 5 级左右西北风，风口风力 9～10 级、阵风 11～12 级。		
灾害天气	大风	博州、塔城地区北部、阿勒泰地区西部、乌鲁木齐市、克州、巴州山区、吐鲁番市、哈密市共 179 站出现 8 级以上大风，其中 10 级以上 40 站。过程极大风速，区域气象站为吐鲁番市高昌区小草湖服务区站 35.0 m/s(21 日 18 时)，国家级气象站为博州阿拉山口站 26.5 m/s(21 日 17 时)。	

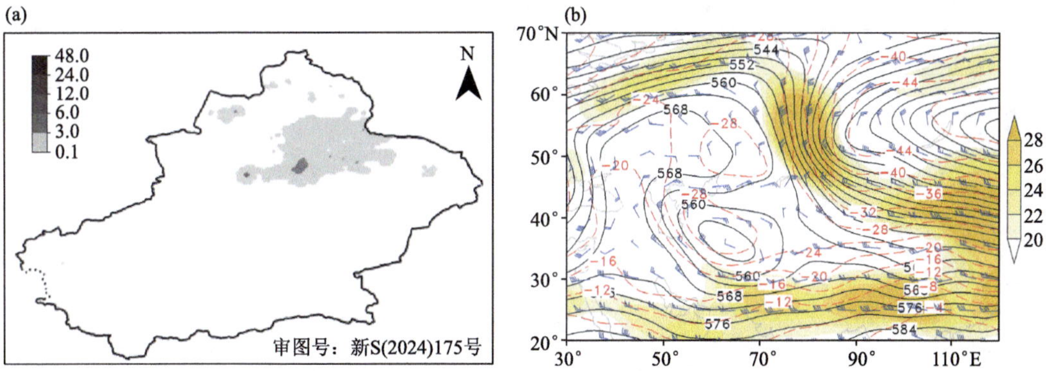

图 4.4　(a)1 月 20 日 23 时至 23 日 02 时过程累计降水量(单位：mm)；(b)1 月 21 日 08 时 500 hPa 高度场(黑实线，单位：dagpm)、风场(填色区，单位：m/s)、温度场(红虚线，单位：℃)

4.5　2 月 27 日 08 时至 3 月 1 日 20 时南疆西部雨雪、风口大风

天气类型	雨雪、大风	过程强度	弱
天气实况	①雨雪：南疆西部、昆仑山北坡等地的部分区域小雨或雪，其中克州山区、和田地区南部山区、阿克苏地区北部山区等地的局部区域累计降水量 7.2～22.7 mm，最大累计降水中心位于阿克苏地区温宿县塔村旅游度假区气象站(图 4.5a)。 ②风：南疆和东疆出现 5 级左右偏西风，风口风力 8～10 级。		
灾害天气	暴雪	28 日 1 站暴雪出现在喀什地区喀什市卡拉贝里水文站(13.5 mm)，最大小时雪强为克州阿图什市吐古买提乡玛依丹村气象站 5.3 mm/h(27 日 22—23 时)。	
	大风	喀什地区、巴州、吐鲁番市、哈密市等地共 51 站出现 8 级以上大风，其中 10 级以上 1 站。过程极大风速，区域气象站为哈密市伊吾县前山乡一村站 27.5 m/s(27 日 10 时)，国家级气象站为哈密市十三间房站 21.5 m/s(27 日 11 时)。	

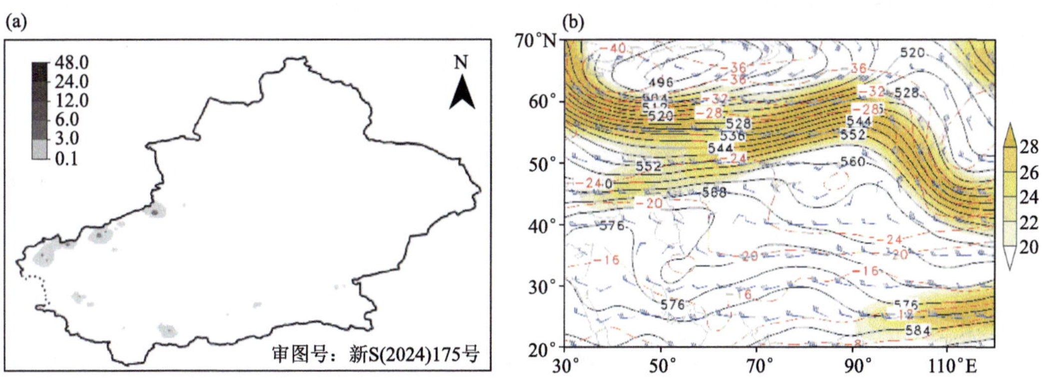

图 4.5　(a)2 月 27 日 08 时至 3 月 1 日 20 时过程累计降水量(单位：mm)；(b)2 月 28 日 20 时 500 hPa 高度场(黑实线，单位：dagpm)、风场(填色区，单位：m/s)、温度场(红虚线，单位：℃)

4.6 3月5日20时至7日20时北疆北部雨雪局地暴雪、风口大风

天气类型	雨雪、大风	过程强度	中弱
天气实况	①雨雪:塔城地区北部、阿勒泰地区和伊犁河谷、克拉玛依市北部、巴州北部山区、和田地区南部山区等地的部分区域雨或雨夹雪(山区为雪),其中伊犁河谷东部山区、塔城地区北部、阿勒泰地区等地的局部区域累计降水量 6.1～32.1 mm,最大累计降水中心为阿勒泰地区布尔津县禾木乡禾木售票站(图 4.6a)。 ②风:北疆大部分地区、东疆出现5级左右偏西风,风口风力10～11级。阿勒泰地区西部、乌鲁木齐市南郊到达坂城一带的部分区域出现5级左右偏东风,风口风力10级左右。		
灾害天气	暴雪	6日8站暴雪出现在阿勒泰地区,日最大降雪中心位于布尔津县禾木乡禾木售票站(32.1 mm);最大小时雪强为布尔津县也格孜托别乡黑流滩中游站(9.5 mm/h,6日11—12时)。	
	大风	全疆共141站出现8级以上大风,其中10级以上6站、12级以上1站。过程极大风速,区域气象站为塔城地区裕民县吉也克镇多拉那勒站 33.6 m/s(6日05时),国家级气象站为哈密市十三间房站 18.1 m/s(7日17时)。	

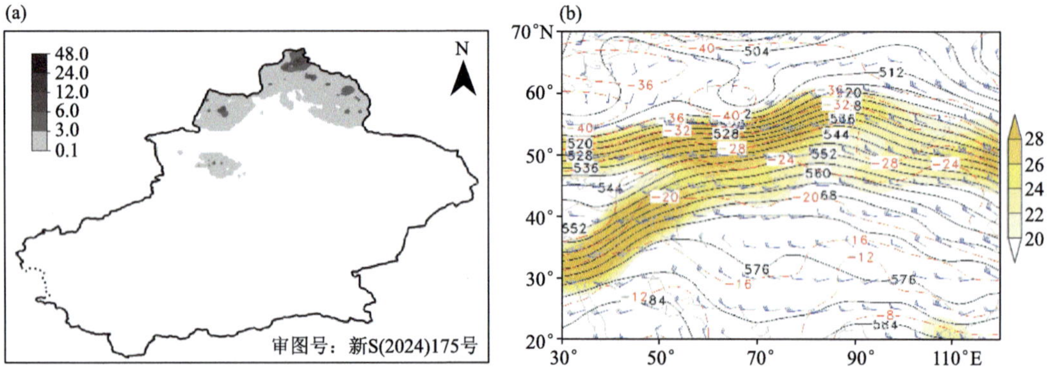

图 4.6 (a)3月5日20时至7日20时过程累计降水量(单位:mm);(b)3月6日20时500 hPa高度场(黑实线,单位:dagpm)、风场(填色区,单位:m/s)、温度场(红虚线,单位:℃)

4.7 4月22日08时至24日08时风口大风

天气类型	雨雪、大风	过程强度	弱
天气实况	①雨雪:伊犁河谷、天山山区及北坡、和田地区、阿克苏地区、巴州的部分区域和博州西部、北疆北部、喀什地区南部、东疆的局部区域出现小雨或雪(山区为雪),其中伊犁河谷山区、天山山区、和田地区南部山区、阿克苏地区北部的局部区域累计降水量 6.1～18.1 mm,最大累计降水中心位于新疆生产建设兵团第十四师一牧场1连气象站(图 4.7a)。 ②风:北疆西部和北部、天山山区、南疆西部、巴州、东疆出现5～6级偏西或西北风,风口风力8～9级、阵风11级。		
灾害天气	大风	博州、塔城地区北部、南疆西部、巴州、吐鲁番市、哈密市共269站出现8级以上大风,其中10级以上17站。过程极大风速,区域气象站为巴州和静县和静镇黄水沟站 29.6 m/s(23日10时),国家级气象站为哈密市伊州区十三间房站 26.5 m/s(23日14时)。	

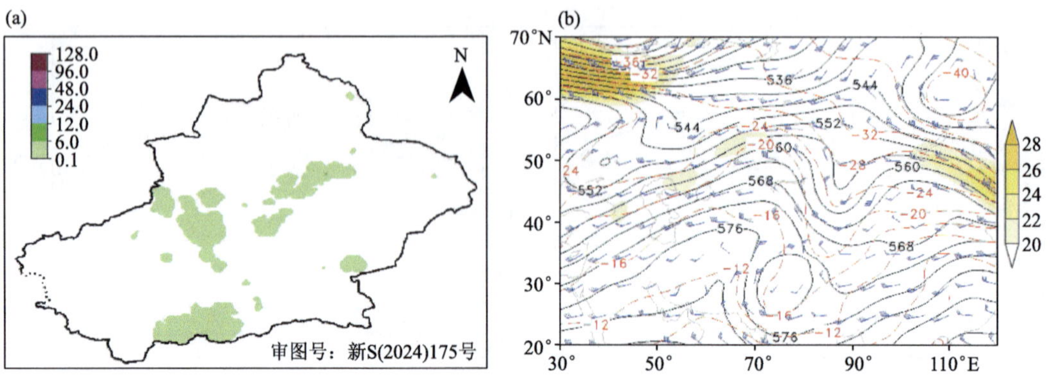

图 4.7 (a)4月22日08时至24日08时过程累计降水量(单位:mm);(b)4月23日08时500 hPa高度场(黑实线,单位:dagpm)、风场(填色区,单位:m/s)、温度场(红虚线,单位:℃)

4.8　4 月 24 日 20 时至 26 日 08 时伊犁河谷局地暴雨、风口大风

天气类型	雨(高山区雪)、大风	过程强度	弱
天气实况	①雨雪：北疆大部分地区、天山山区、哈密市的部分区域和巴州的局部区域出现小雨(高海拔山区为雪)，其中伊犁河谷、塔城地区、克拉玛依市、石河子市、昌吉州东部、巴州北部共 46 站累计降水量 6.1～29.5 mm，最大累计降水中心位于可克达拉市第四师 71 团气象站(图 4.8a)。 ②风：北疆大部分地区、天山山区、南疆西部、巴州、东疆出现 5～6 级偏西或西北风，风口风力 9～10 级、阵风 11～12 级。		
灾害天气	暴雨	25 日 2 站暴雨出现在伊犁河谷。日最大降水中心位于可克达拉市第四师 71 团气象站(26.6 mm)。最大小时雨强为可克达拉市第四师 71 团气象站 17.7 mm/h(25 日 18—19 时)。	
	大风	北疆大部分地区、南疆西部山区、阿克苏地区、巴州、吐鲁番市、哈密市共 652 站出现 8 级以上大风，其中 10 级以上 75 站、12 级以上 2 站。过程极大风速，区域气象站为吐鲁番市高昌区小草湖服务区站 37.5 m/s(26 日 06 时)，国家级气象站为哈密市十三间房站 26.7 m/s(26 日 03 时)。	

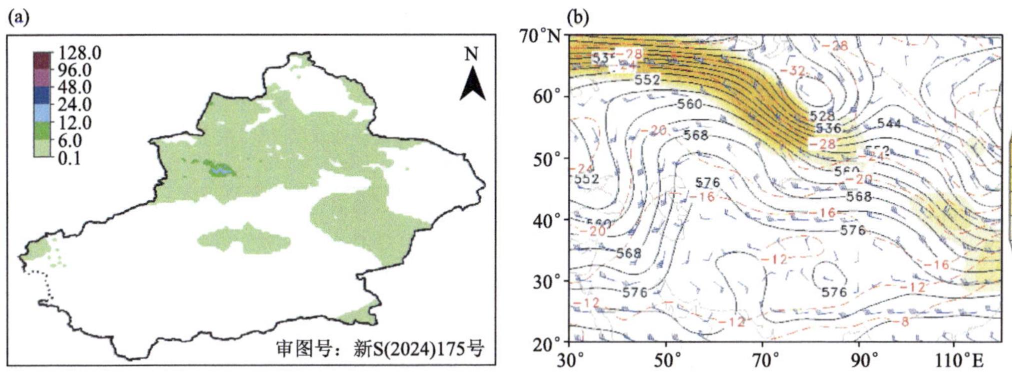

图 4.8　(a)4 月 24 日 20 时至 26 日 08 时过程累计降水量(单位：mm)；(b)4 月 25 日 08 时 500 hPa 高度场(黑实线，单位：dagpm)、风场(填色区，单位：m/s)、温度场(红虚线，单位：℃)

4.9　4 月 26 日 08 时至 28 日 08 时全疆大部分区域大风，南疆局地暴雨、沙尘暴

天气类型	雨雪、大风、沙尘暴	过程强度	中弱
天气实况	①雨雪：天山山区、喀什地区、克州、和田地区南部、哈密市北部的部分区域和伊犁河谷东部、昌吉州、巴州北部的局部区域出现小雨或雪(山区为雪)，其中伊犁河谷、天山山区、克州、喀什、和田地区南部的局部区域累计降水量 6.1～38.4 mm，最大累计降水中心位于克州乌恰县巴音库鲁提镇气象站(图 4.9a)。 ②风沙：北疆大部分地区、南疆西部、巴州、吐鲁番市、哈密市出现 5～6 级偏西或西北风，风口风力 9～10 级、阵风 11～12 级。南疆大部分地区、东疆出现沙尘天气，和田地区、阿克苏地区、巴州局地出现沙尘暴。		
灾害天气	暴雨	27 日 2 站暴雨出现在克州、和田地区，日最大降雨中心位于克州乌恰县巴音库鲁提镇气象站(27.1 mm)，最大小时雨强为喀什地区喀什市百什卡热木乡 6 村站(14.6 mm/h，27 日 18—19 时)。	
	大风	北疆北部、乌鲁木齐市、昌吉州东部、南疆西部、巴州、东疆共 652 站出现 8 级以上大风，其中 10 级以上 91 站、12 级以上 4 站。过程极大风速，区域气象站为哈密市伊州区西山乡库尔路克村站 47 m/s(27 日 18 时)，国家级气象站为哈密市十三间房站 29.8 m/s(26 日 19 时)。	
	沙尘暴	洛浦、于田、阿拉尔、塔中、哈密 5 站沙尘暴，泽普、莎车共 2 站强沙尘暴，最小能见度为莎车站 292 m。	

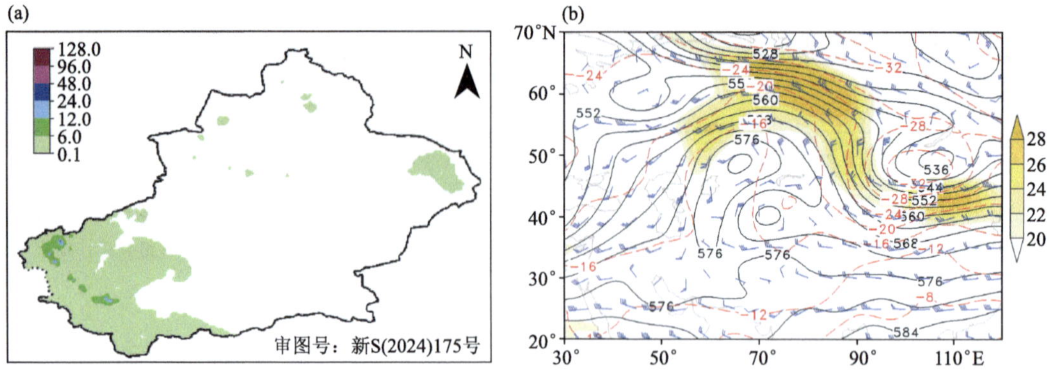

图 4.9 (a)4 月 26 日 08 时至 28 日 20 时过程累计降水量(单位:mm);(b)4 月 27 日 08 时 500 hPa 高度场(黑实线,单位:dagpm)、风场(填色区,单位:m/s)、温度场(红虚线,单位:℃)

4.10 4 月 30 日 08 时至 5 月 1 日 08 时全疆大部分区域大风、伊犁河谷局地暴雨

天气类型	雨雪、大风		过程强度	弱
天气实况	①雨雪:北疆西部、天山山区及北坡的部分区域出现小雨或雪(山区为雪),其中伊犁河谷的部分区域和天山山区的局部区域累计降水量 6.1～32.9 mm,最大累计降水中心位于伊犁州尼勒克县马场气象站(图 4.10a)。 ②风沙:北疆大部分地区、南疆西部山区、巴州、东疆出现 5～6 级偏西或西北风,风口风力 9～10 级,阵风 11～12 级。阿勒泰地区、乌鲁木齐市、昌吉州、巴州的局部区域出现沙尘天气。			
灾害天气	暴雨	30 日 1 站暴雨出现在伊犁河谷。日最大降水中心位于伊犁州尼勒克县马场气象站(32.9 mm)。最大小时雨强为伊犁州新源县则克台镇则克台牧场站(12.1 mm/h,30 日 20—21 时)(图 4.10b)。		
	大风	北疆大部分地区、南疆山区、巴州、吐鲁番市、哈密市共 618 站出现 8 级以上大风,其中 10 级以上 48 站、12 级以上 3 站。过程极大风速,区域气象站为克拉玛依市克拉玛依区金矿站 34.9 m/s(1 日 07:00),国家级气象站为塔城市和布克赛尔蒙古自治县和布克赛尔站 25.3 m/s(1 日 08 时)。		

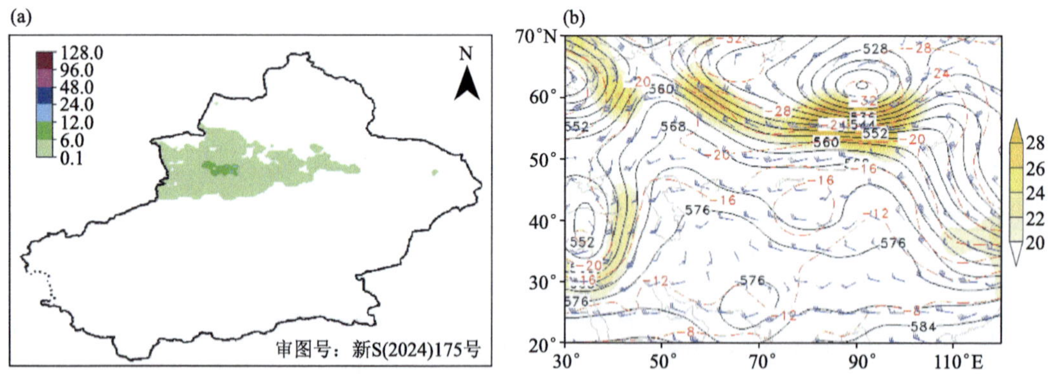

图 4.10 (a)4 月 30 日 08 时至 5 月 1 日 08 时过程累计降水量(单位:mm);(b)4 月 30 日 08 时 500 hPa 高度场(黑实线,单位:dagpm)、风场(填色区,单位:m/s)、温度场(红虚线,单位:℃)

4.11 5 月 28 日 08 时至 31 日 14 时阿克苏地区、哈密市局地暴雨

天气类型	雨雪、风沙	过程强度	中弱
天气实况	①雨雪:全疆大部分地区出现小雨(高海拔山区为雪),其中北疆西部、塔城地区北部、阿勒泰地区北部东部、天山山区、阿克苏地区、巴州、东疆等地的部分区域累计降水量 6.1～52.6 mm,最大累计降水中心位于哈密市伊州区白石头乡气象站(图 4.11a)。 ②风沙:北疆西部和北部、南疆西部、巴州、东疆等地的部分区域出现 6 级左右偏西风或偏北风,风口风力 9～10 级、阵风 11 级。南疆盆地、东疆局部出现扬沙或沙尘暴。		

续表

灾害天气	暴雨	10 站暴雨，28 日 4 站出现在阿克苏地区，29 日 6 站出现在哈密市，日最大降水中心位于阿克苏地区拜城县老虎台木扎提河三级水电站(38.8 mm，28 日)，最大小时雨强为阿克苏地区拜城县老虎台木扎提河三级水电站(30.3 mm/h，28 日 14—15 时)。过程中共出现 4 站短时强降水，分别位于阿克苏地区拜城县、库车县和沙雅县。
	大风	全疆共 588 站出现 8 级及以上大风，其中 10 级以上 179 站。过程极大风速，区域气象站为克州塔什库尔干县班迪尔乡下板地水库站 31.4 m/s(29 日 21 时)，国家级气象站为哈密市伊州区十三间房站 28.7 m/s(29 日 16 时)。
	沙尘暴	塔中站出现强沙尘暴，最小能见度 370 m。

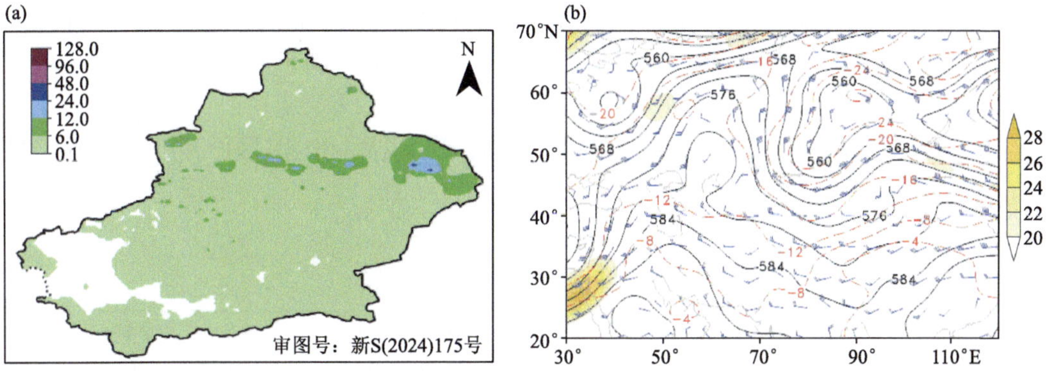

图 4.11 (a)5 月 28 日 08 时至 31 日 14 时过程累计降水量(单位：mm)；(b)5 月 28 日 20 时 500 hPa 高度场(黑实线，单位：dagpm)、风场(填色区，单位：m/s)、温度场(红虚线，单位：℃)

4.12 5 月 31 日 20 时至 6 月 5 日 05 时南疆西部局地暴雨、沙尘，风口大风

天气类型	雨雪、风沙	过程强度	中弱
天气实况	①雨雪：南疆西部、昆仑山北坡和天山山区、阿尔泰山山区、哈密市等地的局部区域出现小雨(高海拔山区为雪)，其中南疆西部山区和阿克苏地区西部、和田地区等地的部分区域及天山山区、阿勒泰地区北部等地的局部区域累计降水量 6.1～94.1 mm，最大累计降水中心位于克州阿合奇县哈拉布拉克乡阿克翁库尔村特西克恰普气象站(图 4.12a)。 ②风沙：北疆西部和北部、昌吉州东部、南疆西部山区、阿克苏地区山区、巴州、东疆等地的大部分区域出现 5～6 级偏西风或偏东风，风口风力 9～10 级、阵风 11 级。南疆盆地局部出现扬沙或沙尘暴。		
灾害性天气	暴雨	12 站暴雨，1 日 2 站出现在克州，2 日 1 站出现在克州，3 日 9 站出现在克州 8 站、和田地区 1 站，日最大降水中心位于克州阿合奇县哈拉布拉克乡阿克翁库尔村特西克恰普气象站(50.4 mm，3 日)，最大小时雨强为和田地区墨玉县英也尔乡玉依买库勒气象站 20.5 mm/h(3 日 20—21 时)。过程中共出现 1 站短时强降水，位于和田地区墨玉县。	
	暴雪	1 日 1 站暴雪出现在喀什地区，日最大降水中心位于喀什地区塔什库尔干县瓦恰乡盘龙古道气象站(25.3 mm)。最大小时雪强为喀什地区塔什库尔干县瓦恰乡盘龙古道气象站 5.6 mm/h(2 日 01—02 时)。	
	大风	全疆共 408 站出现 8 级及以上大风，其中 111 站 9～10 级，昌吉州奇台县、呼图壁县，哈密市伊州区共 4 站 11 级。过程极大风速，区域气象站为哈密市伊州区雅满苏镇站 30.4 m/s(3 日 14 时)，国家级气象站为哈密市伊州区十三间房站 21.0 m/s(31 日 22 时)。	
	沙尘暴	和田、墨玉 2 站出现沙尘暴，洛浦站出现强沙尘暴，最小能见度洛浦站 441 m。	

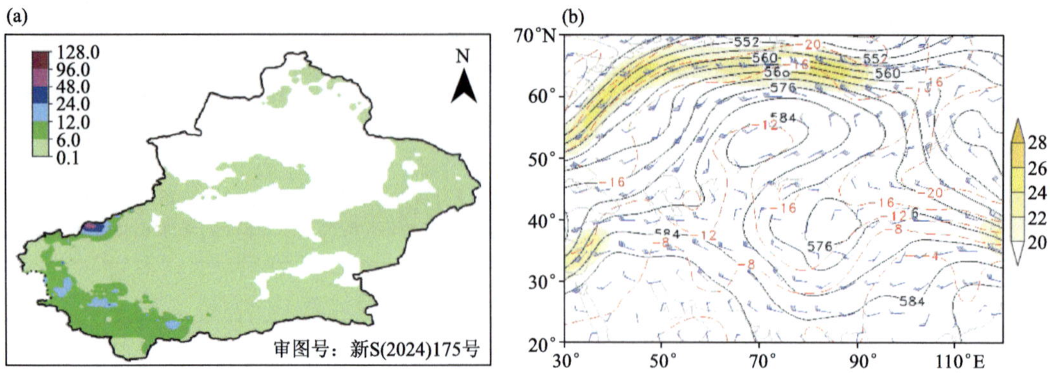

图 4.12　(a)5 月 31 日 20 时至 6 月 5 日 05 时过程累计降水量(单位：mm)；(b)6 月 3 日 08 时 500 hPa 高度场(黑实线，单位：dagpm)、风场(填色区，单位：m/s)、温度场(红虚线，单位：℃)

4.13　6 月 11 日 14 时至 13 日 08 时北疆西部局地暴雨、风口大风、巴州局地沙尘暴

天气类型	降雨、大风、沙尘暴	过程强度	中弱
天气实况	①降雨：北疆西部和北部、天山山区及北坡和南疆西部山区、昆仑山北坡、哈密市北部的部分区域小雨，其中伊犁河谷、博州的部分区域和塔城地区、阿勒泰地区西部和北部、昌吉州南部山区、巴州北部山区、哈密市北部山区的局部区域累计降水量 6.1～41.2 mm，最大累计降雨中心位于伊犁州尼勒克县马场铁木尔勒克沟气象站(图 4.13a)。 ②风沙：北疆大部分地区、南疆西部、巴州北部、东疆出现 5～6 级西北风，风口风力 9～10 级、阵风 11～12 级；南疆盆地东部出现 5 级左右偏东风、阵风 8～9 级。南疆盆地出现沙尘天气，巴州局地沙尘暴。		
灾害天气	暴雨	11 日 2 站暴雨出现在伊犁州昭苏县胡松图哈尔逊乡站 29.2 mm、新源县塔勒德镇阿克其村站 28.0 mm，最大小时雨强为伊犁州昭苏县胡松图哈尔逊乡站 29.2 mm/h(11 日 20—21 时)。过程中共出现 7 站短时强降水，分别位于伊犁州昭苏县、尼勒克县、新源县，博州温泉县，塔城地区乌苏市。	
	大风	北疆大部分地区、东疆和南疆西部、巴州的部分区域共 627 站出现 8 级以上偏西或偏东大风，其中 10 级以上 70 站。过程极大风速，区域气象站为博州精河县艾比湖湿地站 33.7 m/s(11 日 19 时)，国家级气象站为博州阿拉山口站 32.1 m/s(11 日 16 时)。	
	沙尘暴	轮台、若羌 2 站强沙尘暴，最小能见度若羌站 380 m。	

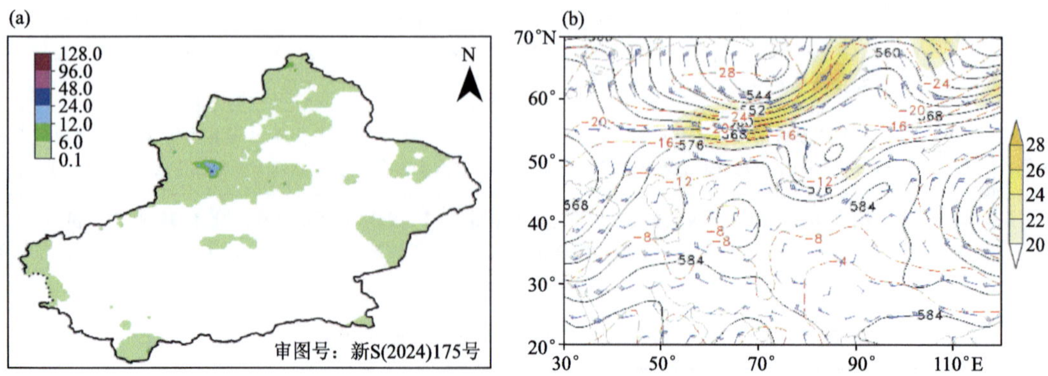

图 4.13　(a)6 月 11 日 14 时至 13 日 08 时过程累计降水量(单位：mm)；(b)6 月 12 日 08 时 500 hPa 高度场(黑实线，单位：dagpm)、风场(填色区，单位：m/s)、温度场(红虚线，单位：℃)

4.14　6 月 20 日 08 时至 23 日 20 时伊犁河谷、天山山区局地暴雨，风口大风

<table>
<tr><td>天气类型</td><td colspan="2">降雨、大风、沙尘暴</td><td>过程强度</td><td>中弱</td></tr>
<tr><td>天气实况</td><td colspan="4">①降雨：北疆大部分区域、天山山区和南疆西部山区、巴州、东疆的部分区域小雨，其中伊犁河谷、博州和塔城地区、阿勒泰地区、石河子市南部、昌吉州西部、乌鲁木齐市南部、阿克苏地区北部山区、巴州北部山区、吐鲁番市北部山区、哈密市的部分区域累计降水量 6.1～64.4 mm，最大累计降雨中心位于伊犁州特克斯县特克斯镇阿克塔什牧业村气象站(图 4.14a)。
②风沙：北疆大部分区域、南疆西部、巴州、东疆出现 5～6 级西北风，风口风力 10～11 级、阵风 12～13 级；南疆盆地出现沙尘天气，巴州局地沙尘暴。</td></tr>
<tr><td rowspan="3">灾害性天气</td><td>暴雨</td><td colspan="3">9 站暴雨，20 日 1 站出现在阿勒泰地区，21 日 6 站出现在石河子市、昌吉州西部、伊犁河谷，22 日 2 站出现在塔城地区南部、哈密市。日最大降雨中心位于石河子 142 团 33 连站(39 mm)。最大小时雨强为石河子 142 团 33 连气象站 38.7 mm/h(21 日 20—21 时)。过程中共出现 11 站短时强降水，分别位于伊犁州特克斯县、伊宁市，阿勒泰地区福海县，石河子市，昌吉州玛纳斯县、呼图壁县，吐鲁番市高昌区，哈密市伊州区。</td></tr>
<tr><td>大风</td><td colspan="3">北疆大部分地区、东疆和南疆西部、巴州的部分区域共 1161 站出现 8 级以上偏西大风，其中 10 级以上 212 站。过程极大风速，区域气象站为伊犁州巩留县阿尕尔森镇克孜尔萨依沟站 38.6 m/s(22 日 20 时)，国家级气象站为博州阿拉山口站 27.2 m/s(21 日 22 时)。</td></tr>
<tr><td>沙尘暴</td><td colspan="3">若羌站强沙尘暴，最小能见度 145 m。</td></tr>
<tr><td>灾情</td><td colspan="4">21 日昌吉州玛纳斯县暴雨洪涝造成房屋、水利设施、种植业等不同程度受灾。</td></tr>
</table>

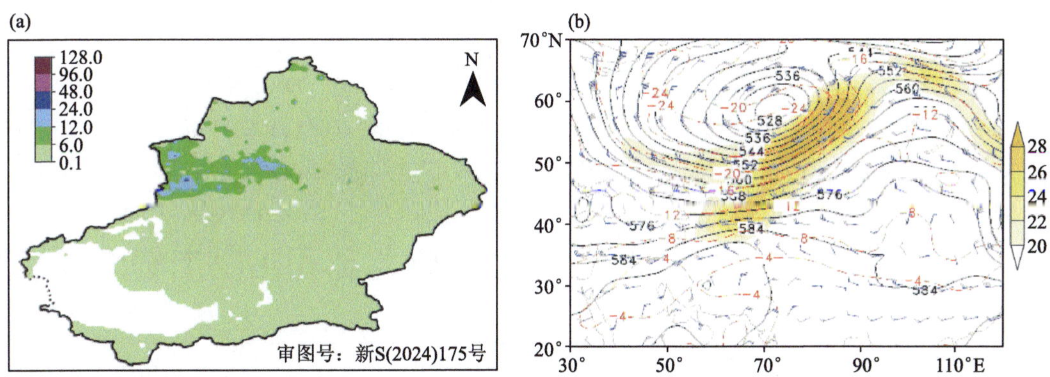

图 4.14　(a)6 月 20 日 08 时至 23 日 20 时过程累计降水量(单位：mm)；(b)6 月 21 日 08 时 500 hPa 高度场(黑实线，单位：dagpm)、风场(填色区，单位：m/s)、温度场(红虚线，单位：℃)

4.15　6 月 28 日 08 时至 30 日 14 时北疆西部、天山山区、阿克苏地区山区、南疆西部山区局地暴雨，风口大风

<table>
<tr><td>天气类型</td><td>降雨、大风、沙尘暴、冰雹</td><td>过程强度</td><td>中弱</td></tr>
<tr><td>天气实况</td><td colspan="3">①降雨：全疆大部分地区出现小雨(天山山区海拔 3500 m 以上为雪)，其中伊犁河谷东部和南部、博州西部、阿勒泰地区西部、天山山区及北坡、南疆西部、哈密市的部分区域累计降水量 6.1～34.5 mm，最大累计降雨中心位于伊犁州特克斯县喀拉达拉镇琼库什台牧业村气象站(图 4.15a)。
②风沙：北疆大部分地区、南疆西部、巴州、东疆出现 5～6 级西北风，风口风力 10～11 级。和田地区和喀什地区、巴州南部等地局地出现扬沙或沙尘暴。</td></tr>
</table>

续表

灾害天气	暴雨	7 站暴雨,28 日 5 站出现在伊犁河谷、阿克苏地区、喀什地区、和田地区,29 日 2 站出现在阿克苏地区、塔城地区。日最大降雨中心位于伊犁州特克斯县喀拉达拉镇琼库什台牧业村气象站(28.3 mm)。最大小时雨强为阿克苏地区阿克苏市红旗坡农场林海社区依来克洪沟气象站 26.3 mm/h(29 日 21—22 时)。过程中共出现 6 站短时强降水,分别位于伊犁州特克斯县、塔城地区沙湾市、乌鲁木齐市乌鲁木齐县、克州乌恰县、阿克苏地区阿克苏市、拜城县。
	大风	博州、塔城地区北部、阿勒泰地区、克拉玛依市、南疆西部、和田地区、巴州、吐鲁番市、哈密市的部分区域共 763 站出现 8 级以上偏西大风,其中 10 级以上 51 站。过程极大风速,区域气象站为喀什地区塔县班迪尔乡下板地水库站 32.4 m/s(29 日 22 时)和吐鲁番市高昌区小草湖服务区站 32.4 m/s(30 日 08 时),国家级气象站为十三间房站 28 m/s(30 日 03 时)。
	沙尘暴	塔中、巴楚、民丰 3 站出现沙尘暴,洛浦、策勒、墨玉、铁干里克、和田、于田、且末、皮山 8 站出现强沙尘暴,最小能见度策勒站 200 m。
	冰雹	29 日 23 时 32 分阿克苏地区阿瓦提县出现冰雹天气。
灾情	29 日阿克苏地区阿瓦提县冰雹造成农作物受灾。	

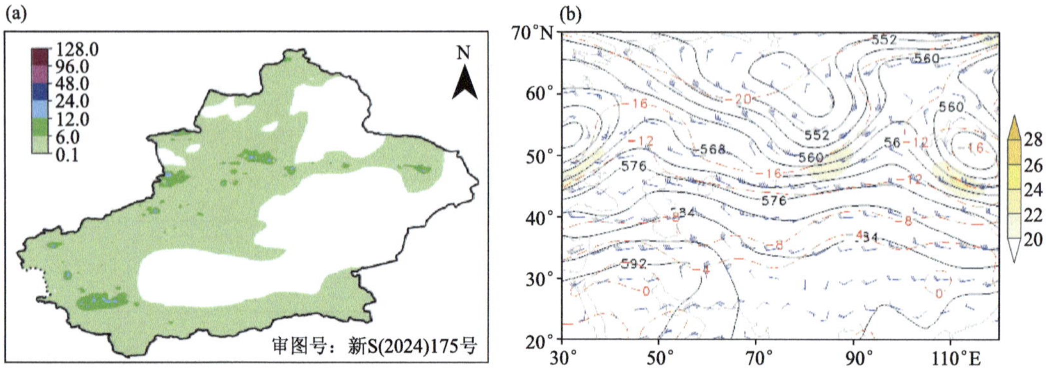

图 4.15 (a)6 月 28 日 08 时至 30 日 14 时过程累计降水量(单位:mm);(b)6 月 29 日 08 时 500 hPa 高度场(黑实线,单位:dagpm)、风场(填色区,单位:m/s)、温度场(红虚线,单位:℃)

4.16 6 月 30 日 14 时至 7 月 3 日 08 时巴州北部和哈密市暴雨、风口大风

天气类型	降雨、大风、沙尘暴、冰雹	过程强度	中弱
天气实况	①降雨:全疆大部分区域出现小雨,其中伊犁河谷、阿勒泰地区、天山山区及北坡、喀什地区、克州、阿克苏地区、巴州、吐鲁番市、哈密市的部分区域累计降水量 6.1～42.9 mm,最大累计降雨中心位于哈密市巴里坤县马场一连红沟气象站(图 4.16a)。 ②风沙:北疆大部分区域、南疆西部、巴州、东疆出现 5～6 级西北风,风口风力 9～10 级、阵风 11～12 级。吐鲁番市、哈密市、和田地区的部分区域和巴州的局部区域出现扬沙或沙尘暴。		
灾害性天气	暴雨	7 站暴雨,30 日 6 站出现在巴州轮台县、和静县,7 月 1 日 6 站出现在哈密市巴里坤县、伊州区、伊吾县。日最大降雨中心位于哈密市巴里坤县军马场八连口门子气象站(38.6 mm)。最大小时雨强出现在巴州轮台县轮西作业区气象站 20.3 mm/h(1 日 20—21 时)。过程中共出现 4 站短时强降水,分别位于巴州和静县、轮台县,阿克苏地区库车市。	
	大风	北疆北部、南疆西部、巴州北部、东疆的部分区域共 723 站出现 8 级以上偏西大风,其中 10 级以上 65 站。过程极大风速,区域气象站为哈密市伊州区南湖煤矿观礼台站 34.7 m/s(2 日 17 时),国家级气象站为吐鲁番市鄯善站 26.2 m/s(2 日 16 时)。	
	沙尘暴	民丰、策勒 2 站出现沙尘暴,鄯善、哈密、墨玉、和田、洛浦、若羌 6 站出现强沙尘暴,最小能见度墨玉站 190 m。	
	冰雹	7 月 1 日 19 时阿克苏地区库车市出现冰雹天气。	
灾情	7 月 1 日阿克苏地区库车市冰雹、大风造成棉花受灾。		

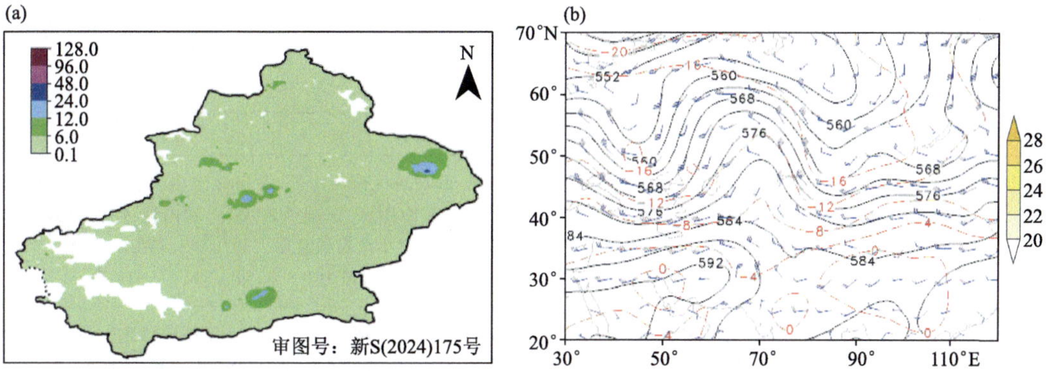

图 4.16　(a)6 月 30 日 14 时至 7 月 3 日 08 时过程累计降水量(单位：mm)；(b)7 月 1 日 20 时 500 hPa 高度场(黑实线，单位：dagpm)、风场(填色区，单位：m/s)、温度场(红虚线，单位：℃)

4.17　7 月 3 日 08 时至 5 日 20 时北疆西部和北部、南疆西部降雨大风

天气类型	降雨、大风、沙尘暴	过程强度	中弱
天气实况	①降雨：北疆西部和北部、克拉玛依市、石河子市、天山山区、南疆西部、阿克苏地区西部和北部、哈密市北部的部分区域微到小雨，其中伊犁河谷山区、博州西部、塔城地区北部、阿勒泰地区西部、克拉玛依市、石河子市、南疆西部山区、阿克苏地区西部和北部山区局部区域累计降水量 6.1～25.8 mm，最大累计降雨中心位于阿克苏地区拜城县老虎台种羊场三连气象站(图 4.17a)。 ②风沙：北疆大部分地区、南疆西部、巴州、东疆出现 5～6 级西北风，风口风力 9～10 级、阵风 11 级。和田地区的部分区域和喀什地区、巴州的局部区域出现扬沙或沙尘暴。		
灾害性天气	暴雨	3 日 1 站暴雨出现在阿克苏地区拜城县老虎台种羊场三连气象站(25.8 mm)，最大小时雨强出现在石河子市 150 团 5 连气象站 17.3 mm/h(5 日 15—16 时)。	
	大风	博州、北疆北部、南疆西部山区、阿克苏地区、巴州北部、东疆的部分区域共 702 站出现 8 级以上偏西大风，其中 10 级以上 48 站。过程极大风速，区域气象站为阿克苏地区温宿县大石峡水库站 32.1 m/s(5 日 00 时)，国家级气象站为阿克苏站 23.6 m/s(5 日 19 时)。	
	沙尘暴	民丰、皮山、于田、塔中 4 站出现沙尘暴，最小能见度民丰站 500 m。	
	冰雹	7 月 5 日 15 时 35 分至 50 分，石河子市莫索湾出现冰雹。	
灾情	7 月 5 日石河子市莫索湾冰雹造成农作物受灾。		

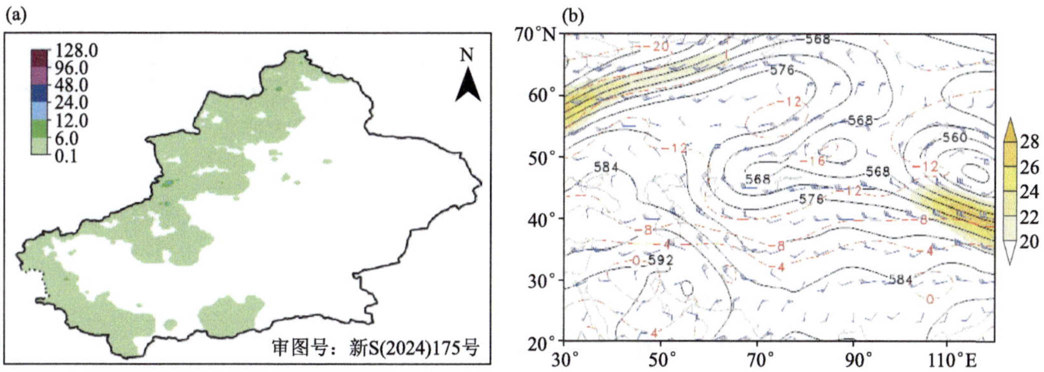

图 4.17　(a)7 月 3 日 08 时至 5 日 20 时过程累计降水量(单位：mm)；(b)7 月 5 日 08 时 500 hPa 高度场(黑实线，单位：dagpm)、风场(填色区，单位：m/s)、温度场(红虚线，单位：℃)

4.18 7 月 20 日 05 时至 22 日 17 时北疆大部分地区和南疆西部降雨、风口大风

<table>
<tr><td>天气类型</td><td colspan="2">降雨、大风</td><td>过程强度</td><td>弱</td></tr>
<tr><td>天气实况</td><td colspan="4">①降雨:北疆大部分地区和南疆西部山区、阿克苏地区山区、和田地区南部山区、巴州北部山区、哈密市北部山区等地的部分区域小雨,其中伊犁河谷山区、博州西部、阿尔泰山山区、天山山区、南疆西部山区、和田地区南部山区等地局部区域累计降水量 6.1~23.9 mm,最大累计降雨中心位于博州博乐市小营盘镇夏尔西里气象站(图 4.18a)。
②风:北疆大部分地区、南疆西部、巴州、东疆出现 5~6 级西北风,风口风力 9~10 级、阵风 11~13 级。</td></tr>
<tr><td></td><td>大风</td><td colspan="3">北疆大部分地区、东疆和南疆西部、巴州的部分区域共 665 站出现 8 级以上偏西或偏东大风,其中 10 级以上 76 站。过程极大风速,区域气象站为吐鲁番市托克逊县大草湖南站 37.5 m/s(21 日 05 时),国家级气象站为哈密市十三间房站 26.8 m/s(21 日 07 时)。</td></tr>
<tr><td>灾情</td><td colspan="4">22 日克州阿克陶县因降雨引发泥石流,导致道路暂时中断,矿山大车滞留。</td></tr>
</table>

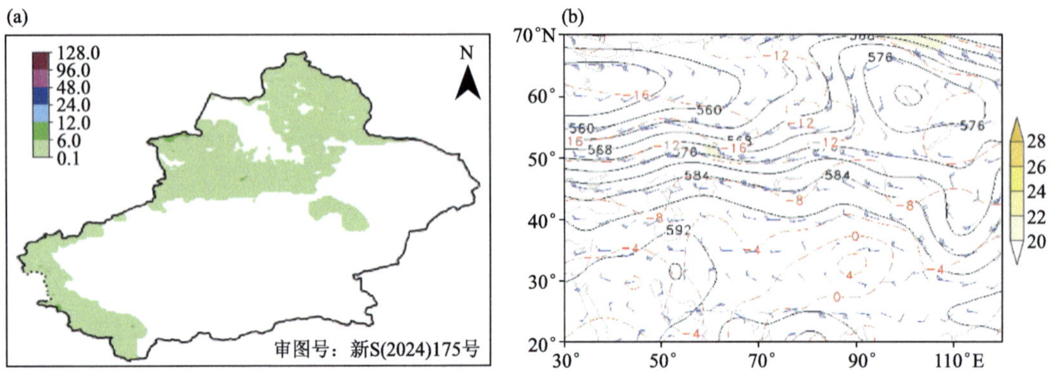

图 4.18 (a)7 月 20 日 05 时至 22 日 17 时过程累计降水量(单位:mm);(b)7 月 21 日 20 时 500 hPa 高度场(黑实线,单位:dagpm)、风场(填色区,单位:m/s)、温度场(红虚线,单位:℃)

4.19 7 月 23 日 20 时至 28 日 08 时南疆西部山区局地暴雨、风口大风

<table>
<tr><td>天气类型</td><td colspan="2">降雨、大风</td><td>过程强度</td><td>中弱</td></tr>
<tr><td>天气实况</td><td colspan="4">①降雨:南疆西部和伊犁河谷山区、博州西部、阿尔泰山山区、克拉玛依市、天山山区、巴州、哈密市北部山区等地的部分区域小雨,其中天山山区、喀什地区、克州、和田地区南部、阿克苏地区、巴州山区等地的部分区域累计降水量 6.1~62.1 mm,最大累计降雨中心位于喀什地区图木舒克市新疆生产建设兵团第三师叶城二牧场 2 连气象站(图 4.19a)。
②风:北疆西部北部、南疆西部、巴州、东疆出现 5~6 级西北风,风口风力 10~11 级。</td></tr>
<tr><td rowspan="3">灾害性天气</td><td>暴雨</td><td colspan="3">9 站暴雨,25 日 3 站出现在喀什地区、克州,26 日 2 站出现在喀什地区,27 日 4 站出现在喀什地区、阿克苏地区;日最大降雨中心位于喀什地区英吉沙县乌恰镇山区 2 号水库气象站 42.2 mm;最大小时雨强为喀什地区英吉沙县乌恰镇山区 2 号水库气象站 36.3 mm/h(25 日 22—23 时)。过程中共出现 15 站短时强降水,分别位于喀什地区伽师县、英吉沙县、莎车县、叶城县,克州阿图什市、阿克陶县,阿克苏地区拜城县、温宿县、新和县。</td></tr>
<tr><td>大风</td><td colspan="3">全疆共 582 站出现 8 级以上大风,其中 10 级及以上 35 站。过程极大风速,区域气象站为巴州且末县奥依亚依拉克镇阿克苏库勒湖站 30.0 m/s(25 日 18 时),国家级气象站为喀什地区喀什站 23.8 m/s(27 日 18 时)。</td></tr>
<tr><td>冰雹</td><td colspan="3">7 月 27 日午后至夜间,喀什地区岳普湖县出现冰雹。</td></tr>
<tr><td>灾情</td><td colspan="4">7 月 25 日,克州阿克陶县因降雨引发泥石流,导致道路暂时中断,人员和车辆滞留。
7 月 26 日傍晚至夜间,喀什地区叶城县暴雨洪涝造成农作物受灾,农业设施、基础设施受损,牲畜死亡、车辆被淹没。
7 月 27 日午后至夜间,喀什地区岳普湖县冰雹造成农作物受灾。</td></tr>
</table>

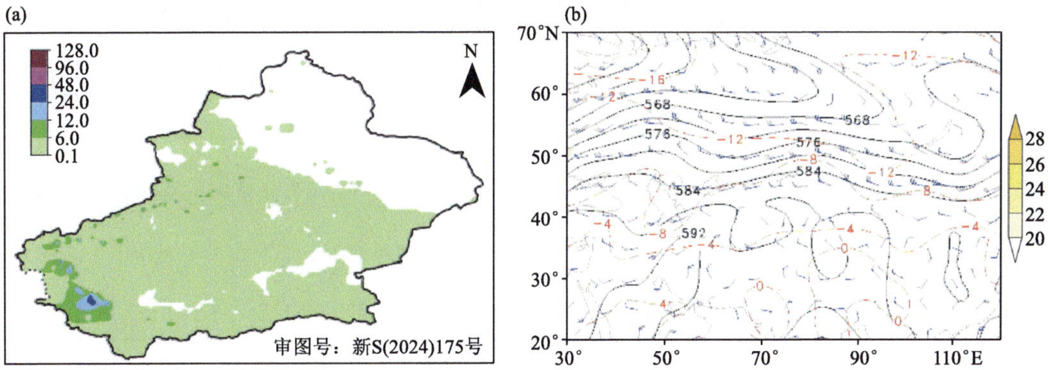

图 4.19　(a)7 月 23 日 20 时至 28 日 08 时过程累计降水量(单位：mm)；(b)7 月 26 日 20 时 500 hPa 高度场(黑实线，单位：dagpm)、风场(填色区，单位：m/s)、温度场(红虚线，单位：℃)

4.20　8 月 1 日 08 时至 4 日 08 时昌吉州局地暴雨、风口大风、巴州南部沙尘暴

<table>
<tr><td>天气类型</td><td colspan="2">降雨、大风、沙尘暴</td><td>过程强度</td><td>中弱</td></tr>
<tr><td>天气实况</td><td colspan="4">①降雨：北疆西部和北部、天山山区、南疆西部、昆仑山北坡、巴州北部、哈密市北部山区等地的部分区域出现小雨，其中博州西部、塔城地区北部、阿勒泰地区北部山区、天山山区、南疆西部山区、和田地区南部、阿克苏地区、巴州北部等地的部分区域累计降水量 6.1～28.4 mm，最大累计降雨中心位于昌吉州呼图壁县石门水库气象站(图 4.20a)。
②风沙：北疆大部分地区、南疆西部、巴州北部、哈密市北部出现 5～6 级西北风，风口风力 10～11 级；南疆盆地中东部出现 4～5 级偏东风，部分区域出现沙尘天气，巴州南部沙尘暴。</td></tr>
<tr><td rowspan="3">灾害天气</td><td>暴雨</td><td colspan="3">1 日 1 站暴雨出现在昌吉州呼图壁县石门水库气象站(28.4 mm)。最大小时雨强为昌吉州呼图壁县石门水库气象站 26.5 mm/h(1 日 15—16 时)。</td></tr>
<tr><td>大风</td><td colspan="3">全疆共 668 站出现 8 级以上大风，其中 10 级以上 37 站。过程极大风速，区域气象站为阿勒泰地区吉木乃县托普铁热克镇老飞机场站 30.1 m/s(3 日 23 时)，国家级气象站为巴州库尔勒站 25.2 m/s(3 日 17 时)。</td></tr>
<tr><td>沙尘暴</td><td colspan="3">铁干里克、且末、若羌、塔中共 4 站出现沙尘暴，尉犁站强沙尘暴，最小能见度尉犁站 262 m。</td></tr>
</table>

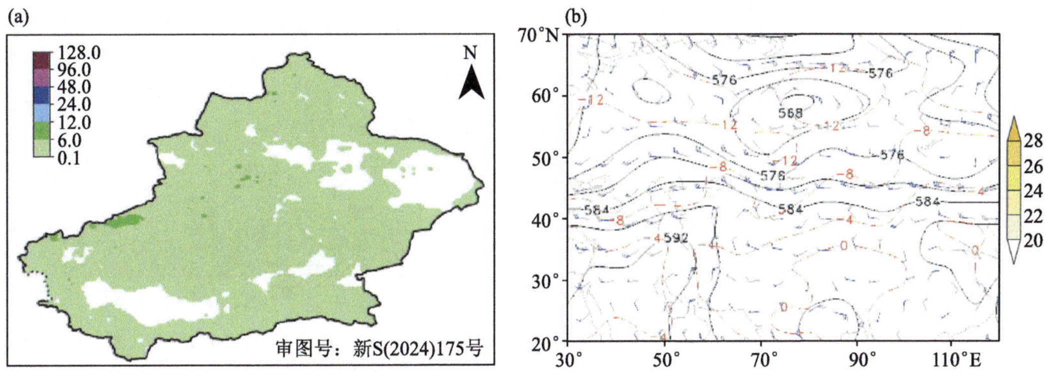

图 4.20　(a)8 月 1 日 08 时至 4 日 08 时过程累计降水量(单位：mm)；(b)8 月 2 日 20 时 500 hPa 高度场(黑实线，单位：dagpm)、风场(填色区，单位：m/s)、温度场(红虚线，单位：℃)

4.21 8 月 9 日 08 时至 14 日 20 时 全疆大部分地区高温天气

天气类型	高温	过程强度	中弱
天气实况	持续时间:5 d。 高温范围:全疆日最高气温 1039 站≥35 ℃,其中 563 站≥37 ℃、113 站≥40 ℃、8 站≥45 ℃;国家级气象站日最高气温 61 站≥35 ℃,其中 26 站≥37 ℃、6 站≥40 ℃(图 4.21a)。 单日最大范围:10 日,全疆日最高气温 725 站≥35 ℃,其中 273 站≥37 ℃、46 站≥40 ℃、2 站≥45 ℃,国家级气象站日最高气温 43 站≥35 ℃,其中 13 站≥37 ℃、4 站≥40 ℃(图 4.21b)。 高温极值:吐鲁番市高昌区芒硝湖气象站 46.8 ℃(11 日 18 时)。		

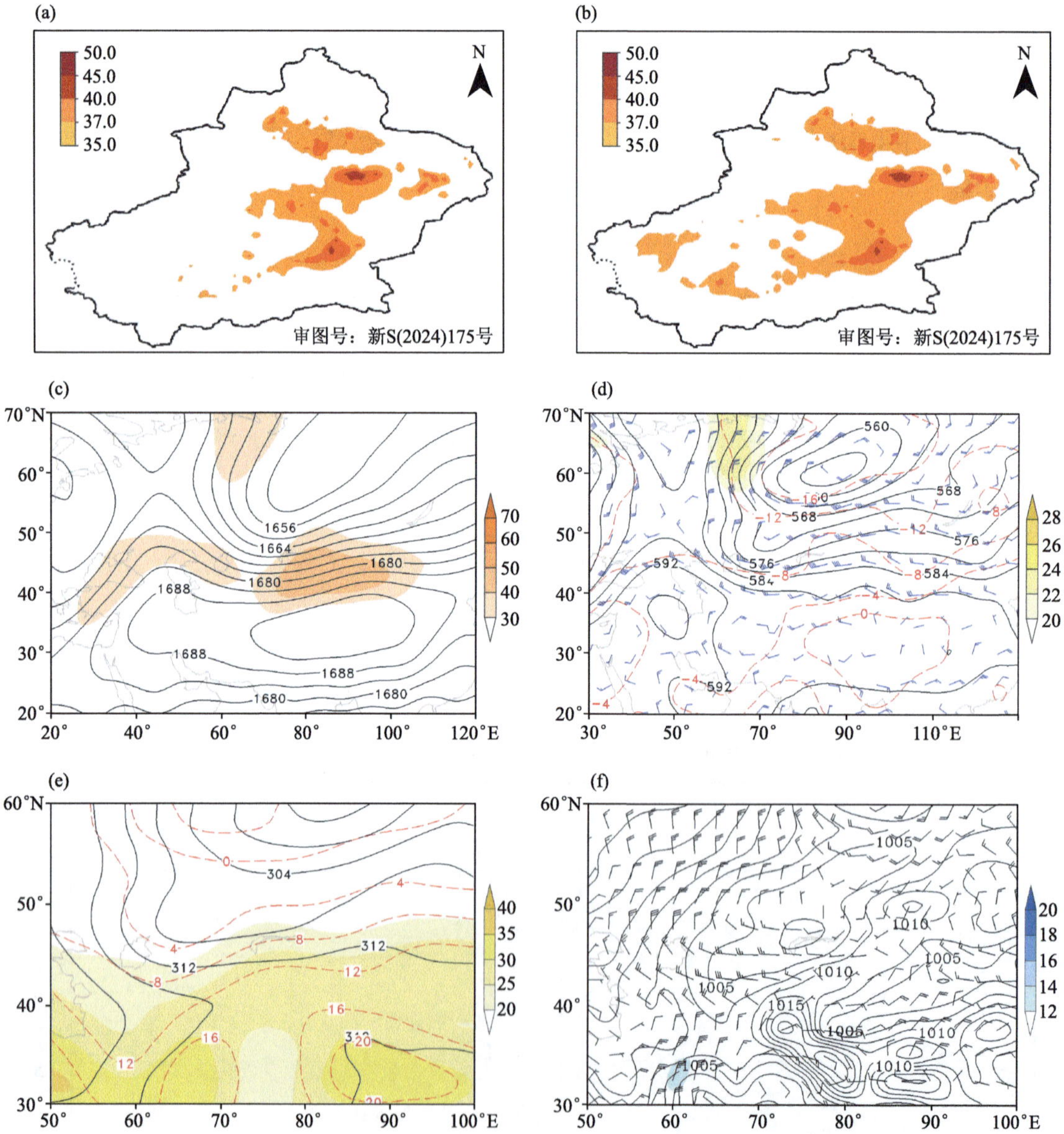

图 4.21 (a)8 月 9 日 08 时至 14 日 20 时过程最高气温(单位:℃);(b)8 月 10 日 20 时最高气温(单位:℃);(c)8 月 9 日 20 时 100 hPa 高度场(实线,单位:dagpm),填色区为风速≥30 m/s 的 200 hPa 急流;(d)500 hPa 高度场(黑实线,单位:dagpm)、风场(填色区,单位:m/s)、温度场(红虚线,单位:℃);(e)700 hPa 高度场(黑实线,单位:dagpm)、风场(单位:m/s)和温度场(红色虚线,单位:℃);(f)海平面气压(黑实线,单位:hPa)和 850 hPa 风场(填色区,单位:m/s)

4.22　8 月 22 日 14 时至 25 日 08 时南疆和东疆高温、喀什山区局地暴雨、风口大风

<table>
<tr><td>天气类型</td><td colspan="2">降雨、高温、大风</td><td>过程强度</td><td>中弱</td></tr>
<tr><td>天气实况</td><td colspan="4">①降雨：北疆西部和北部、天山山区、昌吉州东部、阿克苏地区西部和北部、南疆西部山区、昆仑山北坡、哈密市北部的部分区域出现降雨，其中阿勒泰地区、天山山区、南疆西部山区的局部区域累计降水量 6.1～44.9 mm，最大累计降水中心位于喀什地区叶城县柯克亚乡 5 村气象站(图 4.22a)。
②大风：北疆大部分地区、天山山区、南疆西部、东疆出现 5～6 级偏西或偏东风，风口风力 9～10 级、阵风 11 级，南疆塔里木盆地中东部出现 5～6 级偏东风、阵风 8～9 级(图 4.22b)。</td></tr>
<tr><td rowspan="3">灾害性天气</td><td>高温</td><td colspan="3">持续时间：3 d。
高温范围：全疆日最高气温 525 站≥35 ℃，其中 207 站≥37 ℃、34 站≥40 ℃。
国家级气象站日最高气温 26 站≥35 ℃，其中 6 站≥37 ℃、3 站≥40 ℃(图 4.22c)。
单日最大范围：22 日，全疆日最高气温 491 站≥35 ℃，其中 204 站≥37 ℃、34 站≥40 ℃，国家级气象站日最高气温 24 站≥35 ℃，其中 8 站≥37 ℃、3 站≥40 ℃(图 4.22d)。
高温极值：吐鲁番市托克逊县大地村气象站 44.3 ℃(22 日 18 时)。</td></tr>
<tr><td>暴雨</td><td colspan="3">24 日 2 站暴雨出现在喀什地区，日最大降雨中心位于喀什地区叶城县二牧场气象站(36.7 mm)，最大小时雨强为五家渠市新疆生产建设兵团第六师土墩子农场气象站 16.7 mm/h(23 日 02—03 时)。过程中共出现 1 站短时强降水，位于克州乌恰县。</td></tr>
<tr><td>大风</td><td colspan="3">北疆西部、塔城地区北部、天山北坡及山区、南疆西部、巴州、吐鲁番市、哈密市共 346 站出现 8 级以上大风，其中 10 级以上 9 站。过程极大风速，区域气象站为喀什地区塔什库尔干塔吉克自治县塔什库尔干县班迪尔乡下板地水库站 28.9 m/s(22 日 23 时)，国家级气象站为吐鲁番市鄯善站 22.5 m/s(24 日 17 时)。</td></tr>
</table>

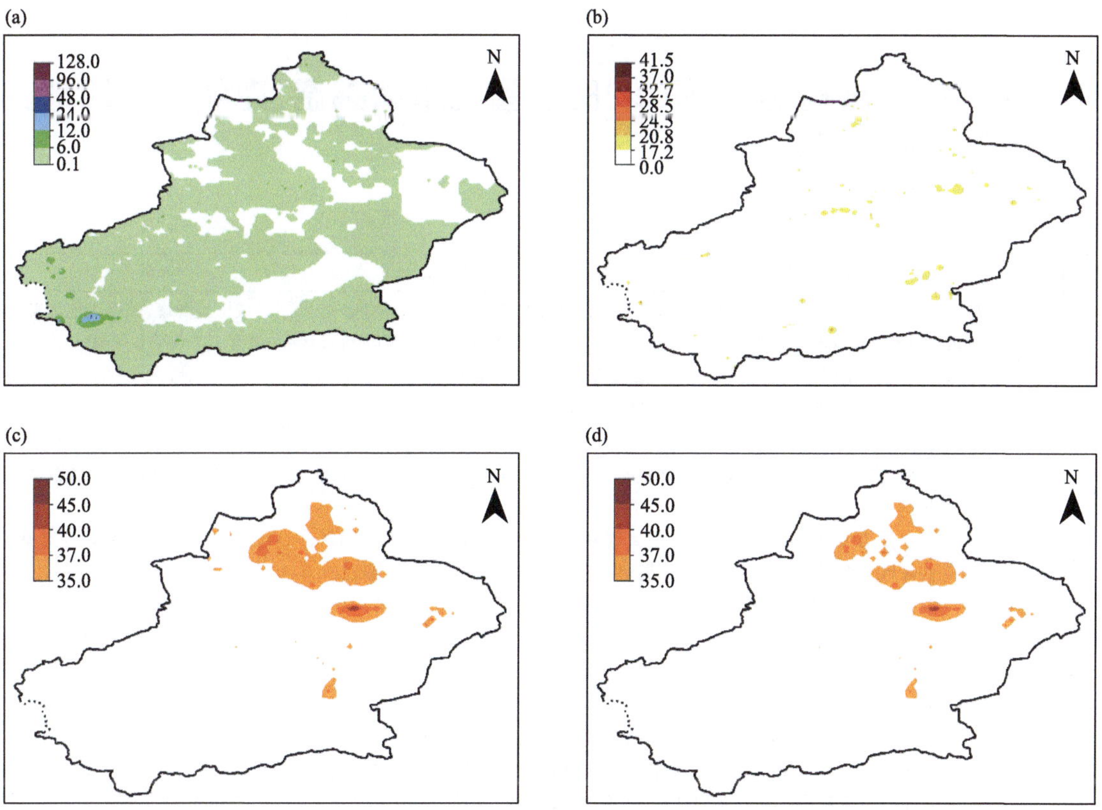

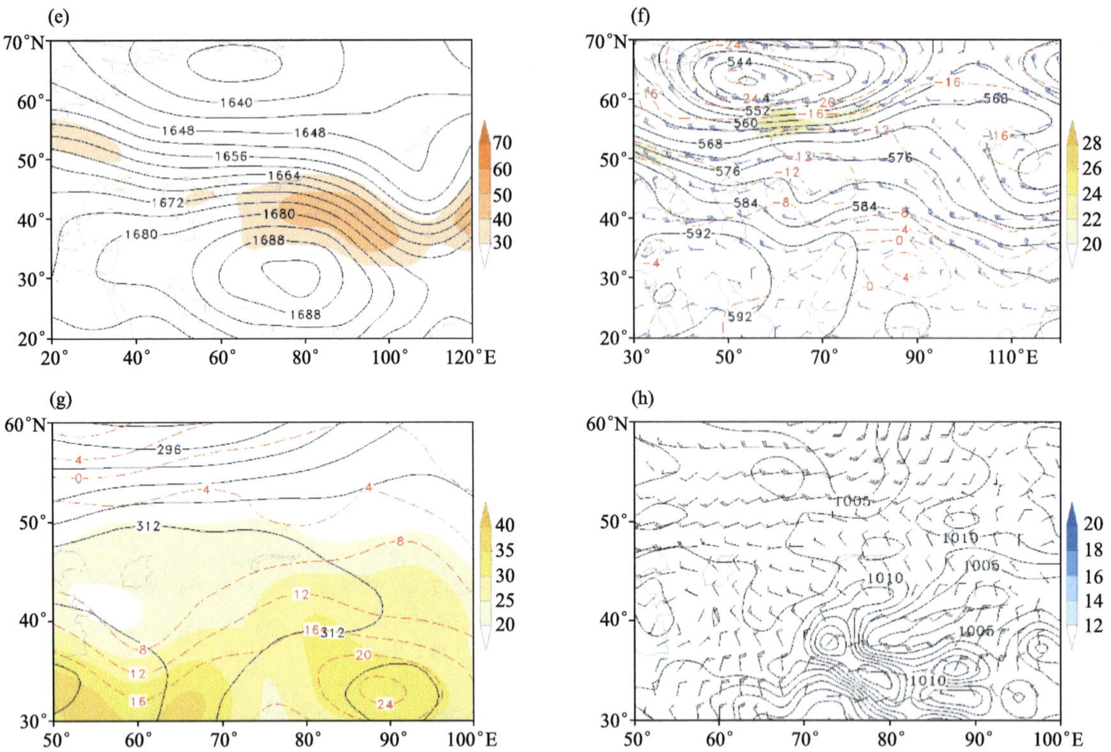

图 4.22 (a)8 月 22 日 14 时至 25 日 08 时过程累计降水量(单位:mm);(b)过程极大风速(单位:m/s);(c)8 月 22 日 14 时至 8 月 25 日 20 时过程最高气温(单位:℃);(d)8 月 22 日 20 时最高气温(单位:℃);(e)8 月 22 日 20 时 100 hPa 高度场(实线,单位:dagpm),填色区为风速≥30 m/s 的 200 hPa 急流;(f)500 hPa 高度场(黑实线,单位:dagpm)、风场(填色区,单位:m/s)、温度场(红虚线,单位:℃);(g)700 hPa 高度场(黑实线,单位:dagpm)、风场(填色区,单位:m/s)、温度场(红虚线,单位:℃);(h)海平面气压(黑实线,单位:hPa)和 850 hPa 风场(填色区,单位:m/s)

4.23 8 月 25 日 08 时至 27 日 20 时北疆和东疆高温、克州山区局地暴雨、风口大风

天气类型	降雨、高温、大风	过程强度	中弱
天气实况	①降雨:南疆西部、昆仑山北坡的部分区域和北疆西部和北部、天山山区、哈密市的局部区域出现降雨,其中南疆西部山区、昆仑山北坡的部分区域累计降水量 6.1~55.3 mm,最大累计降水中心位于克州阿合奇县哈拉布拉克乡契恰尔气象站(图 4.23a)。 ②大风:北疆西部和北部、南疆西部山区、东疆出现 5~6 级偏西或偏东风,风口风力 8~9 级、阵风 10 级,南疆塔里木盆地东部出现 5~6 级偏东风、阵风 8~9 级(图 4.23b)。		
灾害性天气	高温	持续时间:3 d。 高温范围:全疆日最高气温 613 站≥35 ℃,其中 286 站≥37 ℃、49 站≥40 ℃;国家级气象站日最高气温 94 站≥35 ℃,其中 58 站≥37 ℃、8 站≥40 ℃(图 4.23c)。 单日最大范围:26 日,全疆日最高气温 425 站≥35 ℃,其中 174 站≥37 ℃、25 站≥40 ℃,国家级气象站日最高气温 23 站≥35 ℃,其中 7 站≥37 ℃、3 站≥40 ℃(图 4.23d)。 高温极值:吐鲁番市托克逊县大地村气象站 44.3℃(22 日 18 时)。	
	暴雨	26 日 1 站暴雨出现在克州,27 日 9 站出现在克州,日最大降雨中心位于克州阿合奇县哈拉布拉克乡阿克翁库尔村气象站 41.0 mm(26 日)。最大小时雨强为克州阿克陶县克孜勒陶镇塔尔克其克村库尔干站 13.3 mm/h(26 日 00—01 时)。	
	大风	博州、塔城地区北部、南疆西部、巴州南部、吐鲁番市、哈密市共 97 站出现 8 级以上大风,其中 10 级以上 1 站。过程极大风速,区域气象站为阿克苏地区阿克苏市阿依库勒镇托万克提根洪沟站 24.5 m/s(27 日 19 时),国家级气象站为喀什地区柯坪站 18.7 m/s(25 日 18 时)。	

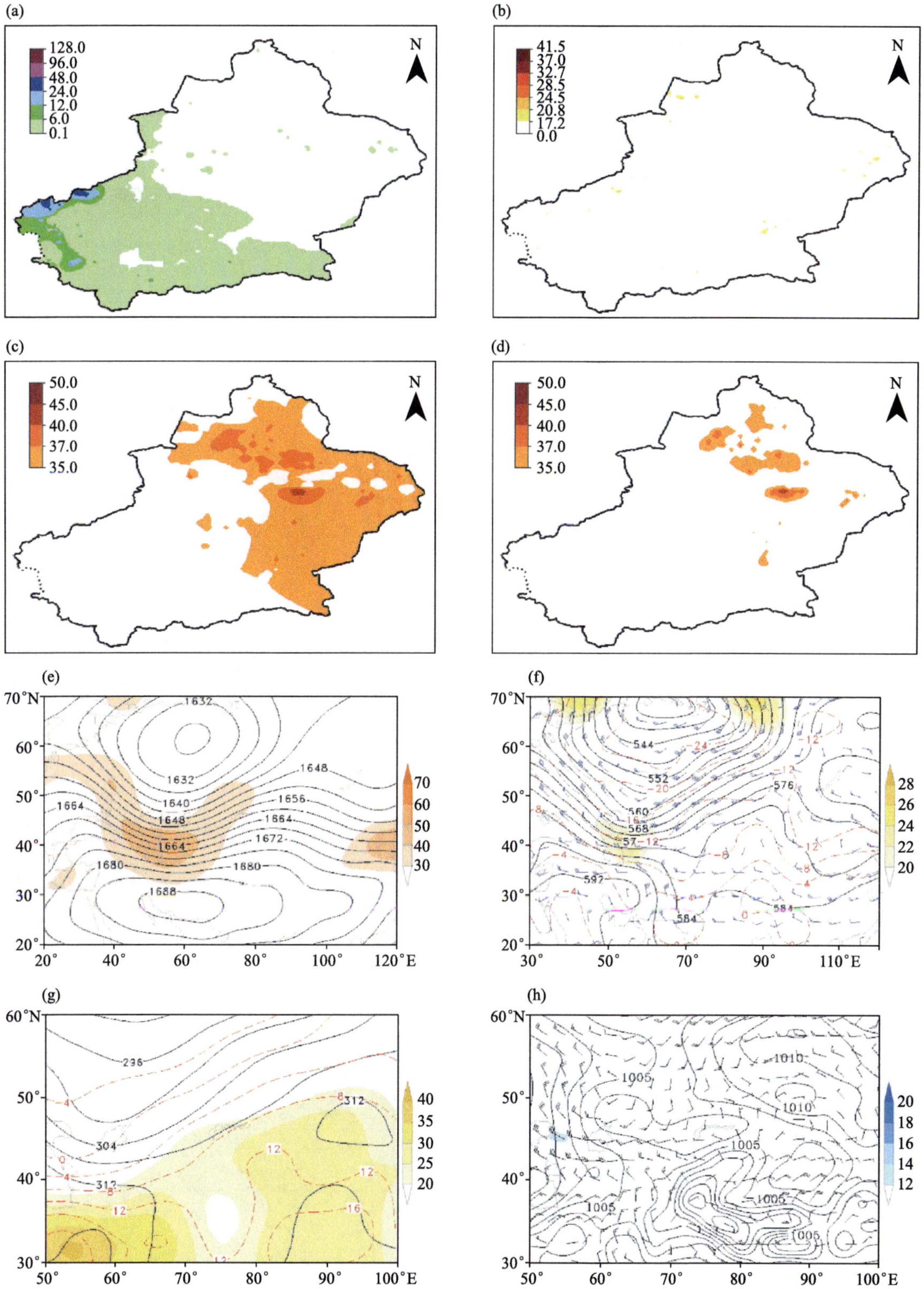

图 4.23 (a)8 月 25 日 08 时至 27 日 20 时过程累计降水量(单位:mm);(b)过程极大风速(单位:m/s);(c)8 月 25 日 08 时至 8 月 27 日 08 时过程最高气温(单位:℃);(d)9 月 1 日 20 时最高气温(单位:℃);(e)8 月 26 日 20 时 100 hPa 高度场(实线,单位:dagpm),填色区为风速≥30 m/s 的 200 hPa 急流;(f)500 hPa 高度场(黑实线,单位:dagpm)、风场(填色区,单位:m/s)、温度场(红虚线,单位:℃);(g)700 hPa 高度场(黑实线,单位:dagpm)、风均(色阶,单位:m/s)、温度场(红虚线,单位:℃);(h)海平面气压(黑实线,单位:hPa)和 850 hPa 风场(填色区,单位:m/s)

4.24 9 月 1 日 08 时至 3 日 20 时南疆和东疆高温天气

天气类型	高温	过程强度	弱
天气实况	持续时间:3 d。 高温范围:全疆日最高气温 458 站≥35 ℃,其中 178 站≥37 ℃、37 站≥40 ℃;国家级气象站日最高气温 25 站≥35 ℃,其中 9 站≥37 ℃、3 站≥40 ℃(图 4.24a)。 单日最大范围:1 日,全疆日最高气温 406 站≥35 ℃,其中 148 站≥37 ℃、32 站≥40 ℃;国家级气象站日最高气温 24 站≥35 ℃,其中 8 站≥37 ℃、3 站≥40 ℃(图 4.24b)。 高温极值:吐鲁番市高昌区芒硝湖站 44.1 ℃(3 日 18 时)。		

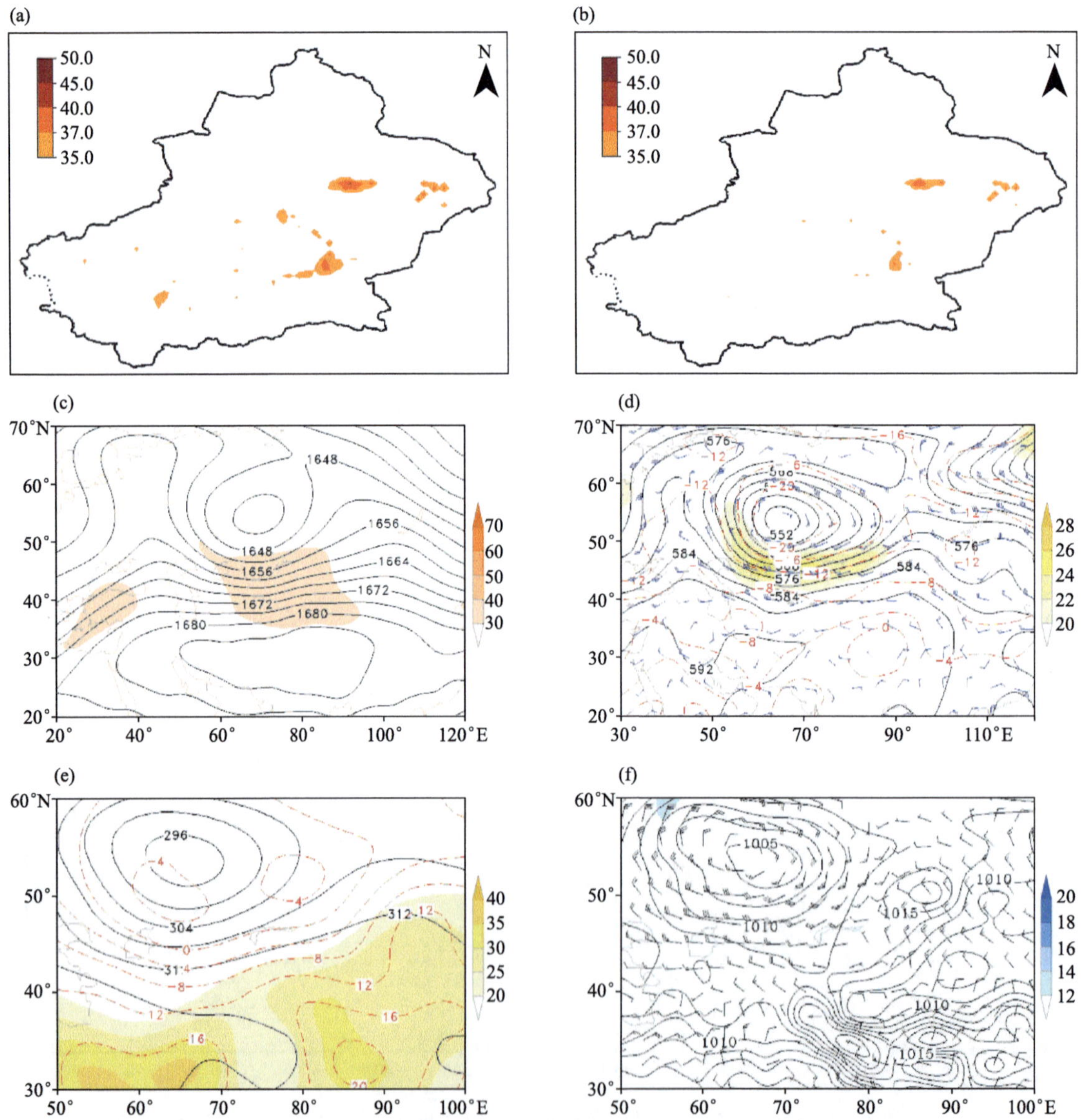

图 4.24 (a)9 月 1 日 08 时至 3 日 20 时过程最高气温(单位:℃);(b)9 月 1 日 20 时最高气温(单位:℃);(c)9 月 1 日 20 时 100 hPa 高度场(实线,单位:dagpm),填色区为风速≥30 m/s 的 200 hPa 急流;(d)500 hPa 高度场(黑实线,单位:dagpm)、风场(填色区,单位:m/s)、温度场(红虚线,单位:℃);(e) 700 hPa 高度场(黑实线,单位:dagpm)、温度场(红虚线,单位:℃)、风场(色阶,单位:m/s);(f)海平面气压(黑实线,单位:hPa)和 850 hPa 风场(填色区,单位:m/s)

4.25　9 月 7 日 08 时至 10 日 08 时风口大风

天气类型	雨(高山区雪)、大风		过程强度	弱
天气实况	①雨雪:北疆西部和北部、天山山区、阿克苏地区西部山区、南疆西部山区、哈密市北部山区的部分区域小雨(高海拔山区为雨转雪或雪),其中伊犁河谷、阿勒泰地区北部的部分区域累计降水量 6.1～22.1 mm,最大累计降水中心为阿勒泰地区布尔津县禾木乡吉克普林气象站 22.1 mm(图 4.25a)。 ②大风:北疆大部分地区、天山山区、南疆西部山区、巴州、东疆出现 5～6 级西北风,风口风力 9～10 级、阵风 11 级,南疆塔里木盆地中东部出现 5～6 级偏东风、阵风 8～9 级。			
灾害天气	大风	北疆西部和北部、南疆西部山区、阿克苏地区北部山区、巴州、吐鲁番市、哈密市共 257 站出现 8 级以上大风,其中 10 级以上 21 站。过程极大风速,区域气象站为阿克苏地区温宿县大石峡水库站 29.1 m/s(9 日 23 时),国家级气象站为哈密市伊州区十三间房站 25 m/s(9 日 08 时)。		

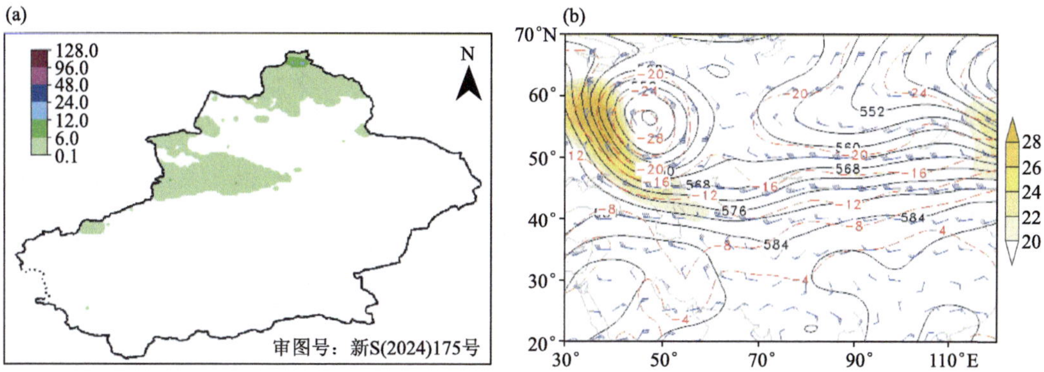

图 4.25　(a)9 月 7 日 08 时至 10 日 08 时过程累计降水量(单位:mm);(b)9 月 8 日 08 时 500 hPa 高度场(黑实线,单位:dagpm)、风场(填色区,单位:m/s)、温度场(红虚线,单位:℃)

4.26　9 月 29 日 20 时至 10 月 1 日 20 时伊犁河谷局地暴雨,风口大风

天气类型	降雨、大风		过程强度	弱
天气实况	①降雨:北疆大部分地区、天山山区和克州山区等地的局部区域出现降水,伊犁河谷、阿勒泰地区、乌鲁木齐市、昌吉州、克州山区的局部区域累计降水量 6.1～29.8 mm,最大累计降水中心为伊犁州新源县伊若上行 K331 应用(交通)站(图 4.26a)。 ②大风:北疆西部和北部、南疆西部、和田地区、巴州、东疆等的部分区域出现 4～5 级偏西风(南疆盆地中东部为偏东风),风口风力 8～9 级、阵风 10 级。			
灾害天气	暴雨	30 日 3 站暴雨出现在伊犁河谷,日最大降水中心位于伊犁州新源县伊若上行 K331 应用(交通)站(29.7 mm),最大小时雨强为阿勒泰地区富蕴站 12.2 mm(1 日 16—17 时)。过程出现 1 站短时强降水位于阿勒泰地区富蕴县。		
	大风	全疆共 112 站出现 8 级以上大风。过程极大风速,区域气象站为和田地区昆仑山脉 5 号站 26.1 m/s(30 日 17 时),国家级气象站为哈密市伊州区十三间房站 23.1 m/s(1 日 08 时)。		

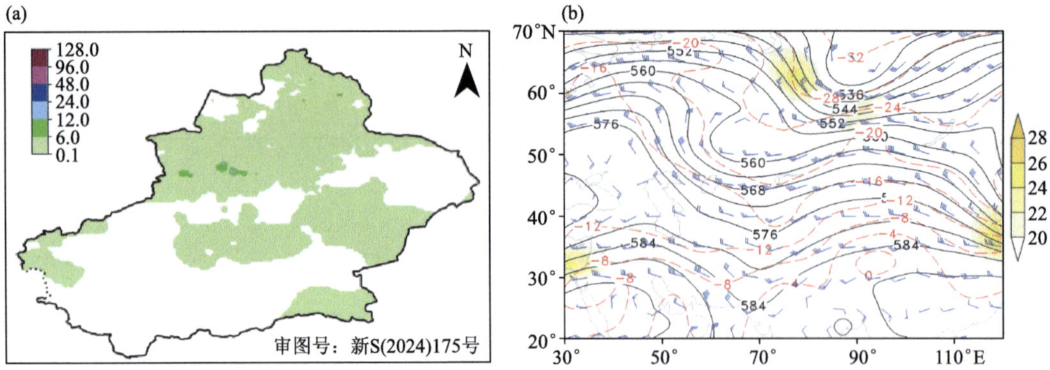

图 4.26　(a)9 月 29 日 20 时至 10 月 1 日 20 时过程累计降水量(单位:mm);(b)9 月 30 日 20 时 500 hPa 高度场(黑实线,单位:dagpm)、风场(填色区,单位:m/s)、温度场(红虚线,单位:℃)

4.27　10 月 2 日 20 时至 5 日 20 时北疆大部分地区、南疆西部降水,风口大风

天气类型	降雨、大风		过程强度	弱
天气实况	①降雨:北疆西部和北部、天山山区及北坡、南疆西部山区、阿克苏地区西部和北部、昆仑山北坡、哈密市北部山区等地的部分区域出现小雨,其中伊犁河谷东部、博州山区、塔城地区北部、阿勒泰地区北部和东部、克州山区、喀什地区山区等地的局部区域累计降水量 6.1～21.1 mm,最大累计降水中心位于吉木乃县吉木乃镇气象站(图 4.27a)。 ②大风:伊犁河谷、北疆北部、南疆西部、巴州、昆仑山北坡、东疆等地的部分区域出现 5～6 级偏西风(南疆盆地中东部偏东风),风口风力 8～9 级、阵风 10～11 级。			
灾害天气	大风	伊犁河谷、北疆北部、南疆西部、巴州、昆仑山北坡、东疆等地共 166 站出现 8 级以上大风。过程极大风速,区域气象站为克州阿合奇县苏木塔什乡站 29.1 m/s(4 日 00 时),国家级气象站为哈密市伊州区十三间房站 22.5 m/s(5 日 06 时)。		

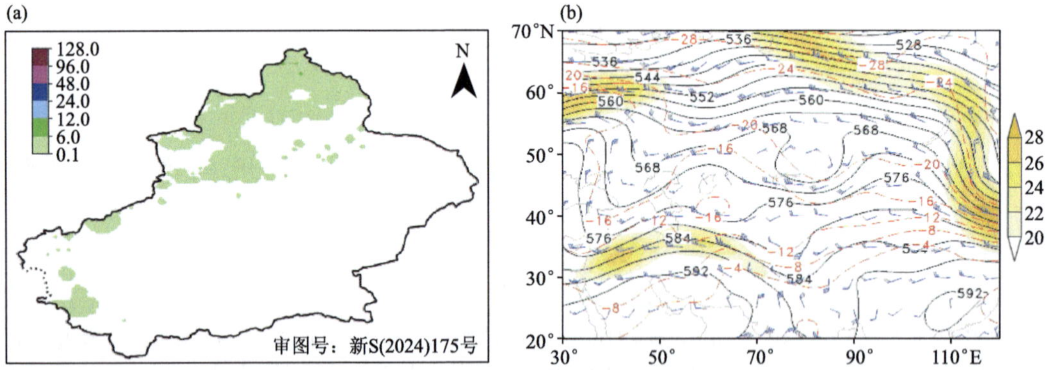

图 4.27　(a)10 月 2 日 20 时至 5 日 20 时过程累计降水量(单位:mm);(b)10 月 4 日 08 时 500 hPa 高度场(黑实线,单位:dagpm)、风场(填色区,单位:m/s)、温度场(红虚线,单位:℃)

4.28　10 月 7 日 05 时至 9 日 20 时北疆西部和北部、南疆西部降水,风口大风

天气类型	雨雪、大风	过程强度	弱
天气实况	①雨雪:北疆西部和北部出现小雨、天山山区、阿苏克地区西部山区、南疆西部山区等地的部分区域出现小雨或雪,其中塔城地区北部、伊犁河谷西部、克州山区等地的局部区域累计降水量 6.1～21.4 mm,最大累计降水中心位于伊犁州昭苏气象站(图 4.28a)。 ②大风:北疆西部和北部、天山山区、阿克苏地区西部山区、南疆西部山区等地的部分区域出现 5～6 级西北风,风口风力 9～10 级、阵风 11 级;南疆盆地中东部出现 5～6 级偏东风。		

续表

灾害天气	大风	北疆西部和北部、南疆、东疆共 102 站出现 8 级以上大风，其中 10 级以上 28 站。过程极大风速，区域气象站为和田地区昆仑山脉 5 号站 30.0 m/s(9 日 18 时)，国家级气象站为喀什地区喀什站 22.1 m/s(9 日 01 时)。

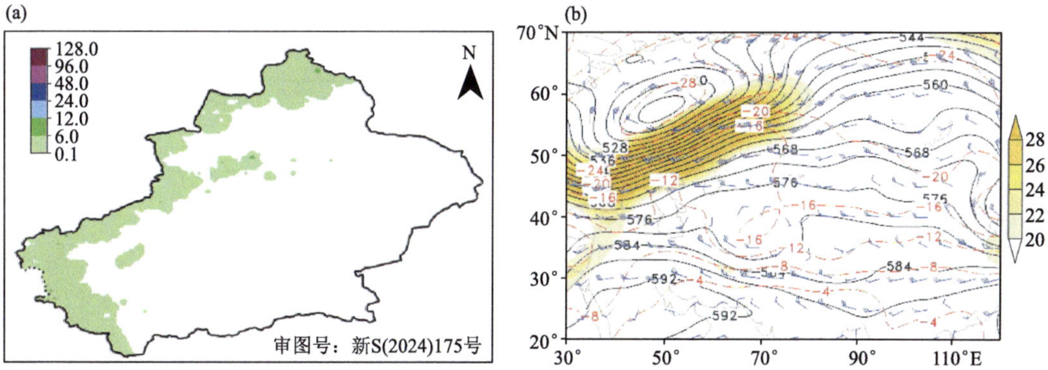

图 4.28 (a)10 月 7 日 05 时至 9 日 20 时过程累计降水量(单位:mm);(b)10 月 9 日 08 时 500 hPa 高度场(黑实线,单位:dagpm)、风场(填色区,单位:m/s)、温度场(红虚线,单位:℃)

4.29 10 月 9 日 20 时至 11 日 20 时南疆西部山区降水、风口大风

天气类型	雨雪、大风	过程强度	弱
天气实况	①雨雪:天山山区、南疆西部山区、昆仑山北坡等地的部分区域出现小雨或雪，其中伊犁河谷山区、南疆西部山区、昆仑山北坡等地的局部区域累计降水量 6.1～17.9 mm，最大累计降水中心位于和田地区皮山县布琼村气象站(图 4.29a)。 ②大风:北疆西部和北部、南疆、东疆等地的部分区域出现 5～6 级西北风(南疆盆地中东部为偏东风)，风口风力 9～10 级。		
灾害天气	大风	北疆西部和北部、南疆、东疆共 70 站出现 8 级以上大风。过程极大风速，区域气象站为和田地区昆仑山脉 6 号站 26.2 m/s(10 日 14 时)，国家级气象站为哈密市伊州区十三间房站 16.5 m/s(9 日 21 时)。	

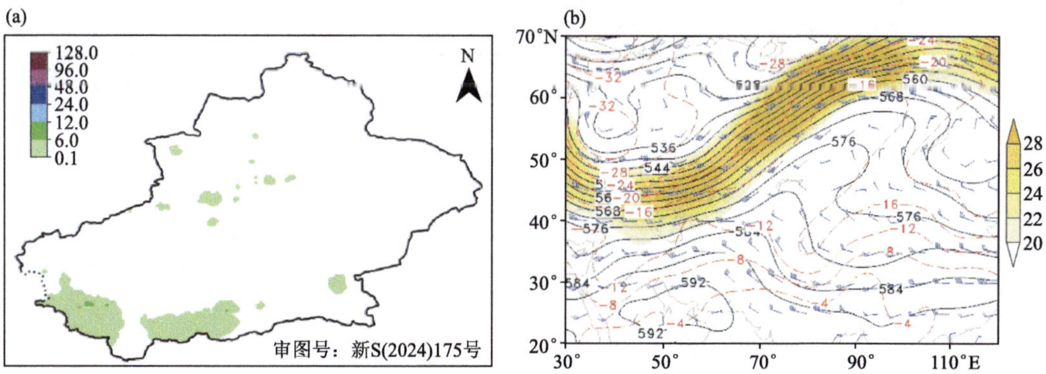

图 4.29 (a)10 月 9 日 20 时至 11 日 20 时过程累计降水量(单位:mm);(b)10 月 10 日 20 时 500 hPa 高度场(黑实线,单位:dagpm)、风场(填色区,单位:m/s)、温度场(红虚线,单位:℃)

4.30 10 月 23 日 08 时至 24 日 20 时伊犁河谷西部局地暴雨、风口大风

天气类型	雨雪、大风	过程强度	弱
天气实况	①雨雪:北疆西部和北部、天山山区等地的部分区域和南疆西部山区、昆仑山北坡、哈密市北部山区等地的局部区域出现小雨或雪，其中伊犁河谷、塔城地区北部、阿勒泰地区北部、昆仑山北坡等地的局部区域累计降水量 6.1～42.8 mm，最大累计降水中心位于伊犁州霍城县果子沟二台气象站(图 4.30a)。 ②大风:北疆西部和北部、南疆、东疆等地的大部分区域出现 5～6 级西北风，风口风力 9～10 级、阵风 11 级。		

续表

灾害天气	暴雨	23 日 1 站暴雨出现在伊犁州霍城县果子沟二台气象站 42.8 mm，最大小时雨强为新疆生产建设兵团第六师五家渠市 102 团站 7.9 mm/h(23 日 09—10 时)。
	大风	全疆共 191 站出现 8 级以上大风，其中 10 级以上 2 站。过程极大风速，区域气象站为哈密市巴里坤县萨尔乔克向苏吉西村二场泉站 31.8 m/s(23 日 14 时)，国家级气象站为博州阿拉山口站 25.6 m/s(23 日 22 时)。

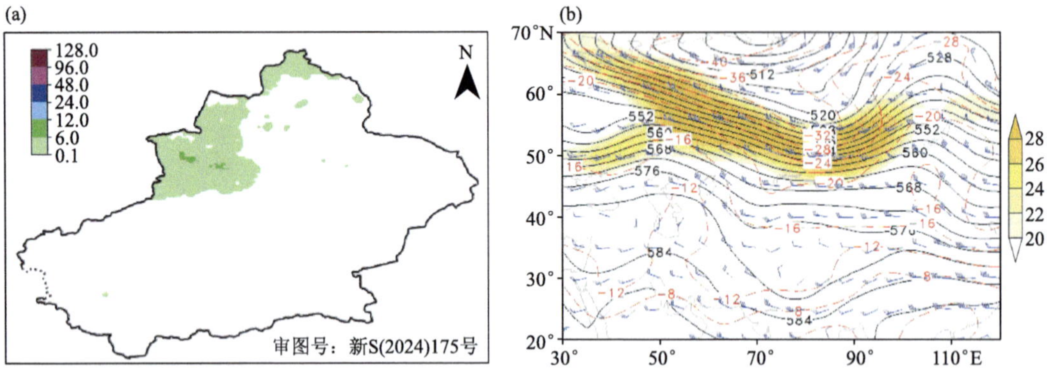

图 4.30 (a)10 月 23 日 08 时至 24 日 20 时过程累计降水量(单位：mm)；(b)10 月 23 日 20 时 500 hPa 高度场(黑实线，单位：dagpm)、风场(填色区，单位：m/s)、温度场(红虚线，单位：℃)

4.31 10 月 26 日 20 时至 29 日 08 时伊犁河谷西部局地暴雨、风口大风

天气类型	雨雪、大风		过程强度	弱
天气实况	①雨雪：北疆西部和北部出现小雨或雪，其中伊犁河谷、博州、塔城地区北部、阿勒泰地区等地的局部区域累计降水量 6.1～50.4 mm，最大累计降水中心位于伊犁州霍城县果子沟二台气象站(图 4.31a)。 ②大风：北疆西部和北部、东疆等地的大部分区域出现 5～6 级西北风，风口风力 9～10 级、阵风 11 级。			
灾害性天气	暴雨	27 日 1 站出现在伊犁州霍城县果子沟二台气象站(48.4 mm)，最大小时雨强为伊犁州霍城县果子沟二台气象站 7.1 mm/h(27 日 18—19 时)。		
	大风	北疆西部和北部、东疆的部分区域共 134 站出现 8 级以上大风。过程极大风速，区域气象站为阿勒泰地区吉木乃县冰川站 32.2 m/s(27 日 07 时)，国家级气象站为博州阿拉山口站 27.4 m/s(27 日 23 时)。		

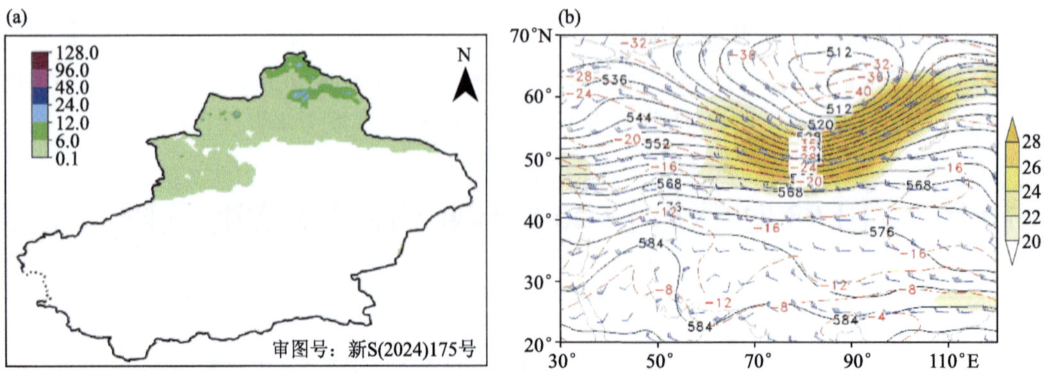

图 4.31 (a)10 月 26 日 20 时至 29 日 08 时过程累计降水量(单位：mm)；(b)10 月 27 日 20 时 500 hPa 高度场(黑实线，单位：dagpm)、风场(填色区，单位：m/s)、温度场(红虚线，单位：℃)

4.32　11 月 9 日 20 时至 12 日 12 时北疆西部和北部降水、风口大风

<table>
<tr><td>天气类型</td><td colspan="2">雨雪、大风</td><td>过程强度</td><td>弱</td></tr>
<tr><td>天气实况</td><td colspan="4">①雨雪：北疆大部分地区、天山山区和南疆西部山区、巴州北部等地的部分区域出现雨或雨转雪，其中北疆西部、塔城地区、天山山区等地的部分区域和克州山区局部区域累计降水量 6.1～27.9 mm，最大累计降水中心位于新疆生产建设兵团第七师 128 团气象站（图 4.32a）。
②风：伊犁河谷、博州西部、天山北坡、南疆西部、和田地区、东疆出现 5～6 级西北风，风口风力 9～10 级；塔城地区北部、阿勒泰地区、昌吉州东部、南疆盆地中东部、东疆出现 5～6 级偏东风，风口风力 9～10 级、阵风 11 级。</td></tr>
<tr><td rowspan="2">灾害天气</td><td>暴雨</td><td colspan="3">10 日 1 站暴雨出现在胡杨河市新疆生产建设兵团第七师 128 团站（27.1 mm），最大小时雨强 27.1 mm/h 出现在胡杨河市新疆生产建设兵团第七师 128 团气象站（11 日 05—06 时）。</td></tr>
<tr><td>大风</td><td colspan="3">塔城地区北部、阿勒泰地区西部、乌鲁木齐市、昌吉州、南疆西部山区、和田地区、巴州、哈密市等地的部分区域共 141 站出现 8 级以上西北风或偏东风，其中 10 级以上 7 站。过程极大风速，区域气象站为哈密市巴里坤哈萨克自治县向木垒三岔口站 28.8 m/s（11 日 14 时），国家级气象站为哈密市十三间房站 20 m/s（10 日 21 时）。</td></tr>
</table>

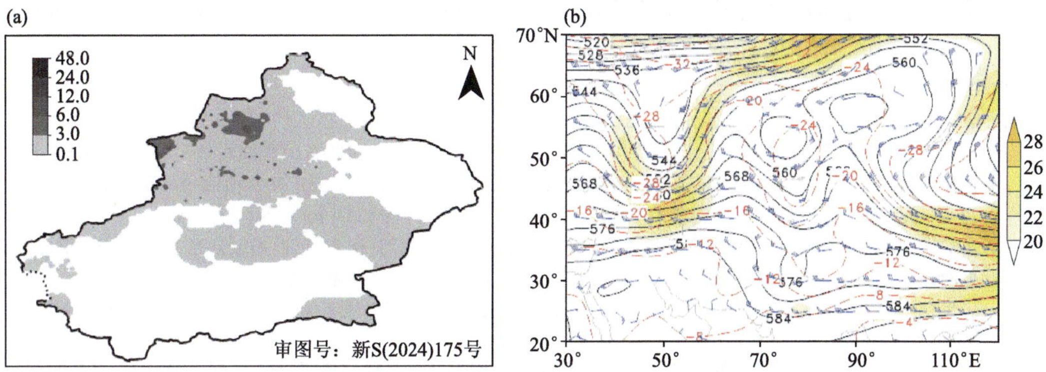

图 4.32　(a)11 月 9 日 20 时至 12 日 12 时过程累计降水量（单位：mm）；(b)11 月 10 日 20 时 500 hPa 高度场（黑实线，单位：dagpm）、风场（填色区，单位：m/s）、温度场（红虚线，单位：℃）

4.33　11 月 12 日 20 时至 15 日 08 时北疆西部和北部寒潮、博州局地暴雪、风口大风

<table>
<tr><td>天气类型</td><td colspan="2">雨雪、寒潮、大风</td><td>过程强度</td><td>中弱</td></tr>
<tr><td>天气实况</td><td colspan="4">①雨雪：北疆大部分地区、天山山区、哈密市北部和和田地区南部山区的局部区域出现小雨或雨夹雪转雪，其中伊犁河谷南部山区、博州西部、塔城地区北部、阿勒泰地区北部和东部、乌鲁木齐市、天山山区、哈密市北部山区等地的局部区域累计降水量 6.1～39.2 mm，最大累计降水中心位于博州温泉县查干屯格乡北山区气象站（图 4.33a）。
②降温：北疆大部分地区气温下降 5 ℃左右，北疆西部、阿勒泰地区北部等地的局部区域最低气温下降 8～10 ℃，出现寒潮。
③风：北疆北部、南疆西部山区、巴州北部、吐鲁番市、哈密市出现 4～5 级西北风，风口风力 9～10 级、阵风 11 级。</td></tr>
<tr><td rowspan="3">灾害天气</td><td>寒潮</td><td colspan="3">寒潮站次：共 23 站，14 日出现在伊犁河谷、博州、塔城地区北部、阿勒泰地区北部、克州山区。
日最大降温中心：区域气象站博州博乐市沙尔巴斯套站降温 15.0 ℃（14 日），国家级气象站乌鲁木齐市大西沟站降温 8.1 ℃（14 日）。
过程最低气温：区域气象站为阿勒泰地区青河县喀拉布拉套山站−28.0 ℃（15 日 07 时），国家级气象站为乌鲁木齐市大西沟站−17.7 ℃（14 日 08 时）。</td></tr>
<tr><td>暴雪</td><td colspan="3">13 日 1 站暴雪出现在博州温泉县查干屯格乡北山区气象站（25.8 mm）。最大小时雪强出现在博州温泉县查干屯格乡北山区气象站 6.0 mm/h（13 日 19—20 时）。</td></tr>
<tr><td>大风</td><td colspan="3">北疆北部、克州、巴州、东疆共 173 站出现 8 级以上大风，其中 10 级以上 14 站。过程极大风速，区域气象站为喀什地区叶城县新藏公路奇台达坂站 29.7 m/s（13 日 19 时），国家级气象站为哈密市十三间房站 21.6 m/s（14 日 02 时）。</td></tr>
</table>

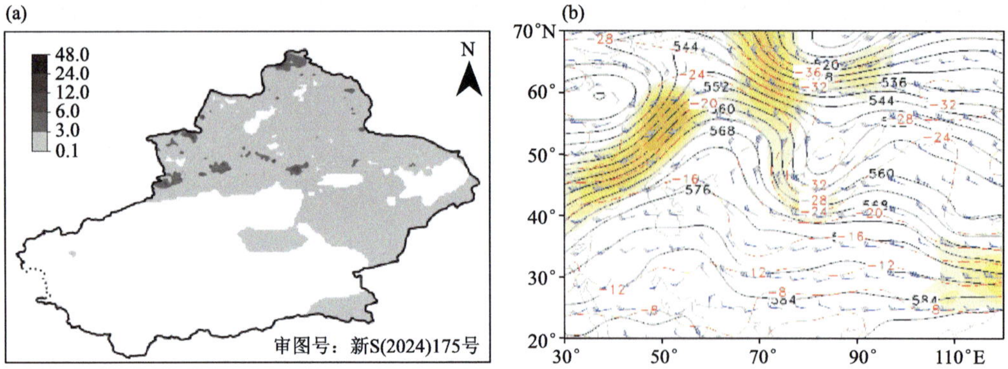

图 4.33 (a)11 月 12 日 20 时至 15 日 08 时过程累计降水量(单位:mm);(b)11 月 13 日 20 时 500 hPa 高度场(黑实线,单位:dagpm)、风场(填色区,单位:m/s)、温度场(红虚线,单位:℃)

4.34 11 月 19 日 08 时至 21 日 20 时北疆雨雪、局地寒潮、风口大风

天气类型	雨雪、寒潮、大风		过程强度	中弱
天气实况	①雨雪:北疆大部分地区、天山山区、哈密市北部山区等地的部分区域和昆仑山北坡的局部区域小雨或雨夹雪转雪,其中伊犁河谷、阿勒泰地区北部山区、天山山区及北坡等地的部分区域和哈密市北部山区的局部区域累计降水量 6.1~19.3 mm,最大累计降水中心位于伊犁州新源县吐尔根乡气象站(图 4.34a)。 ②降温:北疆大部分地区气温下降 5 ℃左右,阿勒泰地区北部和东部、伊犁河谷、塔城地区、天山山区、南疆西部山区等地的局部区域的最低气温下降 8~10 ℃,出现寒潮。北疆大部分地区出现不同程度的霜冻。 ③风:北疆北部、南疆西部山区、巴州北部、吐鲁番市、哈密市出现 4~5 级西北风,风口风力 9~10 级,阵风 11 级。			
灾害天气	寒潮	寒潮站次:共 23 站次,21 日出现在伊犁河谷、博州、塔城地区北部、阿勒泰地区北部东部、天山山区、喀什南部山区。 日最大降温中心:区域气象站阿勒泰地区阿勒泰市野雪公园站降温 17.2 ℃(21 日),国家级气象站乌鲁木齐市大西沟站降温 6.0 ℃(21 日)。 过程最低气温:区域气象站为喀什地区叶城县新藏公路 2757 km 站-26.4 ℃(21 日 05 时),国家级气象站为巴州和静县巴音布鲁克站-15.6 ℃(21 日 09 时)。		
	大风	北疆北部、南疆西部山区、巴州、东疆共 547 站出现 8 级以上大风,其中 10 级以上 13 站。过程极大风速,区域气象站为塔城地区托里县多拉特乡加尔巴斯洪沟站 29.8 m/s(19 日 09 时),国家级气象站为哈密市十三间房站 24.9 m/s(20 日 19 时)。		

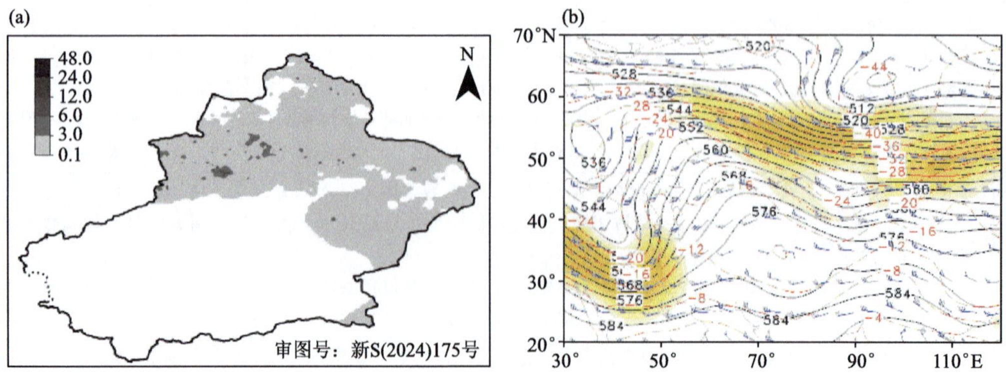

图 4.34 (a)11 月 19 日 08 时至 21 日 20 时过程累计降水量(单位:mm);(b)11 月 20 日 20 时 500 hPa 高度场(黑实线,单位:dagpm)、风场(填色区,单位:m/s)、温度场(红虚线,单位:℃)

4.35　11 月 23 日 11 时至 25 日 20 时伊犁河谷局地暴雪、风口大风

<table>
<tr><td>天气类型</td><td colspan="2">雨雪、大风</td><td>过程强度</td><td>中弱</td></tr>
<tr><td>天气实况</td><td colspan="4">①雨雪：北疆西部和北部、天山山区的部分区域和南疆西部山区、昆仑山北坡的局部区域出现降水，其中伊犁河谷、博州、塔城地区北部山区和阿勒泰地区北部等地部分区域累计降水量 6.1～25.5 mm，最大累计降水中心位于伊犁州伊宁市伊宁站（图 4.35a）。
②风：北疆北部、南疆西部山区、巴州、吐鲁番市、哈密市出现 4～5 级西北风，风口风力 9～10 级、阵风 11 级。</td></tr>
<tr><td rowspan="2">灾害性天气</td><td>暴雪</td><td colspan="3">24 日 1 站出现在伊犁州新源县吐尔根乡站（13.1 mm）。最大小时雪强出现在伊犁州伊宁市巴彦岱镇苏阿拉木图村气象站 3.8 mm/h（23 日 14—15 时）。</td></tr>
<tr><td>大风</td><td colspan="3">北疆北部、南疆西部山区、巴州、东疆共 197 站出现 8 级以上大风，其中 10 级以上 24 站。过程极大风速，区域气象站为喀什地区塔什库尔干县班迪尔乡下板地水库站和克拉玛依市金矿站 31.5 m/s（23 日 19 时和 23 日 21 时），国家级气象站为喀什地区塔什库尔干站 20.0 m/s（23 日 23 时）。</td></tr>
</table>

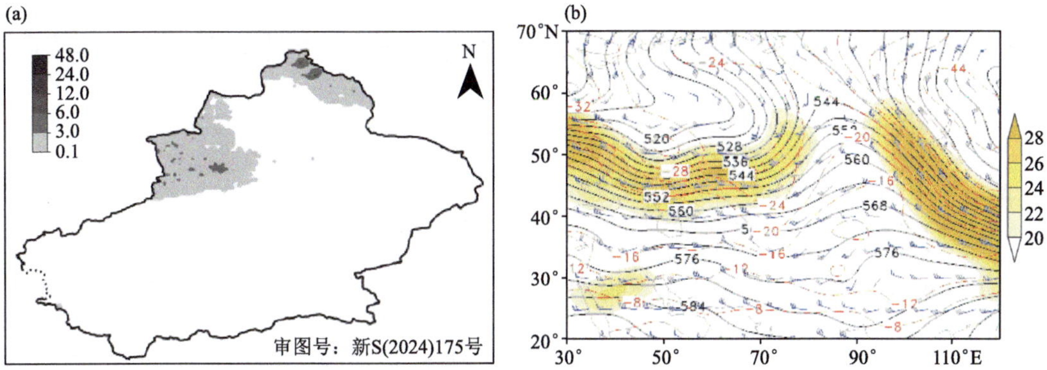

图 4.35　(a)11 月 23 日 11 时至 25 日 20 时过程累计降水量（单位：mm）；(b)11 月 23 日 20 时 500 hPa 高度场（黑实线，单位：dagpm）、风场（填色区，单位：m/s）、温度场（红虚线，单位：℃）

4.36　12 月 6 日 20 时至 8 日 08 时阿勒泰地区局地暴雪、天山北坡阴雾、风口大风

<table>
<tr><td>天气类型</td><td colspan="2">降雪、大风、雾</td><td>过程强度</td><td>中弱</td></tr>
<tr><td>天气实况</td><td colspan="4">①降雪：北疆大部分地区和天山山区、哈密市等地的部分区域出现降水，其中伊犁河谷、塔城地区北部、阿勒泰地区北部的部分区域累计降水量 3.1mm～17.0 mm，最大累计降水中心位于阿勒泰地区阿勒泰市野雪公园 1 站 17.1 mm（图 4.36a）。
②大风：北疆大部分地区、南疆西部山区、巴州、吐鲁番市、东疆出现 5～6 级西北风，风口风力 11～12 级、阵风 13 级（图 4.36b）。
③雾：北疆西部、石河子、乌鲁木齐市、昌吉市、巴州等地的部分区域出现大雾。</td></tr>
<tr><td rowspan="3">灾害天气</td><td>暴雪</td><td colspan="3">6 日 5 站出现在阿勒泰地区，日最大降雪中心位于阿勒泰地区布尔津县禾木乡吉克普林站（20.9 mm），最大小时雪强为阿勒泰地区哈巴河县铁热克提乡那仁牧场气象站 4.3 mm/h（7 日 14—15 时）。</td></tr>
<tr><td>大风</td><td colspan="3">博州、北疆北部、天山山区及北坡、南疆西部山区、巴州、哈密市共 279 站出现 8 级以上大风，其中 10 级以上 67 站、12 级以上 7 站。过程极大风速，区域气象站为巴州和静县开都河上游达楞达坂站 40 m/s（7 日 22 时），国家级气象站为塔城地区和布克赛尔站 29.2 m/s（7 日 07 时）。</td></tr>
<tr><td>大雾</td><td colspan="3">大雾站数：共 21 站（能见度≤1000 m），其中 17 站浓雾（能见度≤500 m），10 站强浓雾（能见度≤200 m）。伊犁河谷 4 站（巩留、昭苏、尼勒克、察布查尔），博州 2 站（温泉、博乐），阿勒泰地区 2 站（吉木乃、青河），乌鲁木齐 2 站（小渠子、乌鲁木齐牧试站），昌吉州 7 站（吉木萨尔、天池、北塔山、呼图壁、木垒、阜康、奇台），阿克苏地区 2 站（阿瓦提、温宿），巴州 2 站（巴音布鲁克、库尔勒）。
最小能见度，昌吉州吉木萨尔站，21 时 13 分最小能见度 57 m。</td></tr>
</table>

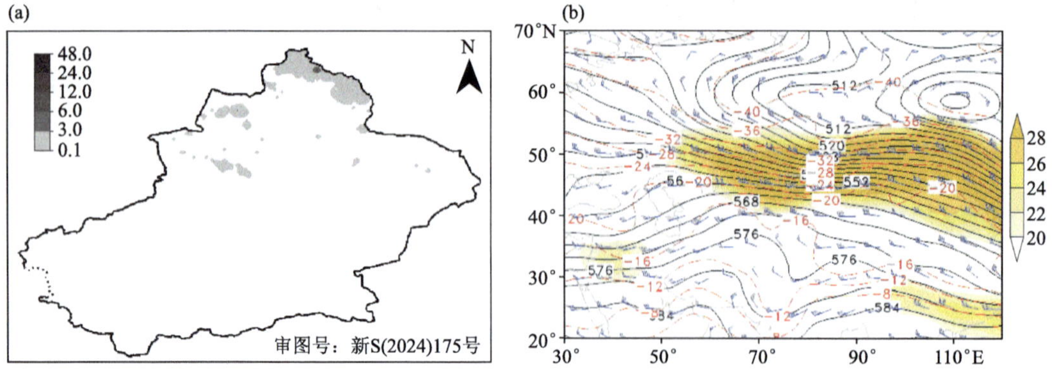

图 4.36 (a)12 月 6 日 20 时至 8 日 08 时过程累计降水量(单位：mm)；(b)12 月 7 日 08 时 500 hPa 高度场(黑实线，单位：dagpm)、风场(填色区，单位：m/s)、温度场(红虚线，单位：℃)

4.37 12 月 20 日 02 时至 22 日 02 时北疆大部分地区、东疆降雪寒潮

天气类型	降雪、寒潮、大风	过程强度	中弱
天气实况	①降雪：北疆大部分地区、天山山区、哈密市北部的部分区域和南疆西部山区的局地出现小雪，其中伊犁河谷的部分区域和塔城地区北部山区、阿勒泰地区北部山区的局部区域累计降水量 3.1～14.1 mm，最大累计降水中心位于伊犁州霍城县芦草沟镇大东沟气象站(图 4.37a)。 ②大风：北疆大部分地区、克州、巴州、东疆等地的部分区域和昆仑山北坡的局部区域出现 4～5 级西北风，风口风力 9～10 级。 ③降温：北疆西部北部、天山山区及北坡、南疆西部山区、哈密市北部等地的部分区域出现寒潮，局地出现强寒潮或特强寒潮。		
灾害天气	寒潮	寒潮站次：共 114 站・次(强寒潮 16 站・次、特强寒潮 1 站・次)。21 日 29 站(强寒潮 4 站、特强寒潮 1 站)，出现在北疆北部、天山山区及北坡、南疆西部山区、哈密市北部；22 日 85 站(强寒潮 12 站)，出现在北疆西部和北部、南疆西部山区。 日最大降温中心：区域气象站为兵团第四师可克达拉市 69 团站 16.0 ℃(21 日)，国家级气象站为昌吉州阜康市天池站 13.7 ℃(21 日)。 过程最低气温：区域气象站为阿勒泰地区富蕴县铁买克乡站－32.9 ℃(20 日 02 时)，国家级气象站为哈密市巴里坤县站－28.3 ℃(20 日 02 时)。	
	大风	北疆大部分地区、克州、巴州、东疆等地的部分区域和昆仑山北坡的局部区域共 139 站出现 8 级以上大风。过程极大风速，区域气象站为哈密市巴里坤县萨尔乔克向苏吉西村二场泉站 31.8 m/s(21 日 07 时)，国家级气象站为阿勒泰地区吉木乃县站 19.5 m/s(20 日 18 时)。	

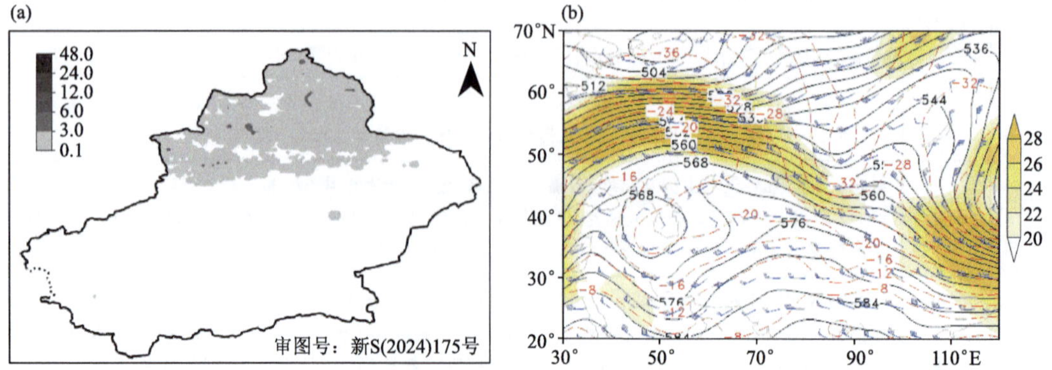

图 4.37 (a)12 月 20 日 02 时至 22 日 02 时过程累计降水量(单位：mm)；(b)12 月 21 日 08 时 500 hPa 高度场(黑实线，单位：dagpm)、风场(填色区，单位：m/s)、温度场(红虚线，单位：℃)

4.38　12 月 27 日 20 时至 29 日 08 时北疆大部分地区、哈密市降雪，风口大风

天气类型	降雪、大风	过程强度	弱
天气实况	①降雪：北疆西部和北部、天山山区等地的部分区域出现小雪，其中伊犁河谷东南部山区、阿勒泰地区的局部区域累计降水量 3.1～14.4 mm，最大累计降水中心位于伊犁州伊宁县喀拉亚尕奇乡吉尔格朗村气象站(图 4.38a)。 ②大风：北疆西部和北部、喀什地区、克州、巴州、东疆等地的部分区域出现 5～6 级西北风，风口风力 10～11 级、阵风 12 级。		
灾害天气	大风	北疆西部和北部、喀什地区、克州、巴州、东疆等地的部分区域共 236 站出现 8 级以上大风，其中 10 级以上 14 站。过程极大风速，区域气象站为博州温泉县扎勒木特乡库站 41.3 m/s(28 日 08 时)，国家级气象站为塔城地区和布克赛尔县站 20.9 m/s(28 日 12 时)。	

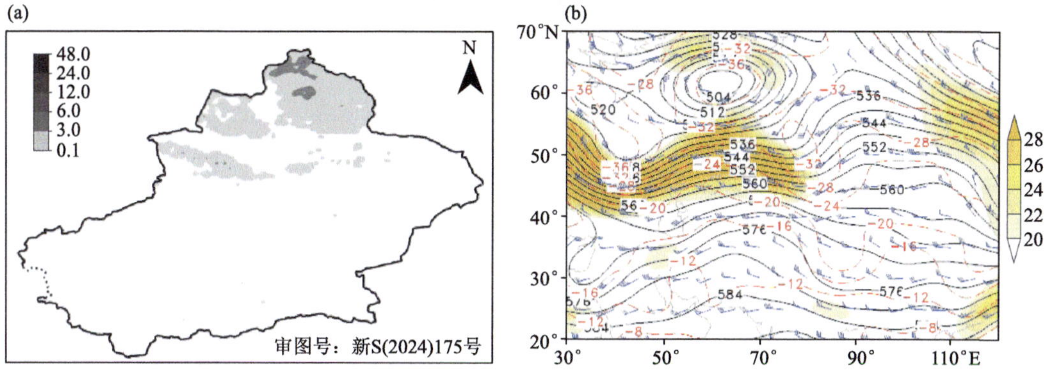

图 4.38　(a)12 月 27 日 20 时至 29 日 08 时过程累计降水量(单位：mm)；(b)12 月 28 日 08 时 500 hPa 高度场(黑实线，单位：dagpm)、风场(填色区，单位：m/s)、温度场(红虚线，单位：℃)

4.39　2023 年 12 月 29 日 20 时至 2024 年 1 月 1 日 17 时北疆西部和北部、巴州北部、哈密市寒潮，风口大风

天气类型	降雪、降温、大风	过程强度	中弱
天气实况	①降雪：北疆大部分地区、天山山区、哈密市北部的部分区域和南疆西部山区的局部区域出现小雪，其中阿勒泰地区的部分区域和伊犁河谷、塔城地区北部的局部区域累计降水量 3.1～9.7 mm，最大累计降水中心位于阿勒泰地区布尔津县禾木乡吉克普林气象站(图 4.39a)。 ②大风：北疆西部和北部、天山山区、南疆西部山区、东疆的部分区域和昆仑山北坡的局部区域出现 5～6 级西北风，风口风力 10～11 级，阵风 12 级。 ③降温：北疆西部和北部、昌吉州、南疆西部山区、巴州北部、昆仑山北坡、哈密市北部的部分区域出现寒潮，局地出现强寒潮或特强寒潮。		
灾害性天气	寒潮	寒潮站次：共 112 站・次(强寒潮 32 站・次，特强寒潮 4 站・次)。30 日 14 站(强寒潮 2 站、特强寒潮 1 站)，出现在昆仑山北坡、哈密市北部；31 日 84 站(强寒潮 24 站、特强寒潮 3 站)，出现在北疆西部北部、南疆西部山区、巴州南部、哈密市北部；1 日 14 站(强寒潮 6 站)，出现在北疆西部、阿勒泰地区、昌吉州、南疆西部山区、昆仑山北坡。 日最大降温中心：区域气象站为伊犁州尼勒克县喀拉托别乡喀尔沃依村站 12.9 ℃(31 日)，国家级气象站为伊犁州尼勒克县站 10.0 ℃(31 日)。 过程最低气温：区域站为和田地区和田县昆仑山脉 13 号站－32.1 ℃(1 日 09 时)，国家级气象站为巴州和静县巴音布鲁克站－23.6 ℃(31 日 02:00)。	
	大风	北疆西部和北部、天山山区、南疆西部山区、东疆的部分区域和昆仑山北坡的局部区域共 144 站出现 8 级以上大风，其中 10 级以上 7 站。过程极大风速，区域气象站为克州阿克陶县布伦口乡盖孜村依热库如木站 34.8 m/s(30 日 09 时)，国家级气象站为哈密市伊州区十三间房站 30.0 m/s(30 日 17 时)。	

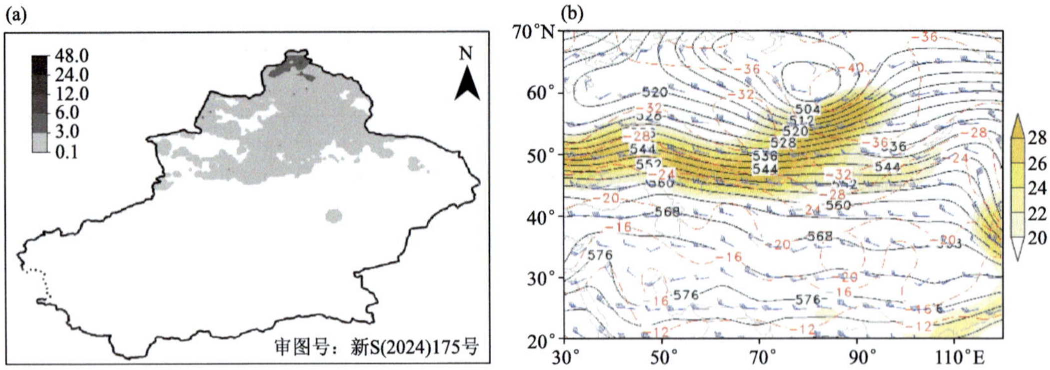

图 4.39 (a)12 月 29 日 20 时至 2024 年 1 月 1 日 17 时过程累计降水量(单位:mm);(b)12 月 31 日 08 时 500 hPa 高度场(黑实线,单位:dagpm)、风场(填色区,单位:m/s)、温度场(红虚线,单位:℃)

附录 A　新疆天气过程强度业务标准

24 h 变温	过程降水	风　力	过程强度
≤5℃	微到小量(个别中量)	4～5 级,风口 6 级	弱
≤5℃	小量(个别中量) 小量(个别大量)	5 级,风口 6～7 级	中弱
≤5℃	中量(个别小量) 小量(个别大量)	5 级,风口 7～8 级	中度
≥8℃	小量(个别微量) 小量(个别中量) 中量(个别小量)	6 级,风口 8～9 级	中强
≤5℃	中量(个别大量) 中到大量	6 级,风口 8～9 级	中强
≥10℃	微到小量	6 级,风口 8～9 级	中强
≥8℃	中到大量	6 级,风口 9～10 级	强
≥10℃	中量(个别小量)	6 级,风口 9～10 级	强
≥13℃	微到小量	6 级,风口 9～10 级	强
≤5℃	大量或大到暴量	6 级,风口 9～10 级	强
≥8℃	大量	6 级,风口 9～10 级	特强
≥13℃	中量	6 级,风口 9～10 级	特强
≥5℃	微到小量	6 级,风口 9～10 级	中度

附录 B　新疆气象台高温天气过程标准

(业务试行稿 2020 年 5 月)

1　范围

本标准给出了新疆高温天气过程的等级及划分方法。

本标准适用于新疆高温天气过程的监测、评估及预报服务。

2　术语和定义

2.1　高温天气

日最高气温≥35℃的天气。

2.2　高温日

某日有 1 个或以上站点的日最高气温≥35℃(吐鲁番盆地 37℃及以上),则将该日记为一个高温日。

2.3　过程高温日

设定全疆范围内某天有 1 成或以上的站点出现高温天气。

3　新疆高温天气过程的判识

根据全疆气象观测站资料,从满足一个过程高温日标准开始,至不满足过程高温日标准的前一天结束且须持续 3 d 或以上,可判定全疆出现高温天气过程,对于大于 5 d 的高温过程,允许期间有 1 d 的高温站数少于 1 成。

4　等级划分

4.1　等级

新疆高温天气过程划分为四个等级,分别为特强、强、中等、弱。

4.2　划分方法

4.2.1　划分指标

新疆高温天气过程等级根据新疆高温天气过程等级指标(I)进行划分,见表 B.1。

表 B.1　新疆高温天气过程等级划分标准(含区域气象站)

新疆高温天气过程等级	新疆高温天气过程等级指标
特强	$I \geqslant 1.5$
强	$1.2 \leqslant I < 1.5$
中等	$0.7 \leqslant I < 1.2$
弱	$I < 0.7$

4.2.2　I 的计算方法

I 的计算公式见式(B.1):

$$I = \sum_{k=1}^{3} (T_k \times W_k) \tag{B.1}$$

式中,I 为新疆高温天气过程等级指标;T_k 为日最高气温分级,取值分别为 1、2、3,对应[35℃,37℃)、[37℃,40℃)、[40℃,+∞)三个温度区间;W_k 为 T_k 对应的站点数占总站点数的比例。

附录 C　新疆气象台天气过程档案制作规范(试行)

一、天气过程档案的制作和存放

1. 天气过程结束后，定量降水岗值班员在 12 h 之内确定天气过程的起、止时间，并安排过程结束当日值班的短时临近监测、预警岗白班人员制作。

2. 短时临近监测、预警岗白班值班员在接到定量降水岗值班员安排的 72 h 内，完成天气过程数据的生成、天气过程图的绘制和天气实况、环流形势演变的文字撰写，经定量降水岗值班员和首席预报员审核、确定天气过程强度后，使用软件完成天气过程图与天气实况、环流形势演变文字的合成并使用 A4 纸彩色打印、存档，同时填写天气过程检索纸质档案(见附件 C.3)和电子档案(见附件 C.4)，最后将上述所有电子文件上传至 10.185.104.89\tqgcsj\tqgcbmp 相应年份文件夹中。

二、天气过程的命名规则

天气过程文件命名规则为：AAA-YYYYMMDDHH－mmddhh，其中 AAA 为该天气过程在当年的顺序编号，YYYY 为开始年份，MM 为开始月份，DD 为开始日期，HH 为开始时(北京时，下同)，mm 为结束月份，dd 为结束日期，hh 为结束时。

三、天气过程档案制作的要求

1. 绘制天气过程图时，图中需显示站点降水量、过程降温(≥5℃)、极大风速(≥17 m/s)，并使用天气符号标注大风、沙尘区(见图附录 C.1)。

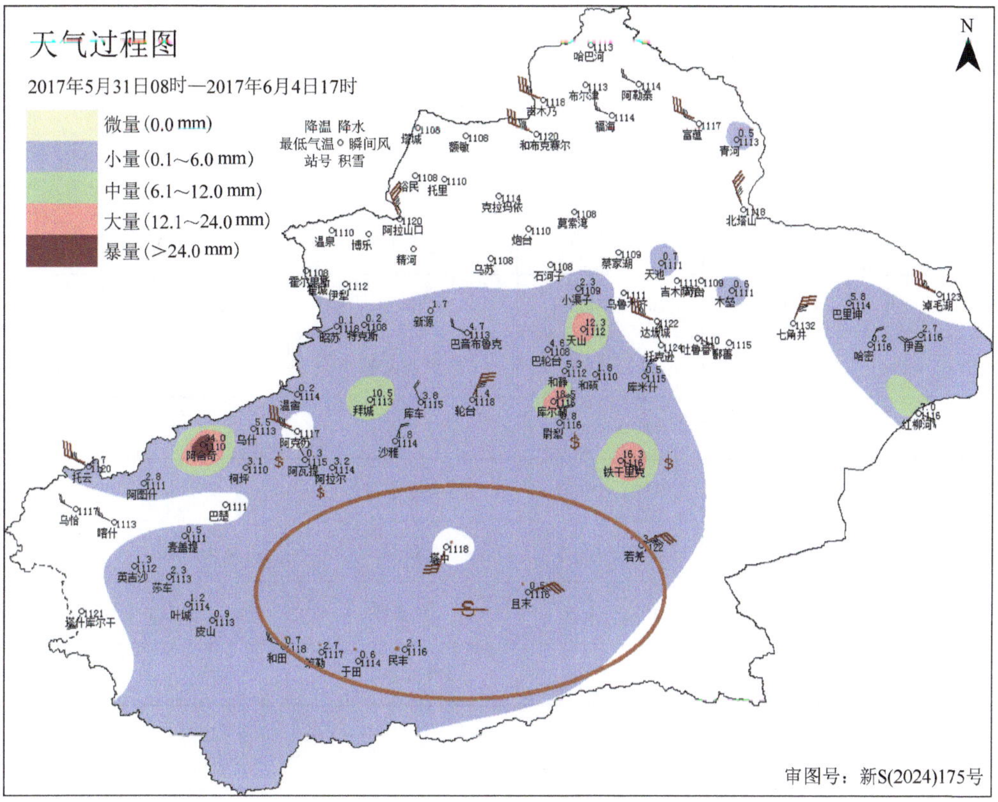

图附录 C.1　天气过程图绘制示例

2. 在天气实况的文字描述中，应对降水、降温、风沙等天气逐一进行详细说明。如：南疆大部分地区、伊犁州南部和东部、乌鲁木齐市山区、昌吉州山区、哈密市出现小雨(依据新疆降水量级标准，详见附件C.1)，克州北部、阿克苏西部和北部、巴州共28站暴雨，克州北部山区5站大暴雨。过程最大降水中心分别为巴州且末县阿羌乡依山干河站、克州阿合奇县哈拉布拉克乡站，累计降水量85.7 mm、78.7 mm，9站出现短时强降水，最大小时雨强20.5 mm/h，6月1日13—14时出现在阿克苏地区柯坪县苏巴什村。全疆大部分地区先后出现4～5级西北风，共172站8级以上(标准详见附件C.2)，极大风速出现在巴州和静县黄水沟山口站，32.1 m/s。5月31日至6月1日，和田地区、巴州和阿克苏地区局部共10站出现扬沙或沙尘暴，其中于田、民丰、塔中、且末4站出现沙尘暴，民丰、且末最低能见度300 m，出现强沙尘暴。

3. 环流形势演变描述应完整、清晰。如：500 hPa欧亚范围中高纬度以"两槽两脊"经向环流为主，中低纬度"两脊一槽"，伊朗到里海—咸海高压脊与华南到新疆高压脊之间中亚槽加深并有气旋式环流，里海—咸海高压脊东扩，推动中亚槽东移进入南疆。与此同时，西伯利亚低压槽东移引导地面冷高压进入北疆，冷空气沿天山北坡堆积，从天山东部豁口翻山进入东疆，然后回流"东灌"进入南疆盆地，形成南疆盆地东部地面至低空一定厚度的偏东气流，"东西夹攻"下南疆降水开始，中亚槽进入南疆，部分沿西天山南坡缓慢东北移与低空切变线共同影响，造成克州北部和阿克苏西部暴雨，向山的偏东气流为暴雨增幅；另一部分沿昆仑山北坡东移与低空切变线、地面冷锋共同影响，造成巴州南部的暴雨天气。

4. 在进行天气过程图与天气实况、环流形势演变文字合成时，要注意合成软件字数限制，保证合成图上文字的完整。

5. 天气过程强度的确定(详见附录A)，夏季以降水为主，春、秋、冬季要综合考虑降水、风沙、降温；如仅在新疆某一区域出现某类强天气，过程强度应标注为：××区域＋天气过程强度，如：北疆寒潮、南疆西部大降水；稳定环流背景下多个短波槽影响的天气过程（2～4 d内）可合并制作为一个天气过程，需在环流形势演变的文字描述中说明有几个短波槽及其影响时段。

附件C.1 新疆降水量级标准(修订版)

雨			雪		
量级	12 h标准/mm	24 h标准/mm	量级	12 h标准/mm	24 h标准/mm
微雨	0.0～0.1	0.0～0.2	微雪	0.0～0.1	0.0～0.2
小雨	0.2～5.0	0.3～6.0	小雪	0.2～2.5	0.3～3.0
小到中雨	3.1～7.5	4.5～9.0	小到中雪	1.6～3.5	2.5～4.5
中雨	5.1～10.0	6.1～12.0	中雪	2.6～5.0	3.1～6.0
中到大雨	7.6～15.0	9.1～18.0	中到大雪	3.6～7.5	4.6～9.0
大雨	10.1～20.0	12.1～24.0	大雪	5.1～10.0	6.1～12.0
大到暴雨	15.1～30.0	18.1～36.0	大到暴雪	7.6～15.0	9.1～18.0
暴雨	20.1～40.0	24.1～48.0	暴雪	10.1～20.0	12.1～24.0
大暴雨	40.1～80.0	48.1～96.0	大暴雪	20.1～40.0	24.1～48.0
特大暴雨	＞80.0	＞96.0	特大暴雪	＞40.0	＞48.0

附件 C.2 风力等级特征及换算表(蒲福风力等级表,GB/T 28591—2012)

风力等级	海面状况 海浪高/m		海岸船只征象	陆地地面物征象	相当于空旷平地上标准高度 10 m 处的风速		
	一般	最高			m/s	km/h	knot①
0	—	—	静	静,烟直上	0～0.2	小于 1	小于 1
1	0.1	0.1	平常渔船略觉摇动	烟能表示风向,但风向标不能动	0.3～1.5	1～5	1～3
2	0.2	0.3	渔船张帆时,每小时可随风移行 2～3 km	人面感觉有风,树叶微响,风向标能转动	1.6～3.3	6～11	4～6
3	0.6	1.0	渔船渐觉颠簸,每小时可随风移行 5～6 km	树叶及微枝摇动不息,旌旗展开	3.4～5.4	12～19	7～10
4	1.0	1.5	渔船满帆时,可使船身倾向一侧	能吹起地面灰尘和纸张,树枝摇动	5.5～7.9	20～28	11～16
5	2.0	2.5	渔船缩帆(即收去帆之一部分)	有叶的小树摇摆,内陆的水面有小波	8.0～10.7	29～38	17～21
6	3.0	4.0	渔船加倍缩帆,捕鱼须注意风险	大树枝摇动,电线呼呼有声,举伞困难	10.8～13.8	39～49	22～27
7	4.0	5.5	渔船停泊港中,在海者下锚	全树摇动,迎风步行感觉不便	13.9～17.1	50～61	28～33
8	5.5	7.5	进港的渔船皆停留不出	微枝折毁,人行向前,感觉阻力甚大	17.2～20.7	62～74	34～40
9	7.0	10.0	汽船航行困难	建筑物有小损(烟囱顶部及平屋摇动)	20.8～24.4	75～88	41～47
10	9.0	12.5	汽船航行颇危险	陆上少见,见时可使树木拔起或使建筑物损坏严重	24.5～28.4	89～102	48～55
11	11.5	16.0	汽船遇之极危险	陆上很少见,有则必有广泛损坏	28.5～32.6	103～117	56～63
12	14.0	—	海浪滔天	陆上绝少见,摧毁力极大	32.7～36.9	118～133	64～71
13	—	—	—	—	37.0～41.4	134～149	72～80
14	—	—	—	—	41.5～46.1	150～166	81～89
15	—	—	—	—	46.2～50.9	167～183	90～99
16	—	—	—	—	51.0～56.0	184～201	100～108
17	—	—	—	—	56.1～61.2	202～220	109～118

附件 C.3 天气过程检索纸质档案(样例)

编号	过程起止时间	强度	是否合成	是否打印	是否录入 excel 档案	是否上传	制作人签字	审核人签字
35	035—2016061608—061908	特强	是	是	是	是		

① 1 knot=1.852 km/h=0.514 m/s。

附件 C.4　天气过程电子检索档案(样例)

序号	时间	强度	实况描述	影响系统	灾情	服务材料	制图	签发
35	035—2016061608—061908	特强	北疆各地、天山山区、哈密北部、南疆西部山区、哈密北部出现降雨,其中伊犁河谷、博州、塔城北部和北疆沿天山一带、天山山区部分地区以及阿勒泰西部、哈密北部的局部地区出现中到大雨,伊犁河谷的大部分地区、博州、塔城北部、天山山区等地局部出现暴雨到大暴雨,全疆共有 270 个站达到暴雨,116 个站达大暴雨,最大降水量为伊宁麻扎乡博尔博松站达 165.7 mm,上述部分地区 4～5 级西北风,十三间房瞬间风力达 9 级	500 hPa 欧亚范围内中高纬度以经向环流为主,里海—咸海至乌拉尔山为高压脊控制,西西伯利亚为平均槽区,前期受伊朗副热带高压影响,全疆出现高温天气,热力条件好。随着乌拉尔高压脊脊顶东北伸,推动西西伯利亚的低涡南压,低涡底部不断分裂,短波槽与中纬度锋区弱波动结合并东移,造成此次天气过程	气象灾情快报期号—标题(气象灾情快报 2016 年第 28 期—伊犁州、博州温泉县、阿勒泰富蕴县洪水灾情 伊宁县因灾死亡 2 人失踪 1 人)	服务材料(气象信息快报以外的全部服务材料),服务材料名称,期号—标题[重要气象情报 201606—15 日至 20 日伊犁河谷天山山区及两侧将有频繁降雨;气象预警信号 201616(暴雨蓝色预警);预警信号 201617(暴雨蓝色预警)]		